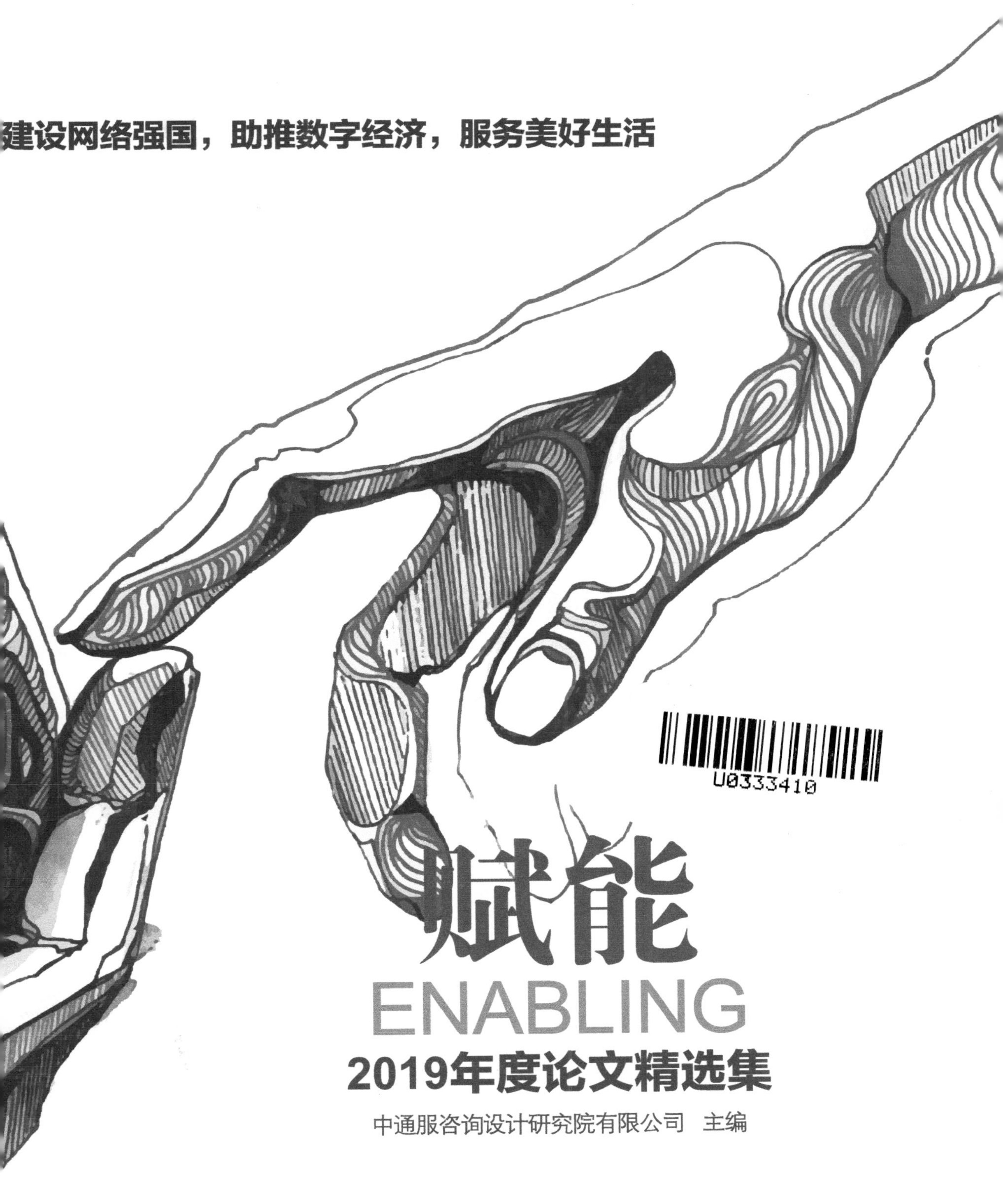

建设网络强国，助推数字经济，服务美好生活



# 赋能

# ENABLING

## 2019年度论文精选集

中通服咨询设计研究院有限公司　主编

人 民 邮 电 出 版 社
北 京

**图书在版编目（CIP）数据**

赋能 : 2019年度论文精选集 / 中通服咨询设计研究院有限公司主编. -- 北京 : 人民邮电出版社, 2020.7
ISBN 978-7-115-53786-7

Ⅰ. ①赋… Ⅱ. ①中… Ⅲ. ①通信技术－文集 Ⅳ. ①TN91-53

中国版本图书馆CIP数据核字(2020)第058106号

## 内 容 提 要

本论文集精选了中通服咨询设计研究院员工 2019 年的研究成果，共分为建设网络强国、助推数字经济、服务美好生活三大篇：建设网络强国篇包括 5G、网络空间和泛在电力物联网等内容；助推数字经济篇包括区块链、智慧社会和网络、安全等内容；服务美好生活篇包括数据中心、运营管理和 AI • 算法等内容。

本论文集适合信息通信领域的规划设计人员阅读，也可作为信息通信专业学生的参考书。

◆ 主　　编　中通服咨询设计研究院有限公司
责任编辑　李　静
责任印制　彭志环

◆ 人民邮电出版社出版发行　　北京市丰台区成寿寺路 11 号
邮编　100164　　电子邮件　315@ptpress.com.cn
网址　https://www.ptpress.com.cn
北京捷迅佳彩印刷有限公司印刷

◆ 开本：787×1092　1/16
印张：17.75　　2020 年 7 月第 1 版
字数：340 千字　　2020 年 7 月北京第 1 次印刷

定价：108.00 元

**读者服务热线：(010)81055493　印装质量热线：(010)81055316**
**反盗版热线：(010)81055315**
**广告经营许可证：京东市监广登字 20170147 号**

# 《赋能——2019年度论文精选集》

## 编 委 会

# 序言

## 智慧引领　共享共生

2019年是中华人民共和国成立70周年。70年来，中国取得了伟大成就。2019年，中国5G正式商用，开启了通信业高质量发展的新篇章，以互联网、大数据、人工智能、智慧社会、5G、区块链等为关键词的数字经济的大潮袭来，中国信息通信业迈向世界前沿。

世界在变，信息通信业可谓日新月异。当前，新型工业化、信息化、城镇化、农业现代化同步发展，互联网、大数据、人工智能和实体经济深度融合，党的十九届四中全会又做出了一系列重大战略部署，数字经济大有可为。大变革就是大机遇，大变革充满大挑战。

2019年，中通服咨询设计研究院深入学习贯彻习近平新时代中国特色社会主义思想和党的十九大，十九届二中、三中、四中全会精神，扎实开展"不忘初心、牢记使命"的主题教育，从初心使命明确企业定位，从学习教育认清企业使命，从市场逻辑变化找准企业方向，为公司高质量发展积聚强大的精神动力。

新时代、新变革，中通服咨询设计研究院同样伴随着业务、组织、文化的重构。

业务重构上推动长板理论。近年来，中通服咨询设计研究院积极响应"数字中国"，确立"建造智慧社会、助推数字经济、服务美好生活"的新航道，找准"新一代综合智慧服务商"的新定位，推进"大"智慧城市业务。中通服咨询设计研究院作为中通服旗下的龙头专业公司，依托中国通服智慧城市工程院，以"智慧社会咨询规划师、一体化解决方案提供者"为定位，践行长板理论，打造能力长板；科学制订完善战略规划，确定了"一体两翼　双轮驱动　多点支撑"的业务发展新格局，努力成为国内一流、国际有影响力的通信、建筑、信息化以及节能环保咨询、设计、研究与实施的企业。

组织重构上践行ONECCS（ONE China's Communication Service Co.,LTD）。中通服咨询设计研究院在明晰战略和定位后，坚定不移地走研发创新转型之路，由咨询设计切入，做大总包，在管理上构建“一核二创四优化”的管理体系，不断深化阿米巴模式，激发团队经营活力。中通服咨询设计研究院以中通服集客2.0和新一代综合智慧服务商战略为指引，聚合长板、聚能赋能，打造高效协同的赋能组织，牵头并参与智慧城市等多个自生态联盟，打好省内、省外协同攻坚战，集客业务已稳居公司客商订单总量TOP5第一位，成为公司发展动力主引擎。

文化重构上践行客户至上思维。中通服咨询设计研究院大力弘扬中通服的文化，围绕顾客价值创造，打破组织内外部边界，构筑内外部协同共生的生态；在具体实践中，坚持多专业协同、集成，与客户关系由支撑、合作向共生迈进。

业务、组织、文化的重构，最终目的是为了面向未来、与时俱进，满足新技术、新需求、新服务、新生态要求的高质量发展。没有研发就没有未来，没有信息化就没有现代化，没有网信安全就没有信息化。高质量发展必须要有研发创新做支撑，中通服咨询设计研究院打造中通服分布式研发体系，形成强力中台，下定决心在产品侧和市场侧打造硬实力；同时，还要在市场营销体系、人才团队、高效管理、品牌格局上实现高质量发展，深耕智慧城市主航道，不断开辟新航道，坚定不移走一体化解决方案提供者的总包转型之路，奋力实现高质量发展。

苟日新，日日新，又日新。新时代，中通服咨询设计研究院必须用新思维、新发现、新创造去迎接未来。中通服咨询设计研究院一直以来保持着浓厚的创新研发氛围，也取得了一定成果。今天，中通服咨询设计研究院将部分论文集结成册，既是一种回顾总结，也希望给业内人士提供一些参考，书中不足之处，欢迎读者批评指正。

2020年1月20日

# 目　录

## 一、建设网络强国

### 中通服咨询设计研究院视角



### 5G



### 网络空间



### 泛在电力物联网

## 二、助推数字经济

### 数字经济



### 区块链



### 量子·北斗



### 智慧社会



### 网信安全

## EPC之窗



# 三、服务美好生活

## 建筑天地



## 数据中心



## 运营管理

## AI · 算法



## 2019 年技术成果

# 一、建设网络强国

# 拥抱5G时代，共话智慧城市梦

林 珂 戎彦珍 黄志华

5G是新一代信息通信技术演进升级的重要方向，是实现万物互联的关键信息基础设施，还是经济社会数字化转型的重要驱动力量。今天，5G时代全面开启，对于整个业界而言，这究竟是技术演进还是颠覆性革命？是勇敢冲浪还是谨慎而避之？处在智慧化浪潮之巅的我们需要理性、客观地探索未知的答案。

## 1 筑梦：智慧城市开启城市管理新篇章

中国城镇化进程的加速使“城市病”日益严峻，为解决城市快速发展过程中的难题，建设智慧城市已成为不可逆转的潮流。智慧城市是通过运用各类信息技术或创新理念，感知、分析、整合城市运行系统的信息，对民生、环保、公共安全、城市服务等需求做出智能响应，实现城市的智慧化管理与运行的新型城市。

城市中的各类主体对智慧城市的需求归根结底是为了更多的获得感、更浓的幸福感和更强的安全感，并由此驱动城市的发展与进步。智慧城市的建设以新一代信息技术为手段，如大数据、5G、人工智能、量子信息、“边—云—超”计算、区块链、虚拟现实等技术的应用与创新，改变着人们的吃、住、行、娱、购、游的方式，让城市管理更加高效、更加便捷、更加精细化、更加多元化。

## 2 逐梦：用5G描绘智慧城市建设新蓝图

智慧城市建设热潮不断涌现，移动数据流量爆炸式增长，海量设备的连接及各种新业务与应用场景的出现等，对通信网络提出了更高的要求。在技术驱动与需求拉动的共同作用下，5G应运而生，并为智慧城市的建设注入新的动力。与4G（LTE-A、WiMax）相比，5G具有诸多不可比拟的优势。

### 2.1 高速率

5G网络的主要优势在于网络的数据传输速率高，最高可达10Gbit/s，比4GLTE蜂窝网络快100倍。美国芯片制造商高通认为，5G可以实现比4G快10～20倍的浏览和下载速度，即下载一部高清电影变成很方便的事情。

### 2.2 低时延

5G另一个优点是较低的网络时延，对于时延的最低要求是1ms。低时延让5G技术可以应用在更多全新的场景，尤其是当今 4G 网络都在挣扎或者根本无法适应的领域，如多人移动游戏、工厂机器人、自动驾驶汽车和其他需要快速响应的任务。

### 2.3 万物互联

超大规模连接和大规模物联网是 5G 的两大愿景。预计到 2020 年，社会中大概会有 500 亿个设备通过人与物、物与物的连接方式实现海量物联网，基本涵盖从信息的感知与获取，到信息的传输与共享，再到信息的管理与分析，最后到改变企业的商业模式及人们的生活模式。

## 3 圆梦：5G 与智慧城市的邂逅谱写梦之美

尽管 4G 的广泛应用已经赋予智慧城市部分思想与灵魂，但随着智慧城市建设需求的日益增长，4G 技术渐渐无法满足某些特殊的智慧化需求。例如，自动驾驶技术受限于以往通信技术时延长、可靠性低等缺点，难以大力发展；远程医疗也同样面临时延长、传输速率低的问题……5G 技术的出现将有效地解决上述问题，通过“端到端”的全方位连接构建智慧生活，出行、居住、就医、教育等与生活息息相关的场景都会发生颠覆性的改变。因此，5G 与智慧城市的“美丽邂逅”能让智慧城市更加“聪明”。

众所周知，5G 最典型的三大应用场景包括 eMBB（增强移动宽带）、uRLLC（高可靠低时延连接）和 mMTC（海量物联）。其中，eMBB 强调的是以人为中心的应用场景，这与智慧城市建设的本质高度一致，集中表现为超快的数据传输速率和广泛覆盖下的移动通信保证等。在 5G 的支持下，用户可以轻松享受在线 2K/4K 视频以及 VR/AR 视频。uRLLC 强调的是高可靠的低时延连接，在此场景下，连接时延要达到 1ms 的级别，且支持高速移动情况下的高可靠性连接。这种应用更多的是面向自动驾驶、工业物联网、远程医疗等特殊应用领域。mMTC 意味着 5G 强大的连接能力能够加速促进各垂直行业的深度融合，连接无处不在，覆盖生活的方方面面。

截至 2019 年 9 月 9 日，韩国的 5G 用户数量突破了 300 万，移动运营商已拥有 9 万多个 5G 基站，三个运营商提供的 5G 网速测试结果均超过了 1Gbit/s。着眼国内，我国也在紧锣密鼓地布局 5G 商用，三大运营商于 2919 年 3 月纷纷公布 5G 试点城市名单；2019 年 6 月 6 日，工业和信息化部正式向中国电信、中国移动、中国联通、中国广电发放 5G 商用牌照，这标志着中国正式进入 5G 商用元年。

智慧城市建设应以 5G 的建设为契机，借助 5G 的技术优势和应用场景在重点智慧应用上取得重大突破。例如，智能家居领域通过建设 5G 智能家居系统，更高效地整合智能门锁、智能音箱、智能窗帘、烟雾探测器、智能网关等设备，全面提升家居生活中的信息感知、监测与管理；智慧交通领域在 5G 技术的支撑下，实现车与车、车与路之间的实时动态交互，传递彼此的坐标位置、行驶速度、路径，有效避免交通拥堵，大数据、人工智能分析等技术还能为城市的交通规划提供精准可靠的预测模型，为城市构建有灵魂、有思想的智慧交通体系。5G 在智慧城市中的应用场景如图 1 所示。

**图 1　5G 在智慧城市中的应用场景**

可以预见，未来 5G 将在远程医疗、智能电网、智慧安防、工业互联网等领域创造更多的奇迹与梦幻。

## 4　悟梦：做 5G 时代的“梦幻主义现实者”

我们应该理性地去分析、思考 5G 技术给人类社会带来的效益与弊端，创新性地寻找 5G 与智慧城市的契合点，这样才能让 5G 在智慧城市建设过程中放光添彩。

### 4.1　5G 产业发展尚未进入成熟期

5G 产业链有着相对清晰的图谱，主要包括 5G 设备、5G 网络、5G 应用三部分。5G 设备是指为下游网络建设提供的设备；5G 网络主要包括网络的建设与运营；5G 应用是指利用 5G 网络提供终端应用和解决方案，也是 5G 最终的商业化形式。5G 产业链图谱如图 2 所示。

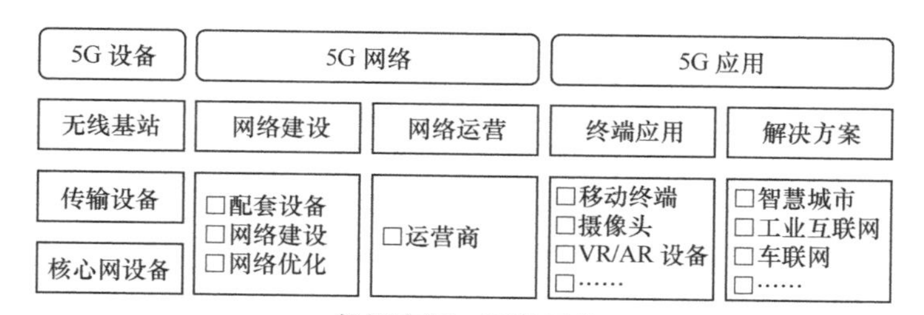


**数据来源：罗兰贝格**

**图 2　5G 产业链图谱**

根据 Garner 最新发布的新兴技术成熟度曲线得知，5G 技术目前处于期望膨胀的峰值期（Peak of Inflated Expectations），还需 2 ~ 5 年的发展才能真正进入成熟期。产业链上下游的组织机构应紧跟 5G 技术的发展趋势，利用有利的政策环境，稳步有序地进行 5G 的研发与投资，警惕盲目过快投资。

### 4.2　5G 建设成本高昂需审慎前行

5G 的推广与应用面临的最大问题之一就是建设资金。相关专家估计，与 4G 相比，5G 的建设成本要高出许多，4G 投资规模是4 000多亿元，而5G估计需要分批投入23 0000亿元，仅依靠运营商的资金投入难以满足5G的建设成本需求。因此，社会各界需共同努力，在尽量避免网络基础设施的重复建设的同时，还需要努力降低5G的建设成本，寻找合理的商业模式，探索更多的、真实有效的应用场景。

### 4.3 5G的辐射污染需要理性认知

"5G真的是天使与魔鬼的结合体吗？"其实不然，5G提速依靠的是扩容传输带宽、提升抗干扰能力和接收灵敏度，并非依靠加大5G基站的发射功率。尽管基站辐射是不可避免的，但5G基站与4G基站都必须符合"小于40微瓦/平方厘米"的国家标准。与常用的家用电器（如微波炉、电吹风等）相比，基站辐射的影响微乎其微。因此，业界应该科学、理性地面对和分析5G辐射引发的争议。

### 4.4 5G与智慧应用的匹配是重点

韩国、美国、日本及欧洲的国家都在积极推进5G的建设，以期为城市的智慧化建设创造更大的效益。需要注意的是，先进的信息技术并非智慧城市建设的全部，智慧城市亦并非各类先进技术的承载体。

智慧城市的建设应注重"以人为本""从实际需求出发"，切实为城市中的各类主体创造更加便捷、高效、舒适、和谐的生活与生产环境。因此，我们更应该关注的是5G与智慧应用的高度匹配，在合理的经济成本和能耗能效指标范围内，将5G重点应用在以往4G所不能突破的智慧应用上，为智慧城市的建设增色添彩。

**总工点评**

5G赋能智慧城市，让"城市梦"触手可及。5G可能会引爆智慧城市建设的新一轮热潮，在特殊的智慧应用场景中发挥不可比拟的优势，让城市更"聪明"，让生活更"智慧"。

不过，未来虽可期，前行需谨慎。面对5G带来的争议，业界不可避而不谈，亦不可盲目夸大，客观分析、理性应对才是正确的选择。此外，智慧城市的建设还需加强5G技术与各类新兴技术的融合应用，从城市发展的实际出发，充分发挥政府的引领作用，激发各类社会力量的积极性，缔造更加绚烂的智慧城市梦。

——中通服咨询设计研究院有限公司总工程师　朱晨鸣

# 拥抱5G，智慧园区迈入4.0时代

徐啸峰　张艳萍　朱　亮

2019年6月，工业和信息化部发放5G商用牌照，我国正式进入5G商用时代。我国各大省份相继开启了“5G+智慧园区”的实践基地，创新5G应用、助推产业发展的新局面。如广东省计划遴选并重点建设一批“5G+工业互联网应用示范园区”，探索5G通信技术在制造企业和工业园区的应用场景；北京市亦庄筹建5G产业应用园区，对物流全链路可视化监控、机器人智能配送等多个场景进行应用部署；浙江省打造首个5G商用智慧园区，通过集成的数字化运营平台对园区的人、车、资产设施进行全连接，实现数据全融合；河北省建成首个5G立体覆盖园区等。

## 1　由浅入深：园区的发展由信息化到智慧化

顺应中国改革开放40年来的发展轨迹，中国园区经济形态经历了粗放型、以土地开发为主的工业园区1.0时代，也经历了纵向产业链整合、专业化程度更高的园区2.0时代，再到横向资源链接、综合服务化程度提升的园区3.0时代。园区一直是城市发展的伴生物。伴随着“智慧城市”概念的提出，“智慧园区”的理念也进入了公众的视野，园区4.0时代到来了。

智慧园区是园区信息化的叠加，是智慧城市的重要表现形态，其体系结构与发展模式是智慧城市在一个小区域范围内的缩影，既反映了智慧城市的主要体系模式与发展特征，又具备了一些不同于智慧城市发展模式的独特性。

目前，智慧城市、智慧园区在我国发展势头迅猛，智慧城市的蓬勃发展带动了智慧园区的发展，全国各地都在积极建设智慧园区，一些基础设施及建设条件较好的园区在原有园区的基础上增加了智能化以完善智慧园区，另一些园区则重建智慧园区。总之，园区的数字化、网络化、智能化是大势所趋。5G技术的到来正如“久旱逢甘霖”，在5G技术的加持下，园区有望大大提升管理能力和服务水平，提高整个园区的生产效率和研发能力。

## 2　以点带面：5G发展由试点先行到规模商用

在很多领域，5G应用还处于探索阶段，特别需要一些条件具备的场景和地区进行规模化部署，在发展中规划、完善后推广。智慧园区拥有得天独厚的优势，将成为5G “应用场景化”的模拟器、实验基地，主要体现在以下几点。

（1）物联设备需要大连接

智慧园区的统一管理和控制服务依托园区高密度大规模部署的传感设备、安防监控设备、智能办公设备、工厂智能装备等基础信息的采集，5G的万物互联特点可以实现高密度的设备接入。

（2）智慧办公需要大带宽

5G高速传输带宽比4G有了巨大的提升，4K/8K高清视频会议、高清视频直播、远程培训、沉浸式体验将得到更好的应用。

（3）工业控制和安全生产需要高可靠低时延

远程物流操控、物流追踪、工业机器人控制、精密控制、无人驾驶、远程管理、远程医疗等移动和远程管控应用场景的需求不断增长，都离不开更可靠的数据传输、更低的时延，5G的出现必将使技术的应用跃上新台阶。

（4）终端设备需要更久的续航能力

5G低功耗的特点进一步降低了物联网设备的传输功耗，延长了电池供电时间，使部署方案更加灵活，有效降低了运行维护的难度和成本。

## 3 相辅相成：5G在智慧园区管理及服务的应用场景

利用5G、人工智能、物联网、大数据、云计算等先进技术，赋能园区安全、管理、运营、服务环节，建设集管理数据化，应急主动化、设备智能化、服务精准化于一体的新型智慧园区，解决传统园区长期面临的“服务体验差、综合安防弱、运营效率低、管理成本高、业务创新难”等痛点。那么，5G技术在智慧园区有哪些典型的应用场景呢？

### 3.1 智慧园区无线网络

4G时代园区室外无线网络组网普遍采用宏微结合，宏站为主、微站为辅的形式。与4G建设方式不同的是，微站是满足5G业务需求不断变化的主要部署方式。面向5G高容量场景，微站小区与宏站小区的比例按照5∶1设置，并随着业务需求的增长，微站的数量还将不断增加。在园区内，微站的建设一般利用灯杆或者电力杆等方式。与传统的Wi-Fi网络相比，5G网络具有更佳的网络覆盖体验，不仅速率高、时延低，建设成本也低。

此外，为满足智慧园区管理中的路灯、垃圾桶、井盖等基础设施的海量连接和低速、低频次联网需求，园区还应考虑引入NB-IoT。

### 3.2 基于5G的物联网智能管控平台

综合性产业园区具有面积大、管理难度高、能耗大、不同建筑使用方式存在一定差异、交通流量集中、安全威胁多等特点。园区智能化建设主要面向的对象是园区管理者、企业员工、商业经营人员、访客。结合5G技术，园区改善了移动状态下的网络不稳定性的问题，搭建园区建筑内、外部的智能监控系统，改进供配电、给排水、照明控制系统，增加安全门禁管理控制模块。基于5G的物联网智能管控平台实现各类设备的联网、联动、智能监控与管理。

### 3.3 园区智能安防技术

智能安防是智慧园区的重中之重，一直以来，由于视频信号数据量大、实时性要求高等问题，4G在安防领域的应用受限于带宽资源有限、干扰多等因素，5G技术的出现为智能安防提供了更多的解决方案。例如，5G集成人工智能、4K和8K安全监控解决方案及相关应用，将增加更多的安全设备和功能，打造独具特色的5G智慧园区。园区将通过视觉识别、云平台、大数据等手段，实现无感采集、无感预警、多层次布控等能力，大幅度提升园区的安全水平。

（1）超高清智慧监控

园区需要无死角、无盲区的24小时不间断监控。园区运用5G高效、快速的传输特性实现视频监控4K超高清的应用，单张4K监控截取画面经过多级放大后依然能够高质量地呈现我们想要的画面，打破了传统使用回放查看的监控模式。同时，5G技术具备的多连接特性也更能有利于监控前端部署大量安全警报器、传感器和摄像头以促使监控范围的进一步扩大，获取更多维的监控数据，为智能安防云端决策中心提供更周全、更多维度的参考数据，做出更有效的安全防范措施，实现园区的全景智慧监控。

（2）园区“一脸通”

园区“一脸通”可以应用于园区的许多地方，如园区的主要出入口、楼宇的内外部、电梯、办公场所、重要机房等，出入口、电梯、机房等重要场地还需要进行权限管理。已经通过信息采集的管理人员、工作人员、到访人员及住户，只要站在摄像区1米的范围内，门就会伴随“门已打开”的提示自动打开，5G毫秒级时延的特性大大提高了刷脸验证的效率。此外，智慧门禁上方的摄像头不仅能帮助人们开门，同时能够识别、捕捉人员的面部信息。一旦平台发现同一面孔的陌生人在两个到三个楼门口逗留超过一段时间后，就会触动提醒装置，通知园区的安保人员并将可疑人员的面部信息发送至安全人员的手机上。

（3）应急指挥调度

应急指挥调度系统可用于处理园区的日常指挥调度和应急状态下的应急指挥。应急指挥调度系统包含了各种事故类型的预案判别的制订，以及火灾、地震、断电、群体性事件等预案子类别的设置。事件发生时，系统通过预案调用，立刻召集相关人员进行调度指挥，并调集图像资源将其发送给相关人员。同时，指挥中心在启动调度预案后，可快速实现视频的指挥调度。在5G网络的支持下，园区能更快速、更有力地执行应急指挥调度。

（4）安防、消防智慧监管

园区采用实时监控、分布式管理的智慧监管模式，充分发挥5G网络的优势，大量采用5G网络的无线监控设备，如无线视频监控设备、无人机控制的安防监控设备，有效监控园区周边、出入口、建筑物内部、停车场等地，并与报警系统联动，园区发生异常事件时自动报警，现场图像被自动切换到指定的监视器上显示并自动录像，便于应急指挥。

### 3.4 智慧停车

大型园区要满足几千甚至上万人的工作、停车、就餐、通信畅通要求，还要具备一定时间内疏散人员和车辆的能力。其中，停车场需要一定的容量配置，而驾驶人在大型停车场寻找停车位需要花费一些时间。随着5G技术、物联网技术的发展与推广，停车场简化传感器部署，增加覆盖面积，实现智慧停车。与4G相比，5G的网络速率将达到4G的100倍，而时延则是4G的1/10，可即时实现云接入，同时，5G海量连接的优势将为智慧停车场景带来全新的体验。停车场应用5G网络，结合物联网技术，可实现智能汽车的车与车、车与地、车与人的信息交互，停车位精准定位与智能导航等场景。

例如，停车场以地磁作为车位占用和空闲的检测手段，以5G为数据传输通道，以手机App为管理工具，完成管理工作。它不仅方便车主寻找停车位和交费，而且更智能地让管理者控制停车位，节省人力成本。

### 3.5 园区自动驾驶公交接驳

全5G覆盖的园区可以实现无人驾驶，“5G+AI”智能网络技术会分析园区内每条道路的路况，实时接收园区人员对自动驾驶公交车的需求，实现路线智能规划和管理，进而实现自动化接驳。

## 4 5G+智慧园区建设面临的机遇与挑战

（1）加速5G+智慧园区商用，构建产业生态是关键

产业发展，生态为先。中国的5G产业生态体系正在积极构建，如“湖北省5G产业联盟”“上海5G创新发展联盟”。除成立产业联盟外，我国也相继签订多个层次的合作协议，在产业链上游，紫光展锐牵头十多家国内外芯片行业的企业，共同发布《共建5G产业生态倡议书》，对更广泛的产业生态构建提出战略性建议。在产业链下游，2019年6月，中国联通与华为宣布签署5G战略合作协议；同年10月，中国移动与诺基亚签署了框架协议。在垂直行业应用上，NEC与三星、大唐电信与腾讯公司等签署5G合作协议，共同推进端到端的解决方案。

无论是产业联盟的成立，还是合作协议的签订，其目的都是为了探索5G在各个行业的创新融合，加快5G应用落地。

（2）加速5G+智慧园区商用，保障信息安全是基础

新技术大规模使用将对网络和信息安全提出更多新的挑战。我国第一个5G安全行业标准《5G移动通信网安全技术要求》顺利通过评审，这标志着我国即将广泛部署的5G网络将拥有一份可靠的安全体系与实施规范。除了标准的制定，我国还成立了首家5G安全协同创新中心，以“产、学、研、用协同创新”模式，护航

5G 建设。

总体来说，行业用户需要安全、可靠和可信的清晰视图，这样才能让垂直行业有信心去积极拥抱 5G。

### 总工点评

智慧园区是承载产业要素和基础设施的空间载体，在“中国制造”向“中国智造”转型的过程中，大量园区都正处在升级改造的关键时刻，园区的数字化、网络化、智能化势在必行。5G 高速率、低时延、大连接的特性，将智能工厂、智慧出行、智慧安防、智慧家居、智慧金融等多种应用场景融于园区中，创造更美好的工作和生活环境，提高整个园区的生产管理效率，并产生巨大的价值，同时也为智慧城市建设提供新的尝试路径。

——中通服咨询设计研究院有限公司总工程师　朱晨鸣

# 如何构建高效5G核心网

方晓农　梁雪梅

5G时代，海量的智能终端将会接入网络。面对以自动驾驶为代表的超低时延业务，现有的核心网已经无法满足以智慧城市、智慧家庭为代表的超大连接业务和以VR/AR为代表的超高带宽业务等应用场景的接入和业务的多样性需求。为此，5GC（5G核心网）系统引入了新技术，包括NFV、服务化架构（SBA）、C/U分离、网络切片以及多接入边缘计算（MEC）等来实现及支撑各种新业务场景，为未来面向各行各业的海量应用的落地奠定坚实的基础。

## 1　5GC系统结构

根据3GPP规范，5GC采用SBA设计。虚拟化方式。

5GC控制平面采用基于服务的设计理念，以描述控制面网络功能和接口交互，并实现网络功能的服务注册、发现和认证等功能。在服务化架构下，控制平面的功能既可以是服务的生产者（Producer），也可以是服务的消费者（Consumer），消费者要访问生产者的服务时，必须使用生产者提供的统一接口。

采用SBA设计可以提高5GC功能的重用性，简化业务流程，优化参数传递效率，提高网络控制功能的整体灵活性。同一种NF可以被多种NF调用，从而降低NF之间接口定义的耦合度，最终实现整网功能的按需定制，支持不同的业务场景和需求。

5GC的关键特性包括：控制面采用SBA，接口统一，简化流程；控制和承载完全分离，控制面和用户面可分别灵活部署与扩容；采用虚拟化技术，实现软硬件解耦，计算和存储资源动态分配；支持网络切片，灵活快速按需部署网络；支持MEC，有利于低时延、高带宽等创新型业务的部署。

## 2　5GC关键技术

5GC的关键技术包括C/U分离、网络切片、边缘计算、虚拟化技术以及语音业务方案。

### 2.1　C/U分离

现有的移动核心网网关设备既包含流量转发功能，也包括部分控制功能（信令处理和业务处理），控制功能和转发功能之间是紧耦合关系。5GC实现了控制与转发的彻底分离，网络向控制功能集中化和转发功能分布化的趋势演进，如图 1 所示。

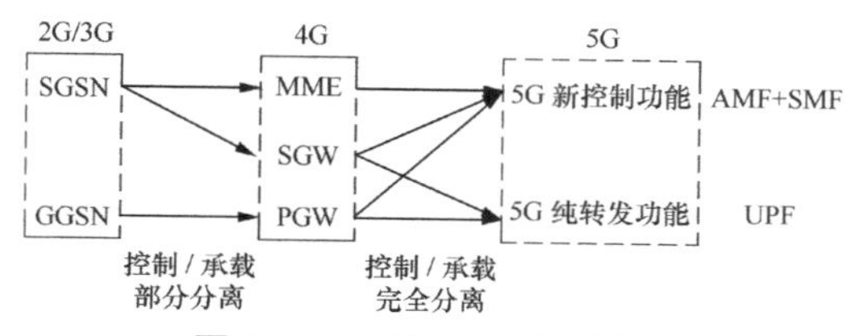


**图 1 5GC 的 C/U 分离架构**

控制和转发功能分离后，控制面采用逻辑集中的方式实现统一的策略控制，保证灵活的移动流量调度和连接管理，同时减少了北向接口，增强了南向接口的可扩展性。转发面将专注于业务数据的路由转发，具有简单、稳定和高性能等特性，便于灵活部署以支持未来高带宽、低时延业务场景的需求。

## 2.2 网络切片

5G 网络需同时支持 eMBB、uRLLC、mMTC 等完全不同的业务场景，但实际上很难用一张统一的网络来满足所有业务千差万别的需求。为此，网络切片的概念应运而生。

网络切片是 5G 网络的重要使能技术，基于网络切片的方案满足了不同业务类型、业务场景以及垂直行业的特定需求。网络切片利用虚拟化技术，在统一的网络基础设施上，虚拟多个不同的逻辑网络，来分别满足不同的业务 / 用户需求。网络可按不同的业务、客户群等多种维度来切分。网络切片是端到端的逻辑子网，涉及核心网、无线网、承载网，需要多领域的协同配合。不同的网络切片之间可共享资源也可以相互隔离。3GPP 定义的网络切片管理功能包括通信业务管理、网络切片管理、网络切片子网管理。

## 2.3 边缘计算

MEC 将计算存储能力与业务服务能力向网络边缘迁移，使应用、服务和内容实现本地化、近距离、分布式部署，从而在一定程度上解决了 eMBB、uRLLC 以及 mMTC 等应用场景的业务需求。5G 将 MEC 理念和需求融入架构设计中，从网络层面支持 MEC（业务层面在 ETSI 的定义）。

① 流量识别和本地分流：5GC 识别本地流量和业务，选择 UPF 并将用户流量路由到本地数据网的 App 上。

② 会话和业务连续性：在用户或 AF 发生移动或迁移时保持业务和会话的连续性。

③ 用户面选择和重选：根据 AF 的要求或其他策略实施用户面的选择或重选。

④网络能力开放：5GC 和 AF 通过 NEF 进行交互调用网络功能。

⑤ QoS 和计费：PCF 为本地流量提供 QoS 控制和计费规则。

MEC 使得运营商和第三方业务可以部署在靠近用户接入的位置，通过降低时延和负荷实现高效的业务分发，节省传输带宽，降低运营成本，改善用户体验，加速创新型业务的开发和部署。

## 2.4 虚拟化方式

5GC 虚拟化方式主要包括虚机、虚机容器以及容器：虚机方式的标准及应用更成熟、隔离性好、更安全，但是启动慢

（分钟级）、性能低下、镜像尺寸较大；容器技术资源利用率高、启动快（秒级）、弹性扩缩容快（秒级），但是隔离性弱、安全风险大，且生态系统不成熟、标准化进度慢，目前应用在电信领域并不成熟；虚拟容器方式介于两者之间，实现难度小，但需要对 MANO 进行改造以支持容器技术。

虽然 5GC 是原生云、微服务架构，采用容器技术部署核心网具有更大的灵活性、更高的效率、更低的成本。但是为降低开通和解耦难度，建议 5G 建设初期采用虚机或虚机容器方式，积累虚拟化经验。

### 2.5　语音业务方案

5G 网络建设初期，迅速实现全网覆盖难度较大，为避免频繁切换，保持语音连续性，5G 初期建议使用 EPS Fallback 方案回落到 4G，提供 VoLTE 语音业务。后期当 5G 网络覆盖全面提升时，逐步演进到 VoNR。

EPS Fallback 方案由于需回落 4G，其呼叫建立时延比 VoLTE 更长。VoNR 方案适用于 5G 信号连续覆盖场景，其呼叫建立时延比 VoLTE 更短，QoS 保障也优于 VoLTE。

## 3　5GC 建设策略

### 3.1　建设思路

5GC 网络建设应关注以下 5 个方面：一是 4G 与 5G 网络将长期并存、有效协同，考虑与 EPC 网络的互操作，5GC 部分网元需要与 EPC 网元合设；二是 5GC 采用全新 SBA，网元及接口数量显著增加、标准成熟时间也不一致，为此 5GC 网元需要基于业务需求、规范及设备的成熟度分阶段部署；三是 5GC 原生支持 NFV，因此 5GC 网络应采用云化方式部署，实现资源的统一编排、灵活共享；四是 5GC 实现了彻底的 C/U 分离，控制面、用户面网元按需独立建设；五是 5G 网络建设初期，采用 EPS Fallback 方式回落 4G 网络，提供 VoLTE 语音业务。

### 3.2　组网方式

5GC 组网可以采用大区集中与分省部署两种方式。

**（1）大区集中式组网**

5GC 控制面网元（包括 SMF、NRF、PCF、UDM、AUSF、NSSF 等）主要集中部署在大区 DC 中心，负责多个省的 5G 业务，在省层面部署 5GC 控制面网元 AMF。用户面网元 UPF 基于业务应用场景，部署在省、地市和区县层面如图 2 所示。大区

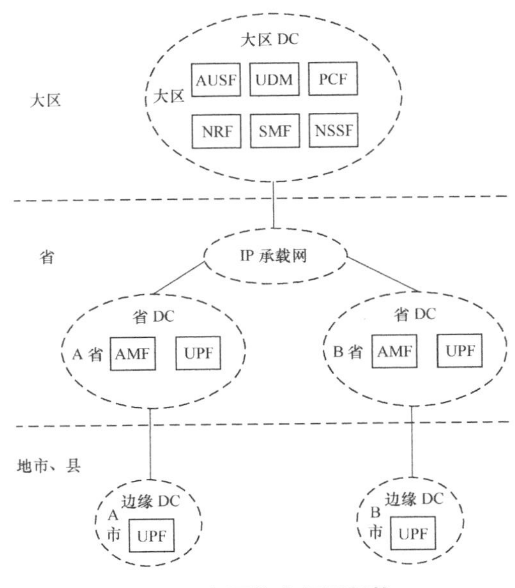

图 2　大区集中组网架构

集中式组网架构可以实现集约化运维管理，资源利用率高，但与现网组网方式差异较大，导致方案比较复杂，同时对容灾要求也高。

（2）分省组网

集团层面只部署业务、信令路由/寻址网元（骨干 NRF 和骨干 NSSF 等），5GC 控制面网元部署在各省 DC 中心。用户面网元 UPF 基于业务应用场景，部署在省、地市和区县层面。

分省组网架构可以沿用现有运维管理模式及经验，各省可灵活开展业务，但资源利用率相对较低。

### 3.3 网元部署

（1）分层部署

5GC 控制面网元的部署遵循虚拟化、大容量、少局所、集中化原则，应至少设置在两个异局地址机房进行地理容灾。用户面网元按业务需求分层部署，比如：设置在省层面的满足 VoLTE 等业务需求；设置在本地网层面的满足互联网业务需求；设置在边缘的满足 MEC 业务高带宽、低时延需求。

（2）4G/5G 协同

5GC 部分网元需具备 4G 网元功能以实现与 4G 网络的互操作，包括 UDM 具备 HSS 功能、SMF 具备 PGW-C 功能、UPF 具备 PGW-U 功能等。另外，SMF/PGW-C 可具备 SGW-C 功能，UPF/PGW-U 可具备 SGW-U 功能，以避免数据路由的迂回。

（3）分阶段引入

由于 5GC 各网元标准成熟的时间不一致，因此需要基于业务需求、标准规范及设备的成熟度分阶段部署。初期网络建设仅部署 5GC 商用必需的网元，包括控制面网元 AMF、SMF、NRF、PCF、NSSF、UDM、AUSF、BSF 等，用户面网元的 UPF。

5G 网络在建设中后期，结合业务需求、标准进展及设备成熟度适时引入其他 5GC 网元，主要包括提供统一的网络能力开放（NEF）、非结构化数据存储功能（UDSF）、用于 5G 用户国际漫游以及与他网运营商 5G 互通的 SEPF、用于为 5G 单模终端—物联网终端提供 NAS 短信服务的 SMSF、非 3GPP 接入的互操作网关（N3IWF）、网络大数据分析功能（NWDAF）等网元。

（4）容灾备份

5GC 网络采用 VNF 组件备份（类似传统设备的板卡备份）、网元备份和资源池备份三级容灾备份机制。5GC 各网元备份方式包括：AMF、SMF、UPF 采用 Pool 备份；UDM/AUSF、PCF 采用 $N$+1 备份；UDR、NRF、BSF、NSSF 采用 1+1 备份。同时，5GC 网络设备部署在核心节点城市的两个及以上的 DC 机楼内，实现了地理容灾。

### 3.4 资源池建设方案

不同于 2G、3G、4G 移动核心网，5GC 原生支持 NFV 技术，5GC 网络 NFVI 资源池建设应考虑以下方面。

首先，NFVI 资源池的选择。5GC 控制面网元应部署在核心云 NFVI。核心云通常覆盖大区、省级机房和部分城域网核心机房。5GC 用户面网元 UPF 结合应用场景部署在核心云或边缘云。边缘云覆盖地市、区县等机房。

其次，NFVI资源池内部组网。资源池内部组网采用Leaf-Spine架构，从设备、端口到链路进行冗余设计。

汇聚交换机EOR负责NFVI资源池内跨机柜流量的互通，以及资源池同外部网络的连接。EOR间采用堆叠技术提高链路冗余。接入交换机TOR负责汇聚机柜内服务器和存储设备的流量。TOR间采用堆叠技术。堆叠端口配置链路聚合，保证流量的负载均衡。

服务器和存储设备端口应配置聚合，通过双上联冗余设计连接到不同TOR，支持负载分担或主备模式，避免网口的单点故障。

根据流量功能和作用的不同，NFVI内部网络可分为以下四类平面：业务网络平面承载5G网元的业务流量；存储网络平面用于NFVI内存储数据的互联；VIM管理平面承载VIM各组件间的API交互流量以及相关控制信息；OAM平面主要包括PXE、OAM硬件管理等用途。PXE网络用于操作系统的远程安装、引导及升级。OAM网络主要用于承载远程监控NFVI的网管流量。

### 3.5 周边网络或系统建设

引入5G网络会对周边网络及系统带来建设改造需求，主要体现在以下两个方面。

（1）对相关网络的能力需求

4G与5G网络互操作需要对现网EPC网络进行能力的升级。5G用户的语音业务需要对现网VoLTE IMS网络进行能力升级以支持EPS Fallback方案。如果采用HTTP Proxy组网，可能会对现网DRA信令网进行能力升级。

（2）对支撑系统的能力需求

部署MANO，包括VIM、VNFM及NFVO的建设，VNFM的部署通常采用与5GC网元相同的设备厂商。EMS是VNF业务网络管理系统，网管EMS应按北向接口接入上级综合网管系统，同时，需对现有计费系统及业务开通系统进行升级改造，以支撑4G用户向5G网络迁移；此外，还需评估分析5G对现有其他支撑系统（如综合网管、信令监测系统、安全系统等）的影响，制定合理的系统升级改造方案。

**总工点评**

当前，5G商用时代全面开启。从整个产业上看，5G技术日趋成熟，相关系统、芯片、终端等产品基本达到商用水平。与此同时，我国的电信运营商也在积极推进5G商用，陆续发布了各自的5G部署计划，并与垂直行业开展了深度合作，尤其是围绕工业互联网、车联网等重点领域，合力推进5G应用发展。面对未来美好的应用前景，特别是基于5G万物互联时代的开启，如何推进5GC技术的持续创新，如何构建更加强健的网络是探索的重点。

——中通服咨询设计研究院有限公司总工程师　朱晨鸣

# 5G核心网虚拟化云资源池部署探讨

张 燕

**摘 要：**网络功能虚拟化（Network Function Virtualization，NFV）电信云（虚拟化云资源池）可以满足电信级高性能、高可靠性的部署需求，并具备统一编排和智能化调度的能力。目前部分核心网网元已经在虚拟化云资源池上开展了试点部署。本文将结合目前NFV、5G核心网试验网试点情况从架构、组网、性能、可靠性以及机房环境角度阐述5G核心网对虚拟化云资源池的要求。

**关键词：**网络功能虚拟化；5G核心网；数据中心

网络部署以业务需求为先导，近年来随着移动互联网时代业务的快速变化，运营商需要打破传统电信网络的封闭特性，以网络功能虚拟化（NFV）构建弹性网络，实现资源共享、网元弹性伸缩和新功能快速上线，从而支撑业务的快速创新和开通。NFV是将传统电信设备功能通过软件实现的，它运行于通用硬件设备之上，并采用虚拟化技术实现硬件资源共享，增强系统灵活性，提升维护管理效率。

NFV电信云（虚拟化云资源池）要求能满足电信级高性能、高可靠性的部署需求，并具备统一编排和智能化调度的能力。NFV电信云拟承载的业务类型包括基础语音、数据、消息类业务，以及相关基础业务的通信网元及业务平台。

本文将结合目前NFV、5G核心网试验网试点情况从架构、组网、性能、可靠性以及机房环境角度阐述5G核心网对虚拟化云资源池的要求。

## 1 电信云资源池架构

NFV标准架构由ETSI标准组织提出，如图1所示。

NFV标准架构包括网络功能虚拟化基础设施（Network Functions Virtualization Infrastructure，NFVI）、虚拟网络功能及服务（VNF and services）和网络功能虚拟化管理和编排（NFV-MANO）三个关键因素。

### 1.1 NFV电信云资源池架构规划

NFV的引入将在基础设施层面形成以DC/资源池为中心的分层网络，所有的网络功能和业务应用都运行在云数据中心

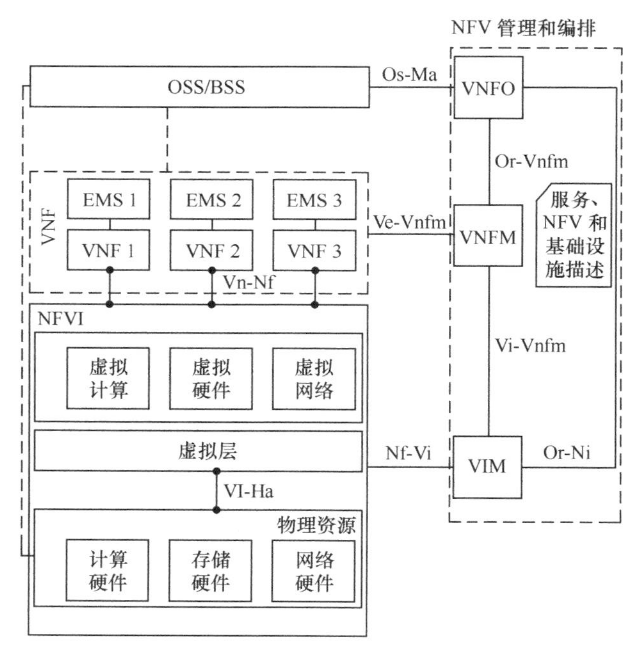


图 1　NFV 标准架构

上，NFV 颠覆了以网元设备为中心的组网方式，DC/ 资源池布局应充分考虑网络架构层级和用户接入要求分层部署，如图 2 所示。根据网元特性和业务需求，DC/ 资源池需要规划 2 ～ 3 层。

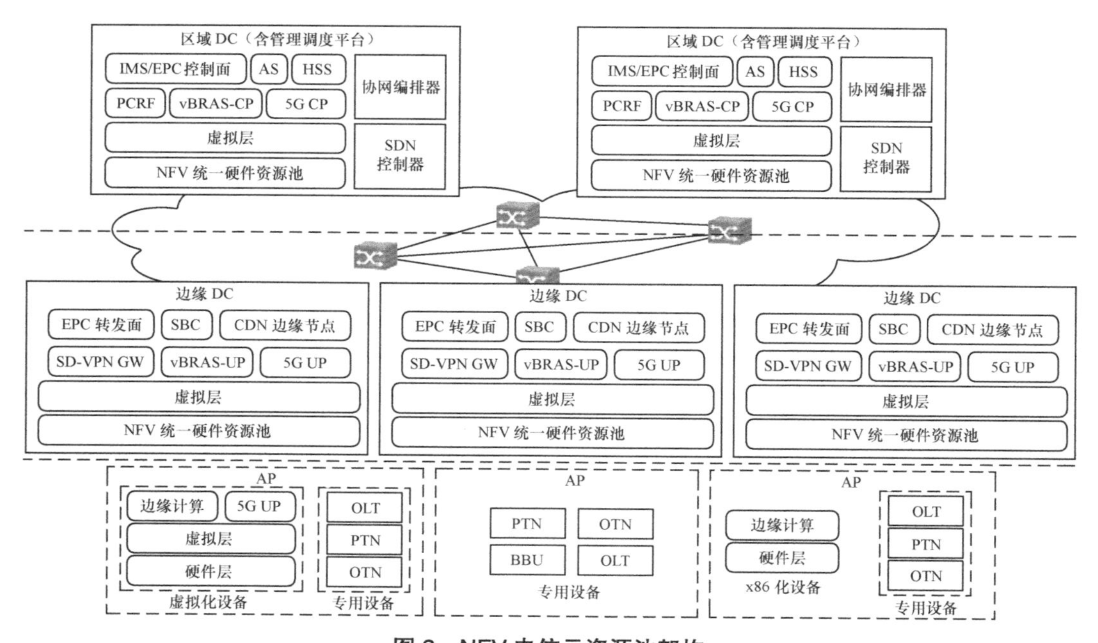


图 2　NFV 电信云资源池架构

① 区域DC：位于大区或省中心，数量较少，用于部署集中化、时延较不敏感的控制面和管理调度网元。

② 边缘DC：位于地市或区县，数量较多，用于部署分布化、高带宽、时延敏感的媒体和转发类网元。

③ 接入AP：用于解决用户“最后一千米”的接入问题，将存在专用设备、x86设备和虚拟化设备等多种设备形态。

### 1.2 5G核心网网元在各层级DC之间的位置

5G核心网网元建议仍遵循区域和边缘两级电信云DC进行规划建设，边缘计算设备可按需部署在更低的接入节点上。

区域云NFVI承载5G核心网控制面网元，UDM、PCF等网元和NFVI管理设备需存储大量的用户、日志及监控信息，对存储容量存在较大需求，需配备高性能大容量的存储设备，对特别重要的数据，建议采用磁阵。流量流向以东西向流量为主，区域云NFVI应基于SDN集中式管理思路，加强对NFVI服务提供点（NFVI-POP）网络流量的精细化管控，实现流量实时调度和负载均衡。

边缘云NFVI承载5G核心网用户面网元UPF，需配备转发加速设备。流量流向以南北向流量为主，边缘云NFVI需对UPF流量进行接入汇聚，并保证与外部公网的连接，重点要规划好物理和虚拟组网方案，保证交换机的南北向链路带宽，提供QoS能力。受限于机房环境，边缘云NFVI在硬件设备数量、重量和功耗方面有设备精简需求，建议在保证可靠性的前提下，配备所需物理硬件的最小集合，并选择功耗较低、重量较轻的产品。

## 2 组网要求

### 2.1 站点内组网设计原则

核心网网络功能虚拟化所在的数据中心或者通信机房在组网层面统称为站点，NFV站点应具备安全可靠的机房基础设施及网络设施、丰富的出口带宽资源、全方位的内部网络安全管理机制。

总体网络系统的设计原则包括可运营、可靠性、可扩展性、灵活性、可管理性、安全性和节能环保。

### 2.2 站点内组网分层设计

网络功能虚拟化在站点组网架构设计上采用层次化、模块化的设计方式，整体架构如图3所示。

（1）*层次化*

按照层次化网络目标定位，网络功能虚拟化从下到上整个网络分成接入层、核心层和出口层。

① 接入层：接入层部署TOR交换机，负责接入各类服务器和存储设备。

② 核心层：核心层部署核心交换机，负责汇聚网络内的所有业务接入层交换设备，保证业务网络内接入层交换设备之间的高速交换，向上与出口路由设备进行互联。

③ 出口层：出口层负责与外部网络的连通，保证站点内部网络高速访问外部网络，并对站点内网和外网的路由信息进行转换和维护，包括连接互联网、IP内网等。

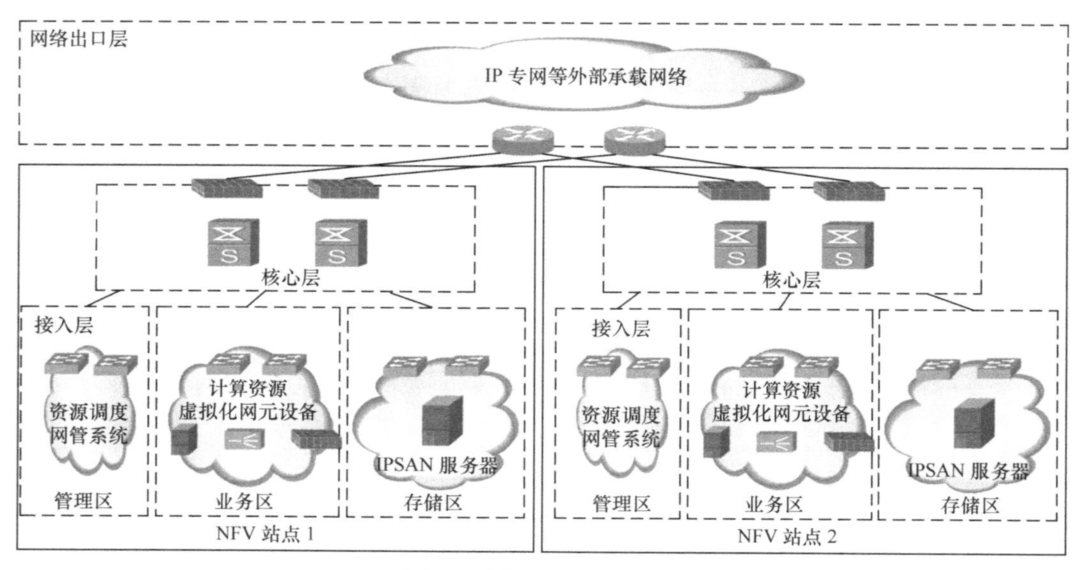


**图 3　站点组网分层架构**

（2）流量属性

按照流量的属性，网络功能虚拟化从左到右又可以分为管理区域、业务区域、存储区域。

① 管理区域：管理区域包含资源管理、网络管理、业务管理、运营管理等管理功能，管理节点服务器包括 MANO 和 EMS。

② 业务区域：业务区域部署计算节点服务器，计算节点服务器安装部署各类 VNF。

③ 存储区域：存储区域部署存储类型的服务器，如 IP-SAN 服务器等。

### 2.3　站点内组网的多平面划分

根据流量功能和作用的不同，NFVI 内部网络可分为四类平面，如图 4 所示。

业务网络平面：承载 5G 网元的业务流量。

存储网络平面：用于 NFVI 内存储数据的互联。

VIM 管理平面：承载 VIM 各组件间的 API 交互流量以及相关控制信息。

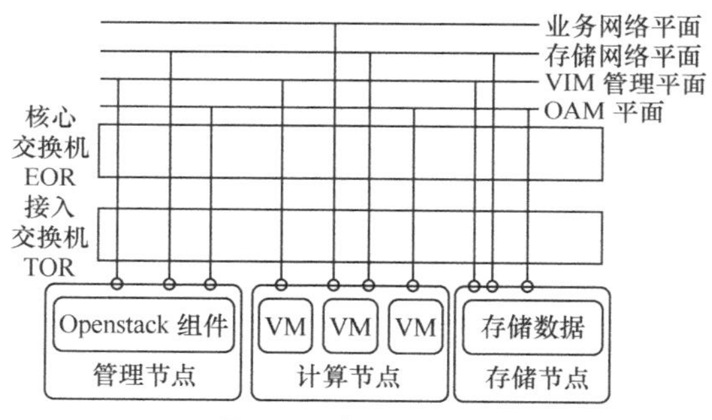


**图 4　网络平面划分**

OAM 平面：主要包括 PXE、OAM 及 PIM 硬件管理三种用途。PXE 网络用于操作系统的远程安装、引导及升级；OAM 网络主要用于承载远程监控 NFVI 的网管流量；PIM 硬件管理网络用于对服务器、交换机、存储等硬件进行管理、配置。

NFVI 资源池与外部进行流量交互的需

求主要有以下两种。

① 用户访问流量：5G 用户访问公网。

② 跨 NFVI 资源池流量：不同 NFVI 资源池中 5G 网元的信令交互、数据备份流量等。

打通用户访问流量主要考虑与骨干网的互联。出口路由器可运行 IGP 并与城域网出口 CR 进行互联，城域网出口 CR 运行 EBGP 并对外发布 NFVI 的路由信息。

跨 NFVI 资源池的组网方案分为控制平面方案和数据平面方案：控制平面可使用 BGP EVPN 交互资源池间的二层和三层转发表项信息；数据平面可考虑使用 MPLS VPN、QinQ、VXLAN 技术。

## 3 性能要求

**（1）服务器**

服务器主要采用 x86 通用服务器，根据 5G 核心网网元的不同功能，可分为计算、转发、存储三大类型。

计算型服务器：主要处理 5G 核心网接入控制、移动性管理、会话管理、策略控制等信令交互，还有 VIM/PIM 管理，具体要求见表 1。

**表 1　计算型服务器性能要求**

| 类　目 | 性能要求 |
|---|---|
| 服务器与虚拟层兼容性 | 支持 VIM 对计算节点自动发现、远程配置、固件升级等功能 |
| 硬件管理接口 | 符合 NFV 硬件管理接口要求，满足电信级可管可控要求 |
| 可靠性功能要求 | CPU 缓存、内存、网卡支持错误检查和纠正等功能，满足可靠性要求 |
| 网卡配置 | 配置 3 块 10GE 网卡，满足四平面物理隔离要求 |
| 电源模块 | 除 220V 交流和高压直流外，还要求支持 –48V，满足在传统通信机房部署需求 |
| 时钟晶振 | 不大于 $3.5 \times 10^{-7}$，满足计费话单精度要求 |

转发型服务器：承载用户面网元 UPF。为实现该指标，服务器需配备智能网卡，实现用户面硬件加速，保障 UPF 的吞吐量和会话数可满足需求。

存储型服务器：若 5G 核心网数据库选择分布式存储类型，则需使用存储型服务器。我们应明确 5G 核心网数据库对硬盘容量、可靠性、转速、读写速率、吞吐量的需求，结合成本、可维护性要求，对支持不同接口的 HDD、SSD 硬盘进行选型，并明确每台服务器的硬盘数量。

**（2）网络设备**

网络设备用于连接服务器和存储设备，并作为与外部网络连接的网关，为数据、管理、监控等流量，提供接入、汇聚和路由能力。在 NFVI 内部，网络设备主要有接入交换机 TOR 和核心交换机 EOR。

在设备选型方面，转发控制面流量的 TOR 和 EOR 交换机无特别需求，同 DC 交换机相当；而连接用户面 UPF 的交换机是否需要独立选型，有待探讨。

（3）存储设备

存储设备用于承载 5G 核心网控制面的数据库，储存用户位置、编号、套餐和资费等数据。

目前，存储设备主要有磁盘阵列和分布式存储两种。磁盘阵列是专用硬件，成本高，可支持较高每秒读写次数（IOPS）、灵活性较差。

分布式存储将多个通用服务器的硬盘资源虚拟化为统一资源池，提供整体的存储服务，具备较强灵活性和扩展性，成本优势明显。但是 NFV 中的分布式存储目前应用相对不成熟，且虚拟层和分布式存储均为同厂商系统，厂商均未实现与异厂商分布式存储对接。

另外，考虑存储数据是否有迁移和异地备份需求，若存在异地备份需求，NFV 应明确采用主备方式还是双活方式实现。

## 4 可靠性要求

5G 核心网元虚拟化后仍然需要满足电信应用的可靠性要求，提供与电信网络相同的服务质量和安全等级。为此需要从系统架构、硬件、虚拟层、VNF、MANO、站点等各层面引入可靠性机制，并且具备可靠性的跨层联动机制。

（1）系统架构可靠性要求

系统中不得存在单点故障，因此需要分别从云管理系统、网元应用层、虚拟资源层、硬件资源层考虑冗余模型，满足业务服务水平承诺（SLA）要求。

（2）虚拟层可靠性要求

虚拟层关键进程具备冗余能力，关键进程包括数据库、消息队列、VIM 服务，其他重要进程具备故障检测和恢复能力。

虚拟层高可用集群具备自我保护能力，能有效监测并恢复自身守护进程，能正确处理脑裂问题。

虚拟层支持数据库、消息队列的同步镜像功能，集群配置数据（软件许可、根证书、SSH 密钥、各类密码、已分配的网络地址及分布式存储 ring 等）的持久化功能，监测主机节点的运行状态，检测虚拟机亲和性和反亲和性策略的生效情况，监测网络链路的健康状态，监控网络的亚健康状态，监控存储使用情况，监测虚拟机运行状态，虚拟层自我监控。

（3）VNF 软件可靠性要求

软件自身需要具备高可靠性机制，底层出现故障时，能快速切换到备用的模块，保证业务的连续性。

（4）MANO 可靠性要求

MANO（NFVO/VNFM/VIM）对上层应用和管理系统提供高可靠的资源申请、调度通道，要求云管理系统提供较高达 99.999% 的可靠性。

MANO 与硬件、虚拟化层保持一定的隔离，可独立升级，需要提供备份恢复能力。

## 5 机房环境要求

5G 核心网将部署于 NFV 电信云资源池上，硬件将采用 IT 通用硬件设备，因此 5G

核心网云资源池机房环境应符合以下要求。

（1）硬件装机环境

电信云资源池应优选数据中心机房。数据中心机房以交流供电和高压直流供电为主，可满足单机架功耗 3kW、5kW、7kW 等多功率层次要求，单机架功耗超过 5kW 的机房采用新型空调末端（热管、列间、水冷前门等）能够更好满足 IT 通用硬件装机的环境要求。如果选择部署在传统通信机房，我们需统筹考虑机房空调容量、末端配套、动力容量、空间资源等因素。

（2）传输承载

数据中心机房一般为满足私有云、公有云建设需求而建设，因此其传输承载的需求主要以连接外网互联网为主。5G 核心网不但外部出口网络较多，同时还需要连接核心网元之间互通的 IP 专网、连接网管、计费开通的专网；同时，部分站点有连接基站需求时，需部署 PTN 或 IPRAN 等基站回传网络。

## 6 结束语

目前部分核心网网元已经在 NFV 电信云上开展了试点部署。NFV 作为 5G 的重要支撑技术，先于 5G 核心网部署，在部署过程中既可以验证核心网对虚拟化云资源池的各项要求，同时可以积累核心网的 NFV 运维经验。

5G 核心网虚拟化云资源池部署需要结合前期核心网 NFV 运维经验，充分考虑组网、性能、可靠性以及机房环境的要求，在保证安全性的同时，实现硬件资源共享，增强系统灵活性，提升维护管理效率。

## 参考文献


[1] ETSI（2014-12）. Network Functions Virtualisation（NFV）; Management and Orchestration

[2] 翟振辉，邱巍，吴丽华，等 . NFV 基本架构及部署方式 [J]. 电信科学，2017（6）：179-185.

[3] 吴丽华，沈蕾 . NFV 资源池规划与部署方案 [J]. 电信科学，2018（6）：99-106.

[4] 杨旭，肖子玉，邵永平，等 . 面向 5G 的核心网演进规划 [J]. 电信科学，2018（7）：162-170.

[5] 吴丽华，沈蕾 . 核心网 NFV 部署及组网方案 [J]. 电信科学，2016.

[6] 赵继壮，马卫民，蔡永顺，等 . 运营商定制化服务器研究 [J]. 电信技术，2017（6）：25-28.

[7] 李素游，寿国础 . 网路功能虚拟化（NFV 架构开发测试及应用）[M]. 北京：人民邮电出版社，2017.

# 基站设备功耗对 5G 网络建设的影响及应对措施

李 新

**摘 要：**我国移动通信已经进入 5G 时代，我们在享受 5G 网络高带宽、大连接、低时延的业务体验的同时，也需要面临 5G 网络基站设备功耗极大提高的问题，这必然会加大工程建设的难度、增加运营商的运营成本，因此需要研究 5G 基站设备功耗对网络建设的影响，并提出相应的解决方案。

**关键词：**5G；基站；功耗；选型

## 1 引言

与 4G 网络相比，5G 网络在网络性能和业务承载方面有较大的提升。4G 时代被认为是移动互联网时代，主要解决人与人之间的通信，而 5G 时代被认为是万物互联时代，主要在人与人通信的基础上，完善人与物、物与物的通信。借助 5G 网络提供的高带宽、大连接、低时延的网络能力，高清视频、VR/AR、无人机、智慧城市、智能制造、远程医疗等业务得到快速发展，这些业务将会极大影响我们的工作、生活、生产等，因此可以说“4G 改变生活、5G 改变社会”。

5G 网络规划建设流程与 4G 网络类似，但在工程建设方面，由于 5G 基站设备的工作带宽为 100MHz，发射功率典型值为 200W，因此设备功耗方面与 4G 相比有明显的增加，这一方面会增加网络的供电需求，给网络建设带来困难；另一方面也增加了运营商的运营成本。因此，本文主要研究 5G 基站设备功耗对网络建设的影响，同时提出相应的解决方案以保障 5G 网络快速部署和正常运营。

## 2 5G 网络架构

5G 网络架构和 4G 网络类似，由无线接入网（NG-RAN）和核心网（5GC）构成，图 1 为 3GPP 给出的 5G 网络结构。

图 1 中，5GC 为 5G 核心网，主要包含 AMF/UPF 网元，其中 AMF 为接入和移动管理功能，UPF 为用户平面功能。NG-RAN 为 5G 无线接入网，其中 gNB 为 5G 基站，ng-eNB 为 4G 基站（考虑未来 4G 和 5G 长期共存，因此升级后的 4G 基站具有接入 5G 核心网的能力）。

对于 5G 网络，设备功耗主要包括无线接入网设备和核心网设备，对于核心网设备，其功耗与 4G 相当，而对于 5G 无线

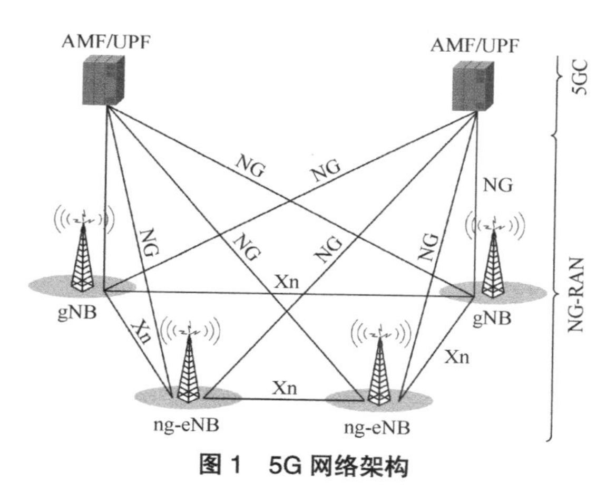


**图 1　5G 网络架构**

接入网设备，尤其是 gNB 工作带宽典型值为 100MHz，发射功率为 200W，其功耗相对于 4G 网络有明显的增加，是影响网络能耗的主要因素，因此我们将重点分析 5G 基站设备（gNB）功耗对网络建设的影响。

## 3　5G 设备功耗分析

5G 基站设备的架构主要采用 BBU+AUU 方式，其中，BBU 为基带部分，可以进一步拆分为 CU 和 DU 两个逻辑网元，其中 CU 处理无线网 PDCP 层以上的协议栈功能，DU 处理 PDCP 层以下的无线协议功能。目前国内 5G 网络建设在原则上采用了 CU/DU 合设部署方式。AAU 为射频部分，是由射频单元与天线整合的有源天线单元。

对于基站 BBU 和 AAU 设备的功耗，目前不同厂商设备的差异性较大，表 1 为目前 4 个主设备厂商的 5G 基站功耗情况。

**表 1　5G 基站设备功耗**

| 类　型 | 厂商 BBU/AAU 功耗 | | | |
|---|---|---|---|---|
| | 厂商 1 | 厂商 2 | 厂商 3 | 厂商 4 |
| BBU（S111） | 200W（典型） | 230W（典型） | 160W（典型） | 470W（典型） |
| AAU（64T64R） | 810W（典型） | 1120W（最大） | 1050W（最大）/800W（典型） | 1050W（最大）/800W（典型） |
| 基站（1BBU+3RRU） | 2630W（典型） | 3590W（最大） | 3310W（最大）/2560W（典型） | 3620W（最大）/3050W（典型） |

注：后期随着技术的进步，设备型号的变化，基站功耗也将发生变化，因此表中的数据仅作为功耗分析时的参考。

根据表 1，以现有 64T64R S111 宏站设备为例，单基站的功耗约为 3kW～4kW，5G 设备较 4G 设备的功耗提升约 2～3 倍，这将使 5G 网络供电系统建设和运营面临两个难点。

（1）供电系统建设难度加大

5G 电源系统的建设可以采用利旧现有电源系统方式，这时要求现有电源系统具有 4kW 以上的空余容量；5G 电源系统建设也可以采用新建电源系统的方式，需要外电引入不小于 15kVA，以便满足 5G、4G 网络共建的需求。

对于目前国内 5G 网络建设，基站一般由铁塔公司负责建设，多家运营商共建共享。如三家运营商利用现有机房，采用共建共享建设 5G 网络，供电系统的用电需求接近 12kW，这将造成目前部分基站空余容量不满足上述需求，需要进行电源系统改造，尤其是需要对外市电的引入进行扩容改造。目前外市电引入扩容改造一般采用更换大容量变压器、更改线路线缆、更改前级空开容量等方案。这些方案经常存在难度大、周期长、成本高等问题，这必将会严重影响 5G 网络的建设进度。

（2）运营成本增加

基站设备日常运行电费开支是运营商运营成本的重要部分，在表 1 中，我们分析了现有不同厂商的 5G 无线设备功耗情况。整体上一个 5G 基站无线设备的功耗为 3kW ～ 4kW，以目前的 0.7 元 /kW · h 的费用计算，一个 5G 基站无线设备全年运行的电费在 1.8 万～ 2.5 万元。以目前国内某一运营商地级市城区现有 48 万 4G 基站的规模为建设目标，则每年的 5G 基站设备的电费开支将达到 88 亿～ 110 亿元，如果考虑频段的差异，以及 3.5GHz 的实际覆盖能力，则要达到与 4G 网相同的覆盖效果，目前来看，5G 的基站数量将要达到 4G 基站的 1.5 倍左右，这时电费开支将达到 130 亿～ 160 亿元。这一庞大的电费开支必然增加运营商的运营成本，影响 5G 建设和运行，因此需要研究降低 5G 网络能耗和电费开支的方案，以保证 5G 网络的健康运营。

## 4 5G 网络节能方案及措施

（1）技术创新

在 5G 试验网阶段，原型机基站在 S111 配置下，功耗超过 6kW（BBU 功耗约为 400W，AAU 功耗约为 1900W）。目前阶段符合 R15 标准的 5G 基站设备在 S111 配置下，功耗约为 3kW ～ 4kW，因此可以看出，随着技术的进步，设备功耗能实现进一步的下降，这需要主设备厂商不断加大技术研究和创新。另外 5G 基站在业务负荷较低时，引入通道关断、载波关断、时隙关断等技术手段，进一步降低 5G 基站设备的功耗，以降低运营商的运营成本。

（2）设备选型

5G 网络使用的 Massive MIMO 主要有 64T64R、32T32R、16T16R、8T8R 等多种通道数天线，各种类型的天线在覆盖、容量、成本和功耗等方面有一定的差异，具体来看，在覆盖方面：64T64R 设备的覆盖能力强；8T8R 设备的覆盖能力弱。在容量方面：64T64R 设备的小区容量高；8T8R 设备的小区容量低。在成本方面，64T64R 设备成本高，8T8R 设备成本低。在功耗方面，64T64R 设备功耗高，8T8R 设备功耗低。

由于产业链发展问题，目前 5G 网络建设主要以 64T64R 天线为主，而对于 32T32R、16T16R、8T8R 等天线，目前部分设备厂商还没有相关设备，预计在2020年，各厂商才会有完备的Massive MIMO系列产品。因此5G网络在后期的建设过程中，在满足覆盖、容量需求情况下，应合理进行Massive MIMO天线选型，如业务量大、无线环境复杂的密集市区采用64T64R设备；中、高建筑较多的一般城区/县城采用32T32R设备；用户稀疏的农村区域采用16T16R设备；高速铁路和高速公路沿线采用8T8R设备。合理的设备选型能达到降低运营商CAPEX、OPEX的效果。

（3）政策保障

网络在建设初期，由于业务发展还不明确，用户规模还相对较小，因此5G网络建设需要各级政府出台保障措施，尤其需要各级地方政府强化运营商用电保障，与电网公司沟通，简化用电申请流程和报装资料、电力增容和直供电改造等流程，适当减免费用，为5G网络建设提供最大便利。

## 5 结束语

目前国内5G商用网牌照已经发放，各运营商即将开始5G大规模商用网建设，在目前阶段研究基站设备功耗对5G网络建设的影响和应对措施，对于加速5G网络建设，降低5G建设和运营成本有重要的意义。

## 参考文献

[1] 朱晨鸣，王强，李新，等．5G：2020后的移动通信[M]. 北京：人民邮电出版社，2016.

[2] 李新，陈旭奇．5G关键技术演进及网络建设[J]. 电信快报，2017（11）：3-10.

# 5G 承载网建设方案探讨

闫　辉　王孝周　高　瞻

**摘　要：** 5G 三大应用场景对承载网提出苛刻的要求，随着 5G 商用服务的开通，传输承载网也要快速改造以满足 5G 业务的承载。如何建设一个高效、灵活、智能的承载网是近期运营商比较关注的问题。5G 网络建设将是一个分步、分阶段实施的过程，而且针对不同的城市采取的建设策略和方式都会不一样。本文主要针对 5G 承载需求的变化，结合当前运营商的市场策略和网络现状，讨论 5G 承载网建设方案。

**关键词：** 时分双工（TDD）；分组切片网（SPN）；分段路由（SR）

## 1　引言

根据目前 5G 标准和技术的进展情况，初期应用为增强型移动带宽（eMBB）业务，超高可靠与低时延通信（uRLLC）和海量机器类通信（mMTC）业务将随技术和市场发展逐步开展。所以 5G 网络建设将是一个分步、分阶段实施的过程，而且针对不同的城市采取的建设策略和方式都会不一样。本文主要针对 5G 承载需求的变化，结合当前运营商的市场策略和网络现状，讨论 5G 承载网的建设方案。

## 2　对传送网提出的需求

### 2.1　带宽

带宽是 5G 承载网最为基础的技术指标，根据 IMT-2020 5G 承载需求白皮书，在 3.5 GHz 频段，按照带宽 100 MHz 计算，预计单站（S111，64T64R）均值带宽为 2.03 Gbit/s，峰值带宽为 4.65 Gbit/s。但是实际建网时，不能完全根据理论预测带宽来规划 PTN 环路容量，应基于 PTN 流量现状和 5G 业务发展来规划 5G 基站带宽。

（1）基于理论带宽测算接入环带宽需求

假设接入环有 8 个接入点，每个节点下挂 8 个基站，接入环理论带宽为：

单站峰值 +（$N$–1）× 单站均值 =

[4.65+（8–1）× 2.03] Gbit/s = 18.86Gbit/s　（1）

根据 PTN 现网实际流量和理论流量的对比分析，可以得到一个流量修正系数，约为 0.2 ～ 0.45，由此可以推出接入环流量介于 3.8Gbit/s 和 8.4Gbit/s，接入环采用10GE组网可以满足5G初期带宽需求。

（2）基于5G业务发展预测带宽需求

关键预测参数：单站100%用户数据传输，整环20%用户数计算，具体见表1。

表1　5G业务预测参数设置

| 网络参数 | 2019 | 2020 | 2021 | 网络参数 | 2019 | 2020 | 2021 |
|---|---|---|---|---|---|---|---|
| 5G用户占比 | 0.60% | 2% | 18% | VR（100Mbit/s） | 2% | 5% | 10% |
| 平均每站用户 | 35 | 70 | 192 | 4K（20Mbit/s） | 3% | 5% | 15% |
| 接入环用户数量 | 280 | 560 | 1536 | 1080P（8Mbit/s） | 95% | 90% | 75% |

单站峰值带宽＝Σ（某业务速率×某业务类别占比）×单站用户数，100%并发访问

环网带宽=Max（单站峰值，8×单站峰值×整环用户并发率10%）

基于视频业务发展测算，2021年接入环流量为2.92GB，比引入负载率测算结果略小，但基本相符。因此，5G初期接入环采用10GE组网比较合理。

## 2.2　时延

5G承载的第二关键需求是提供稳定可保证的低时延，3GPP等相关标准组织关于5G时延的相关技术指标见表2。

表2　5G关键时延指标

| 指标类型 | 时延指标 | 来　源 |
|---|---|---|
| 移动终端-CU（eMBB） | 4ms | 3GPPTR38.913 |
| 移动终端-CU（uRLLC） | 0.5ms | 3GPPTR38.913 |
| eV2X | 3～10ms | 3GPPTR38.913 |

（续表）

| 指标类型 | 时延指标 | 来　源 |
|---|---|---|
| 前传时延（AAU-DU） | 100 μs | eCPRI |

不同的时延指标要求将导致5GRAN组网架构的不同，从而对承载网的架构产生影响。

传输设备的转发时延一般小于50 μs，光纤传输时延约为5 μs/km，根据图1模型计算，设备转发时延约为1.2ms，光纤传输时延约为3.6ms，总时延约为5ms，满足5G初期eMBB业务的承载需求。

## 2.3　同步

5G同步业务需求包括5G时分双工（Time Division Duplex，TDD）基本业务的同步需求和协同业务的同步需求。5G频率同步需求与4G相同，目前主要采用逐点物理层同步方式实现，技术相对成熟。TDD基本业务对时间精度的指标要求为±1.5 μs，与LTE TDD指标要求完全相同。基于现有承载网络，我们建议利旧现有的同步网实现±1.5 μs的时间同步，

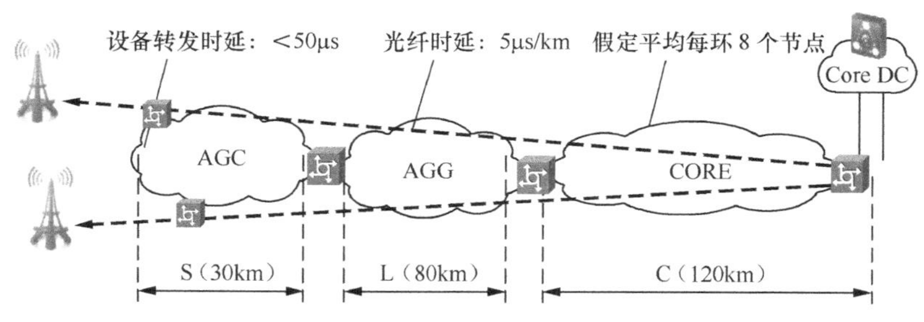


图 1　承载网时延构成分解

以便开通 5G 基本业务；对于新建承载网络，我们建议按照端到端 300ns 量级一次到位进行高精度时间同步地面组网。

## 3　承载网建设方案分析

### 3.1　整体架构

5G 网络由于引入了大带宽和低时延的应用，我们需要改进无线接入网（Radio Access Net-work，RAN）体系架构，根据 3GPP 5G RAN 功能切分，5G 重构分为 AAU、DU、CU 多级架构，其架构示意如图 2 所示。

传送网相应的网络部署分为前传、中传和回传三部分。

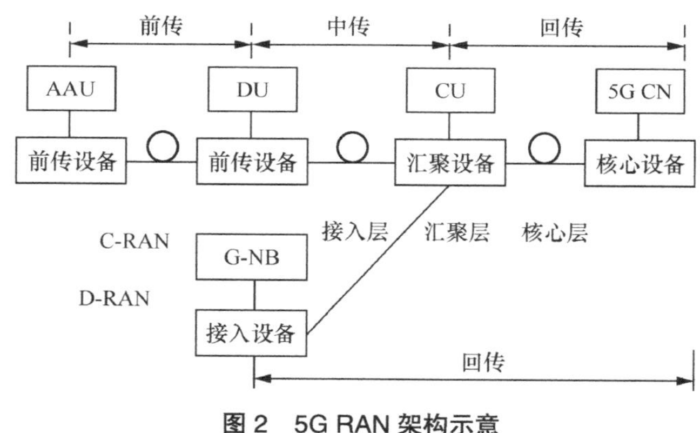


图 2　5G RAN 架构示意

① 前传：AAU-DU。

② 中传：DU-CU。

③ 回传：CU- 核心网。

### 3.2　近期建设基本需求

① 5G 基站以宏站建设为主，CU/DU 合并部署。

② 5G 基站以 2.6GHz、100MHz 频谱带宽为主，未来扩容至 160MHz 频谱带宽，其设备同时支持 5G 和 4G 双模。

③ S111（指 2.6GHz、100MHz 频谱带宽）单基站峰值带宽为 7Gbit/s、均值带宽为 3Gbit/s；S222（指 2.6GHz、160MHz 频谱带宽）单基站峰值带宽为 8Gbit/s、均值带宽为 3Gbit/s，基站接口为 10GE/25GE 接口。

### 3.3 回传建设方案

5G在建设初期，由于业务需求不明确、技术成熟度有待进一步完善，我们应综合考虑建设规模、业务需求、投资效益、资源条件、网络现状等因素，根据业务需求合理选择PTN扩容、PTN升级或新建SPN方案。

① PTN扩容是指利旧现有PTN设备的机架、槽位和端口资源，按需扩容板卡或新增少量设备，同时可利旧现有PTN系统的容量满足5G承载需求。该方案不引入FLexE、SR等SPN设备的组网特性，仍采用L2+静态L3 VPN方式承载5G业务。

② PTN升级是指以现有PTN系统为基础，对已有PTN设备改造升级（要求升级过程不中断业务，仅允许50ms内的电信级保护倒换）后具备SPN特性（按需逐步引入FLexE、SR、IPv6等SPN的组网功能），以满足5G规模部署及各类业务接入。改造升级后的网络具备SPN系统的完整功能，能与新建SPN区域直接融合组网，采用“L2+动态L3”或“L3到接入”方式来承载5G业务。

③ SPN新建是指以满足5G大规模连续覆盖和各类业务需求为目标，根据技术成熟度分步或一次性引入FLexE、SR、IPv6等SPN关键组网特性，按需在部分区域或全网新建SPN系统，具备端到端独立组网能力。

新建和改造升级的选择关键在于现网机房、电源、光缆等基础资源的满足度和现网设备的能力。建网节奏应该分为两种方式三个阶段，具体见表3。

**表3 新建和改造升级方案三阶段对比分析**

| 方式 | （2019—2020）5G启动期：eMBB城区覆盖 | （2021—2022）5G发展期：eMBB基础覆盖 | （2023—）5G成熟期：uRLLC/mMTC业务 |
|---|---|---|---|
| 新建 | 新平面建设，初期主要以核心汇聚，形成网络架构为主，关注的是扩展性 | 基站大规模建设，重点在接入层配套；4G业务从旧平面割接至新平面（双模站规模部署，割接必须） | 带宽需求增长，全网端口能力提升；4G业务全部割接到5G平面 |
| 改造升级 | 现网平台能力升级，初期重点补齐带宽能力（如核心汇聚100GE组网，接入50GE组网） | 基站规模建设，重点在接入层补点，如不共站址，原设备无空槽位 | 带宽需求增长，全网端口能力提升（200GE、400GE）；软能力优化、智能化 |

针对新建和改造升级等两种建设方式，我们从配套建设、建设工期、运维难度、设备性能以及网络调整等方面进行对比，详情见表4。

表 4 新建和改造升级建设方式对比分析

| 方式 | 配套 | 工期 | 运维 | 性能 | 调整 |
|---|---|---|---|---|---|
| 新建 | 50% 以上汇聚机房存在交流配电端子和开关电源配置容量不足的问题 | 9～10 个月建设周期 | ① 4G/5G 互通业务配置复杂，我们需要同时维护两个平面基站的路由配置；<br>②两平面间必须多处裸纤直连，这样存安全隐患。跨平面故障定位困难，恢复时间长 | 4G/5G 站间通信时延要求小于 4ms，两平面通过互连 UNI 对接互通，传输距离远，中间还通过 OTN 设备传输，将增加的 1～2ms 的业务时延，影响协同效果，进而影响客户体验，甚至可能造成双连接协同失败 | ①业务需要从 4G 平面割接到新平面；<br>②新平面的核心层必须与 EPC 新建光纤连接 |
| 改造升级 | 机房整改大约需要 8～9 个月，涉及网络评估、方案设计、业务割接等多项内容 | 6～7 个月建设周期 | ①同一平面内，资源端到端可视，故障定界以及问题定位效率高；<br>②同一平面内，业务端到端地自动化部署 | 4G/5G 共承载以确保流量在一张网内就近转发，两平面流量需跨两个平面，两平面使用 UNI 互联，链路安全性无保障 | 接入层按需升级扩容 |

结合上述分析，针对现阶段 5G 承载网建设，基于现网、充分利旧、部分替换的混合方案才是最佳方案，网络结构示意如图 3 所示。

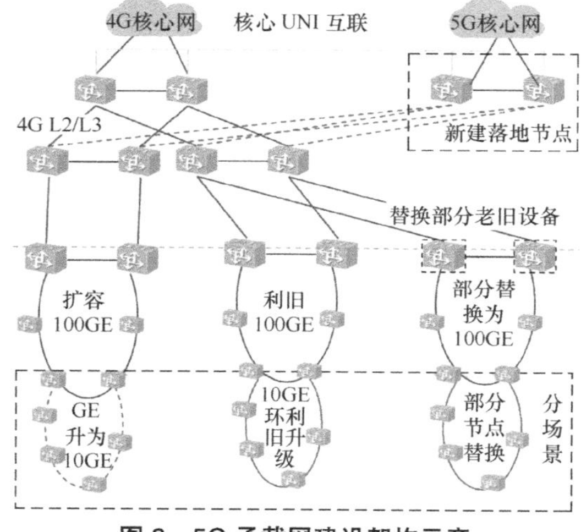


图 3 5G 承载网建设架构示意

① 核心汇聚层的大部分设备支持软件升级 SPN，部分老旧、不支持升级的设备应尽早替换，原有 10GE 环路按带宽需求选择升级至 100GE 或 200GE 环路，升级时尽量采用共柜方式，以节省机房空间。

② 接入层槽位不足的节点，选择替换为具备更多槽位能力的设备；有空余槽位的节点，软硬件应升级为 SPN，原 GE 环路按需升级成 10GE 或 50GE 环路。

### 3.4 前传建设方案

前传传输规划要优先考虑节省光纤资源的方案。C-RAN 由于存在大量集中的 BBU，所以对 CPRI 传输光纤的数量要求较高，光纤资源决定了 BBU 的集中规模，应根据实际需求选择合理的前传方案。

（1）光纤直驱

我们建议只在光纤资源足够丰富的情

况下使用此方案。BBU和RRU之间采用光纤进行点对点传输，这是传统分布式基站的典型承载方式。此种方式施工简单，但会快速消耗现有的光纤资源，同时也增加了建设成本。

（2）无源彩光

前传光路经全业务光缆网承载时，首先采用无源波分；然后根据不同站型的前传光纤需求，选择6波～18波的无源彩光设备；最后在城区配置点对点的无源波分设备，在高铁、高速红线内配置点对多点的无源彩光设备。无源彩光前传拓扑如图4所示。

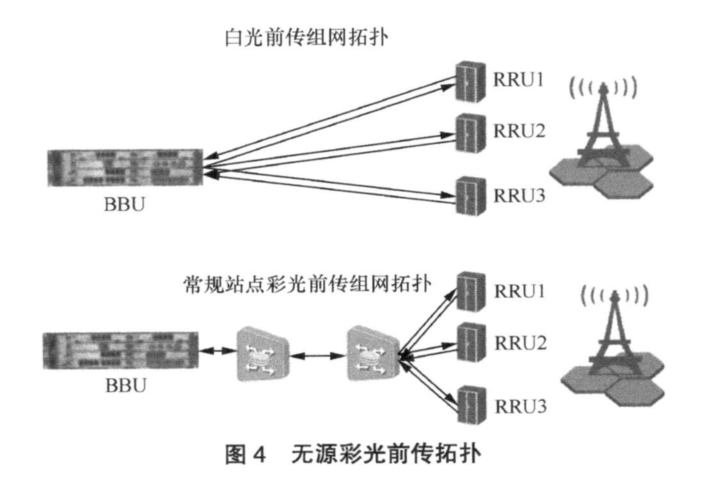


**图4　无源彩光前传拓扑**

（3）有源小型化OTN

前传光路需经全业务光缆网承载，首先采用有源小型化OTN方案；然后根据不同站型的前传光纤需求，选择3路～15路汇聚型的有源小型化OTN；最后在城区配置点对点的有源小型化OTN，在高铁、高速红线内配置点对多点的有源小型化OTN。小型化OTN前传拓扑如图5所示。

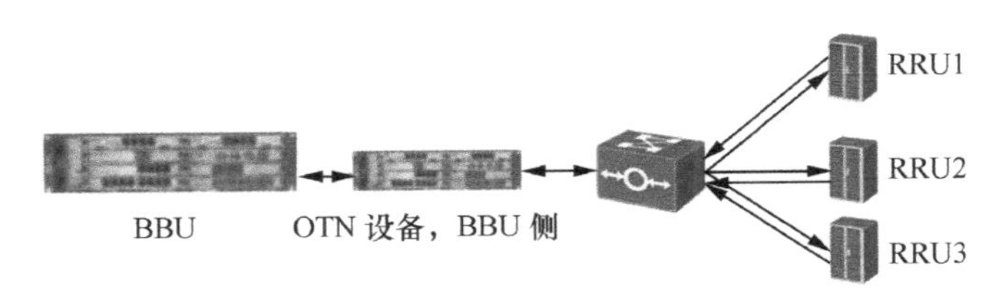


**图5　小型化OTN常规站点前传拓扑**

表5详细比较了上述方案的应用场景的差别和特征。

针对前传网络建设我们有以下建议。

① 对于采用DRAN方式建设的5G基站，其前传（第一级AAU至DU/CU）建设方案应以光纤直连为主，局部距离长、光

表 5　前传方案比较

| 组网方案 | 成本分析 | 运维难度 | 厂商约束 | 场景特征 |
| --- | --- | --- | --- | --- |
| 光纤直驱 | 低，无频外设备引入 | 中 | 无 | 尾纤直驱 |
| 无源彩光 | 中，引入额外无源设备 | 中 | 第三方设备可与无线主设备解耦 | 全业务光缆网 |
| 有源小型化 OTN | 高，引入额外传输有源设备 | 易 | 第三方设备可与无线主设备解耦 | 全业务光缆网；传输 / 无线运维界面清晰 |

纤资源不足的站点可采用无源波分、有源设备等承载方式作为补充。

② 对于采用 CRAN 方式建设的 5G 站点，光纤资源丰富区域的基站前传宜采用光纤直驱方案建设，条件具备时可优选单纤双向光模块。纤芯不足且无管孔资源的区域需依托现有的综合业务区内的光纤物理网络结合无源 / 有源系统的方案承载。

③ DU/BBU 应选择部署在具有丰富的管道、光缆、电源等资源的机房，确保满足中远期装机和前传部署的需求。我们在规划 AAU/RRU 归属 DU/BBU 时应依托现有的综合业务接入区，按照相邻微网格进行统一规划，确保末端接入的唯一性，原则上要求不跨综合业务接入区接入 AAU/RRU。

## 4　对基础资源的要求

5G 初期的建设主要采用与 4G 基站同站址方式部署，对传送网基础资源的需求与 4G 阶段基本相当。但是随着超低时延业务的发展，核心网用户面将会逐步下沉，同时 CU、DU 分离，AAU 拉远后部署位置产生变化，此时将对机房、管道等基础资源提出新的要求，为确保基础资源支撑 5G 网络的建设，我们需提前做好规划和建设。

规划 5G 前传方案时，我们应综合考虑 5G 基站部署特征、综合业务接入区资源、机房情况等方面，这些方面既要符合建网要求，又要适度超前，满足未来业务的发展需求。

汇聚机房：5G 网络对机房的空间和动力配套提出了更高的要求，我们应提前储备汇聚机房资源。

管道：5G 前传需新建大量光缆，这些光缆会占用大量管孔资源，我们应遵循“开源节流”的原则，根据微格化规划、客户归属唯一性，整改跨网格接入的业务光缆，释放不规范接入而多占、虚占的管孔资源，同时适度开展管孔资源储备工作。针对管孔紧张地段，我们应采用大芯数光缆替换多条小芯数光缆的方式以释放管孔资源。

光缆：我们应统筹规划无线基站和综合业务接入区，确保末端接入的唯一性和有序性。

## 5 结束语

5G承载网设备已经比较成熟，建设方案的选择主要基于投资效益以及网络的平滑演进等方面，现阶段我们应该做好基础网络资源的储备工作。对于5G承载网的建设，我们应充分考虑现网资源的使用，根据5G业务的发展和商用，按照实际的带宽需求，分阶段逐步建设，尽早引入SR、FlexE等新特性技术以适应5G业务的灵活性，高效支撑未来业务发展；同时还要协同无线、核心网的发展与建设，共同打造高效、灵活、智能的5G承载网。

## 参考文献


[1] 陈琛，李永亮，徐海涛 . 浙江移动开展面向5G承载的基础资源规划实践 [J]. 电信技术，2018（1）：14–17.

[2] 曾毅 . 5G承载网的挑战和关键技术探讨 [J]. 邮电设计技术，2018（11）：52–56.

[3] 李光，赵福，王延松 . 5G承载网的需求架构和解决方案 [J]. 中兴通讯技术，2017（10）：56–60.

[4] 范学涛 . 构建SDON智能光传输网络应对5G挑战 [J]. 信息通信，2017（3）：243–244.

[5] 程伟强 . SPTN控制面技术及组网应用研究 [J]. 电信技术，2016（1）：10–17.

[6] 汤瑞，赵俊峰 . 5G承载网络结构及技术分析 [J]. 邮电设计技术，2018（5）：1–4.

# 5G 无线网络优化流程及策略分析

刘海林　林　延

**摘　要：**随着 5G 关键技术的运用，5G 网络优化与 3G/4G 网络优化存在很大差异，5G 网络优化面临很大挑战。本文针对 5G 关键技术的参数、网络的部署架构和业务场景应用特点，从网络优化流程、优化差异等要点，分析 5G 网络优化流程及差异，重点研究 5G 网络的业务优化、覆盖优化、容量优化和方案策略等方面，对 5G 无线网络优化提出相关策略。

**关键词：**5G；优化流程；策略

## 1　引言

随着通信技术的不断发展，5G 模式已经开启，4G 改变生活，5G 改变社会。2019 年 6 月 6 日，工业和信息化部正式向中国移动、中国电信、中国联通、中国广电发放 5G 商用牌照，标志着我国正式进入 5G 商用元年。5G 提供更高的速率、更多的连接数、更低的时延、更可靠的安全性、更快的移动速率以及更灵活的业务部署能力。5G 高速率、海量连接、低时延的三大优势使其成为社会生活及制造业的重要通信与服务基础设施。

5G 应用前景非常广阔，无人自动驾驶、虚拟增强现实、无线智慧城市等新产业都将借助 5G 网络得到更大的发展。未来的 5G 时代应用 AR/VR 技术让大家足不出户就可以感受大自然的风采，自动驾驶技术为交通、物流、运输等行业带来新的发展机遇，清晰视频信号的实时高清传播在文化教育、远程医疗、娱乐直播等领域都有广泛应用，5G 将会融入人们生活的方方面面。

新的 5G 无线网络关键技术的运用，势必带来与 3G、4G 不同的无线网络优化流程及策略的变革。

## 2　优化目标

随着 5G 许可证的发布，规划设计、工程建设、网络优化和 5G 网络的测试等方面的竞争将逐步开展。面对 LTE（长期演进）和 WLAN（无线局域网）的竞争，

5G网络的规划、优化及网络质量也面临着前所未有的挑战，需要不断优化以提高网络质量并构建5G精品网络。众所皆知，网络优化是一项复杂、艰巨而深远的任务。作为一种新的5G技术，无线网络优化的工作内容与其他标准系统的网络优化的工作内容既具有相同之处也有不同之处。同样如此，网络优化的目的是相同的，区别在于具体的优化方法、优化对象和优化参数。无线网络优化的目标是最大化用户的价值，实现覆盖范围、容量和价值的最佳组合。通过网络优化，用户可以提高利润率，节省成本，提高网络运营指标，提高网络运营质量，消除隐患，使网络处于最佳运行状态；网络优化还能提高网络资源的利用率和投入产出比，根据用户实际行为模型的变化调整系统的配置，充分利用各种无线网络优化方法进行容量平衡；根据用户的时间服务类型和服务质量要求，均衡发展网络覆盖、容量和质量以满足市场业务发展的需要。均衡发展网络调整基于用户的视角来改善用户体验并为用户提供优质的网络服务。

无线网络优化流程如图1所示。

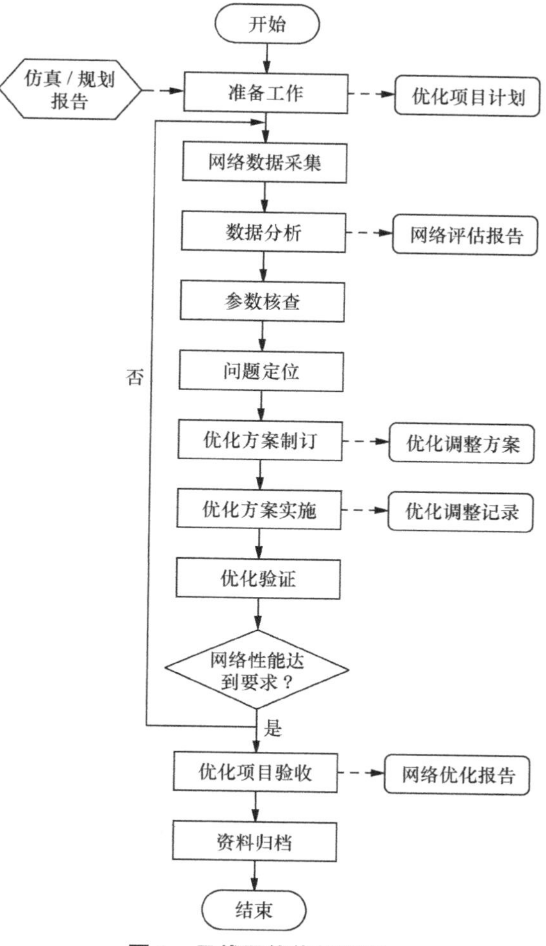


**图1　无线网络优化流程**

**（1）面临挑战**

5G的无线网络优化日常重点关注数据分析、问题定位，提高网络性能，与4G相比，面临更多挑战。

新技术、新用例及网络架构的演进，带来网络优化的高复杂度、高技能要求，行业门槛变得更高。

MM/上下行解耦等新技术的演进使得网络优化难度呈线性增加，Massive MIMO（大规模分布式天线）与Beam forming（波束赋型）使得Pattern（模式）组合超10000+RF，优化难度呈线性增加，2D->3D优化人工无法作业；5G使用频谱更高的C-Band，上行覆盖/容量受限，面临上下行解耦如何优化的难题。Massive MIMO波束赋型相关因素如图2所示。

随着NSA（非独立组网）及E2E（端到端）网络架构的演进，4G/5G无线网络之间的协同、4G/5G网络之间的互操作、速率/时延定位范围从CT变成ICT，网络优化复杂度越来越高。现阶段5G将部署为NSA，接入的网络节点和流程更多，更易引入影响接入性能的环节。

5G组网架构如图3所示。

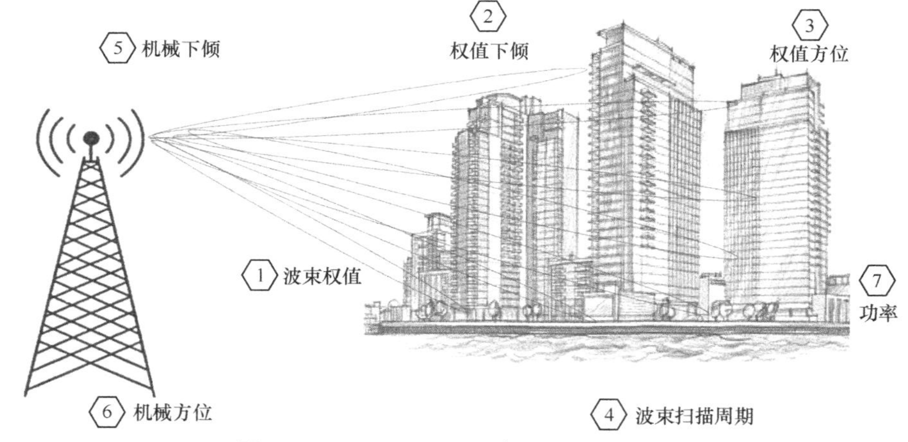


**图2 Massive MIMO波束赋型的相关因素**

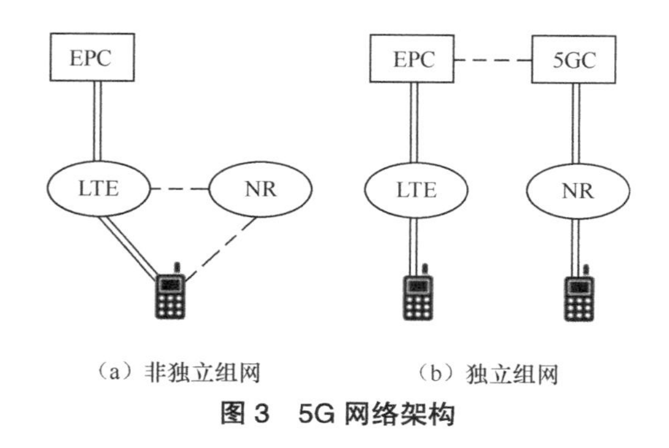


**图3 5G网络架构**

（2）5G与4G网络优化差异

大带宽、低时延的业务要求秒级抽样检测和Gbit/s级故障特征提取，切片式网络要求运维系统高度自治化和智能化。因此，我们分析了5G网络优化和4G网络优化的差异，3GPP R15主要聚焦eMBB应用场景，在eMBB业务方面，5G网络优化相比4G在各方面都增加了复杂度；在无线网络覆盖方面，基于无线网络的广播信道数字下倾，使用窄波束等特点，5G网络在建设时可通过Pattern调整进行覆盖优化，减少上站次数；但同步信号（SSB）和信道状态信息（CSI）波束存在差异，并不完全正比，在建设时需协同优化，在通道与干扰方面，5G网络在建设时，通道具有大带宽、符号短等特点，这使5G干扰问题更多，要求分析效率更高；在传输链路方面，5G对传输服务质量（QoS）要求更高，所以更容易出问题（丢包/乱序的影响更严重）；在特性优化Massive MIMO技术方面，5G Massive MIMO相较于4G波束组合更多，场景更加复杂。5G和4G网络优化的关键差异见表1。

## 3 5G无线网络的优化策略分析

（1）5G网络优化内容

5G仍是一个需要持续完善的通信标准，现阶段主要围绕eMBB类型业务开展

表 1　4G、5G 优化内容关键差异

| 优化内容 | 优化内容 | 4G 优化内容 | 5G 优化内容 |
|---|---|---|---|
| 基础性能与特性优化 | 基础参数 | 基础网络优化参数 | 参数类似，主要原理不同 |
| | 网络 KPI（关键性能指标）：接入切换掉话 | LTE 接入 / 掉话 / 切换 | 除 NR（5G 新空口）外，还需要优化 LTE 的接入、切换、重建性能 |
| | 路测：吞吐率、时延 | MCS（0~28）；<br>RANK（1~4）；<br>调度（0~1000）；<br>BLER（误块率）（0~100） | MCS（0~28）；<br>RANK（1~8）；<br>调度（0~1600）；<br>BLER（0~100） |
| | 特性：Massive MIMO | 覆盖：广播 / 控制信道宽波束。<br>体验 / 容量：数据信道窄波束 | 覆盖：广播 / 控制信道窄波束；<br>体验 / 容量：数据信道窄波束 |
| | 特性：上下行解耦 | 无 | 增益场景分析 + 门限优化 |
| 网络基础质量排查与优化 | 覆盖 | ① 小区 CRS（小区参考信号）：RSRP（参考信号接收功率）/SINR（信号与干扰加噪声比）<br>② 广播和控制信道宽波束 | ① 小区 SSB（同步信号块）RSRP/SINR；<br>② 用户 CSI（信道状态信息）RSRP/SINR；<br>③ 广播和控制信道窄波束 |
| | 通道与干扰 | FDD：直放站干扰 / 邻区干扰<br>TDD：大气波导干扰 / 环回干扰 | 谐波干扰 / 交调干扰 |
| | 传输 | 传输带宽 / 阈值：1Gbit/s<br>丢包：$10^{-6}$；<br>RTT（往返时延）：10ms | 传输带宽 / 阈值：1Gbit/s<br>丢包：$10^{-7}$；<br>RTT：5ms |

相关试点和建设，uRLLC 和 mMTC 将在下一个版本中实现。目前阶段网络优化的工作也是针对 eMBB 大带宽接入类进行的。

eMBB 大带宽的网络优化首先进行基础参数核查优化，检验实际网络表现是否最优。基础参数核查优化工作包括 RF 参数的核查，如，同频同 ZC 根序列、复用距离的核查和优化，PCI 复用距离、MOD30 的核查和优化；特性参数的核查，如，MM 场景化波束核查，上下行解耦参数核查；邻区核查，邻区一致性核查，确保邻区配置与小区配置一致；接入、掉话、切换参数一致性核查。

（2）5G 网络优化需与垂直应用相结合

5G 网络建设投资巨大，无线网络优化工作需要结合垂直应用以提升价值回馈。

目前，5G 正处于商用部署初期，增强移动宽带类的生活娱乐应用会最先得到普及，如增强 / 虚拟现实、高清视频、可穿戴设备、沉浸式内容、在线游戏等会渗透各行各业，比如，无人自动驾驶、无人机巡航、远程医疗、智能机器人、智慧城市、智慧旅游、智慧水利等。无线网络优化工作必须结合上述应用开展。

（3）5G网络优化策略

4G和5G将会长期共存，因此，5G网络优化要结合业务需求开展5G建设和效能优化的工作以提高投资回报。

5G网络在部署初期，由于频段比较高、传播损耗较大等原因，很难做到全网覆盖，因此，5G网络的容量大和现有4G网络的覆盖结合才是当前网络优化亟待解决的问题。

（4）5G网络优化的关键点

对于5G网络优化的工作我们还应考虑未来演进到独立组网（SA）架构时对其的使用，其主要的优化关键点包括以下几点。

5G独立组网时，引入新的NR核心网，基站和核心网交互需重点考虑；5G独立组网时，整体互操作策略和LTE多载波的配合需重点考虑，包括未来引入载波聚合（CA）；5G独立组网时，在新核心网下引入新的5G业务，包括高精度/短时延业务、5G新空口承载语音（VoNR）业务。

（5）5G网络优化终极目标

针对5G优化工作更多的后续我们应考虑面向应用。智能平台部署降低运维成本，提升运维效率是终极目标。

5G网络中，连接类型的泛在化、业务的多样性使得网络向着更加复杂多样的异构化方向发展，网络的参数配置越来越多，各类网络策略也愈加复杂，运维自动化已经成为5G网络建设和运营的关键。5G时代的网络优化、维护人员将减少一半。云的技术理念与商业模式对运营商的业务、网络架构、运营方式产生了颠覆性的影响。云化架构的自治、极简的网络成为运营商急需的解决方案。智能化网络运维平台主要瞄准4个目标：秒级故障定位、分钟级故障隔离与自愈、网络质量可预测与可优化、全生命周期运维自动化。

## 4 结束语

随着5G牌照的发放，我国正式步入5G元年，三大运营商、广电及各级政府会加大5G的建设和行业应用。4G改变生活，5G改变社会，无线通信技术从服务到人再到服务行业，正在发生革命性改变。作为第五代移动通信技术，其关键技术的参数、网络的部署架构演进和业务场景应用特点与前期的技术存在差异性，后续工作应重点研究5G网络的业务优化、覆盖优化、容量优化、方案策略等方面，制订针对5G无线网络优化的策略，使5G网络达到业务、覆盖、容量最优，为用户提供优质的网络服务。

## 参考文献

[1] 王强，刘海林，李新，等.TD-LTE无线网络规划与优化实务[M].北京：人民邮电出版社，2018.

[2] 徐慧俊.5G商用，蓄势待发[J].中兴通讯技术，2018（1）：2-5.

# 基于运营商5G共享站址的主营频段复杂天馈系统的整治研究

丁 远 刘 洋

**摘 要：**本文分析了三大运营商主营频段的使用现状，运用多频天线并综合各类因素对各种场景下的天馈系统提出整治方案，为5G天馈系统的改造提供了理论和实践指导建议。

**关键词：**5G天馈系统；天馈整治；频谱

## 1 概述

2019年，各大运营商在全国主要城市开展5G工程建设。5G工程前期基本上都是共址建设的，因此，在原本不堪重负的天面上再新增承重比南侧天线重2倍的有源天线单元（Active Antenna Unit，AAU）将非常困难。

图1所示为广州移动在第一批5G实地站点勘察后提出的天馈系统整治方案，其中整合原有天线腾出空间安装5G天线方案的占比将近一半，另超过1/4的站点需新增抱杆（能否新增成功还未知），因此有75.36%的站点无法直接安装5G天线，需进行改造或新增杆体。

中国移动采用了重耕2.6G组网5G的方式，因此并不需要新增太多新址站点，前期基本上利用原有站址。中国电信和中国联通选择了3.5GHz，由于频段高，必然需新建更多的基站以满足5G业务的需求，这必然会共享大量中国移动的站址，将大大提升基站的共享率，也使原本已超负荷的天馈资源更加紧张。

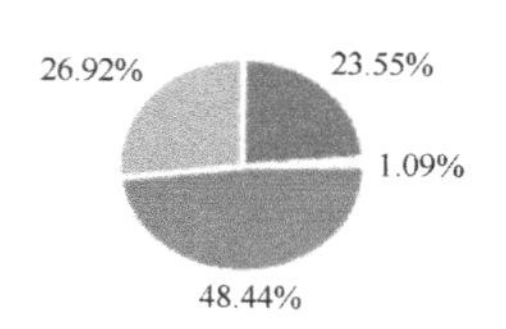


**图1 5G天馈系统整治方案示意**

## 2 频谱现状分析

2018年年底，工业和信息化部为三家运营商分配了5G商用频谱，为5G的正式商用推动了关键一步，频谱具体分配如下。

① 中国移动：2 515MHz～2 675MHz，4 800MHz～4 900MHz。

② 中国电信：3 400MHz ～ 3 500MHz。

③ 中国联通：3 500MHz ～ 3 600MHz。

移动通信从模拟信号到数字信号，从 1G 到如今的 5G，由于技术的发展和市场需求的变化，其最初规划的频谱用途早已被改得面目全非。例如，以 GSM900 为主的语音被改为 FDD VoLTE，只保留少数频点，大部分频点用于 NB 和 FDD；TD-SCDMA 将退网，被用于 FDD，移动 D 频将 D1、D2 移频至 D4、D5 以清理连续的 100MHz 带宽给 5G NR 使用。其频谱分配方案及利用现状见表 1。

**表 1　运营商频谱利用现状**

| 运营商 | 上行频率（UL） | 下行频率（DL） | 频宽 | 最初规划用途 | 目前实际使用用途 |
|---|---|---|---|---|---|
| 中国联通 | 909MHz ～ 915MHz | 954MHz ～ 960MHz | 6MHz | GSM900 | GSM&FDD&NB 共模 |
| | 1745MHz ～ 1755MHz | 1840MHz ～ 1850MHz | 10MHz | GSM1800 | GSM&FDD 共模 |
| | 1940MHz ～ 1955MHz | 2130MHz ～ 2145MHz | 15MHz | WCDMA | WCDMA&FDD 共模 |
| | 2300MHz ～ 2320MHz | 2300MHz ～ 2320MHz | 20MHz | TD-LTE | 未使用 |
| | 2555MHz ～ 2575MHz | 2555MHz ～ 2575MHz | 20MHz | TD-LTE | 未使用，计划转给中国移动 5G 使用 |
| | 1755MHz ～ 1765MHz | 1850MHz ～ 1860MHz | 10MHz | FDD-LTE | FDD |
| | 3500MHz ～ 3600MHz | 3500MHz ～ 3600MHz | 100MHz | 5G | 5G |
| 中国电信 | 825MHz ～ 840MHz | 870MHz ～ 885MHz | 15MHz | CDMA | FDD&DO&X1&NB 共模 |
| | 1920MHz ～ 1935MHz | 2110MHz ～ 2125MHz | 15MHz | CDMA2000 | FDD |
| | 2370MHz ～ 2390MHz | 2370MHz ～ 2390MHz | 20MHz | TD-LTE | 基本没用 |
| | 2635MHz ～ 2655MHz | 2635MHz ～ 2655MHz | 20MHz | TD-LTE | 基本没用，计划清频给中国移动 5G 使用 |
| | 1765MHz ～ 1780MHz | 1860MHz ～ 1875MHz | 15MHz | FDD-LTE | FDD |
| | 3400MHz ～ 3500MHz | 3400MHz ～ 3500MHz | 100MHz | 5G | 5G |
| 中国移动 | 885MHz ～ 909MHz | 930MHz ～ 954MHz | 24MHz | GSM900 | GSM&FDD&NB 共模 |
| | 1710MHz ～ 1725MHz | 1805MHz ～ 1820MHz | 15MHz | GSM1800 | GSM&FDD&NB 共模 |
| | 2010MHz ～ 2025MHz | 2010MHz ～ 2015MHz | 15MHz | TD-SCDMA | 清频退网，用于 FDD |
| | 1880MHz ～ 1890MHz | 1880MHz ～ 1890MHz | 10MHz | TD-LTE（F频室外） | TD-LTE（F 频室外） |
| | 2320MHz ～ 2370MHz | 2320MHz ～ 2370MHz | 50MHz | TD-LTE（E频室内） | TD-LTE（E 频室内） |

（续表）

| 运营商 | 上行频率（UL） | 下行频率（DL） | 频宽 | 最初规划用途 | 目前实际使用用途 |
|---|---|---|---|---|---|
| 中国移动 | 2575MHz～2635MHz | 2575MHz～2635MHz | 60MHz | TD-LTE（D频室外） | 移频用于5G |
| | 2515MHz～2675MHz | 2515MHz～2675MHz | 160MHz | 5G<E-D频 | 5G<E-D频 |
| | 4800MHz～4900MHz | 4800MHz～4900MHz | 100MHz | 5G | 5G |

若三家运营商共享同一天馈，天线之间存在多频段、多流MIMO、多载波、多制式、多运营商异常复杂等情况。常规美化杆体有美化水桶、美化方柱、集束美化筒等。无空间新增AAU天线，三大运营商天面现状如图2所示。5G工程建设完成后，同一天馈将出现三个运营商的2G\3G\4G\5G\NB“五世同堂”的局面。面对如此复杂的天馈系统，我们若不开展天馈系统的专项整治工作，将无法安装5G天线。

中国移动：4频8模。
GNF900系统：GSM900、FDD900、NB900。
GNF1800系统：DCS1800、FDD1800、NB1800。
LTE-D频。
LTE-F频

中国联通：3频7模。
900M系统：GSM900、FDD900、NB900。
1800M系统：GSM1800、FDD1800。
2100M系统：WCDMA、FDD2100

中国联通：3频6模。
900M系统：GSM900、CDMA DO、CDMA X1、NB。
1800M系统：FDD1800。
2100M系统：FDD2100

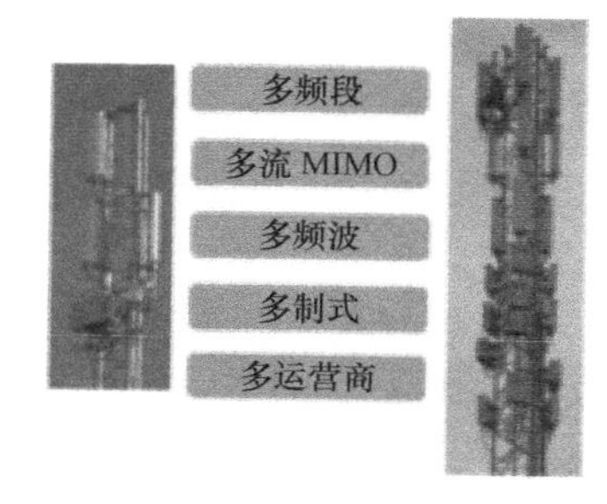


ϕ1200圆形美化罩

下倾角和水平方向角受限，无散热孔

600×600方型罩

下倾角和水平方向角受限，无散热孔

美化天线

不能利旧

圆形美化天线<1000

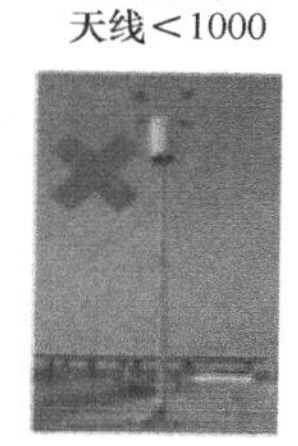

不能利旧多扇区MA

图2　三大运营商天面现状

## 3　天馈系统的整治方案

天馈系统专项整治工作必须利用多频天线将多个天线合并，预留更多的空余抱杆用于安装5G的AAU，同时美化天面，减少杆体承重，降低设备功耗。

### 3.1　运营商间独立天线

目前，最复杂的天馈系统是图2所示的“五世同堂”场景，三家运营商均可使用独立多频天线将现网多幅天线整合成 1 幅天线。图 3 所示的方案是使用 8 端口天线或 4488 天线，将多幅天线整合在一起。其中，中国移动还可使用“2288”天线、“2222”天线、“2+2”天线；中国联通和中国电信还可使用京信“4+4”天线，这样将天馈每小区 12 幅天线整合成只有 3 幅天线。

在实际建设过程中，我们应依据天线的尺寸、重量、增益、迎风面、成本、竞争等因素灵活选取多频天线。同时，由于天线集成度越高，频间干扰、器件损耗、馈线损耗越大，最终会影响各系统的网络质量和发射功率，因此并不是天线集成度越高越好，应依据多方面因素综合考虑。

### 3.2 运营商间共用天线

三大运营商既存在激烈竞争，同时又开展合作共赢，在 5G 工程建设中，运营商共用天线将是合作共赢的一种新尝试。如中国电信和中国联通均采用了国际主流的 3.5GHz 5G 组网，而现有通信设备厂商的 AAU 均支持 3 300MHz ～ 3 500MHz 共 200MHz 的带宽，即一套 AAU 设备能同时发射和接收电信、联通两家的 5G 无线信号。因此，这两家运营商可共用一套 AAU。

三家运营商现网频谱均集中在 800MHz ～ 1 800MHz、2 100MHz 中（中国移动另有 2 600MHz），这给天线合路带来了便利。华为“2222”多频天线共 8 个端口，涵盖了三家运营商现网所有的频段，因此华为采用合路器接入相应的系统，这样现网 12 幅天线将整合成 1 幅天线，大大减少了杆体数量，但同时合路过多的系统

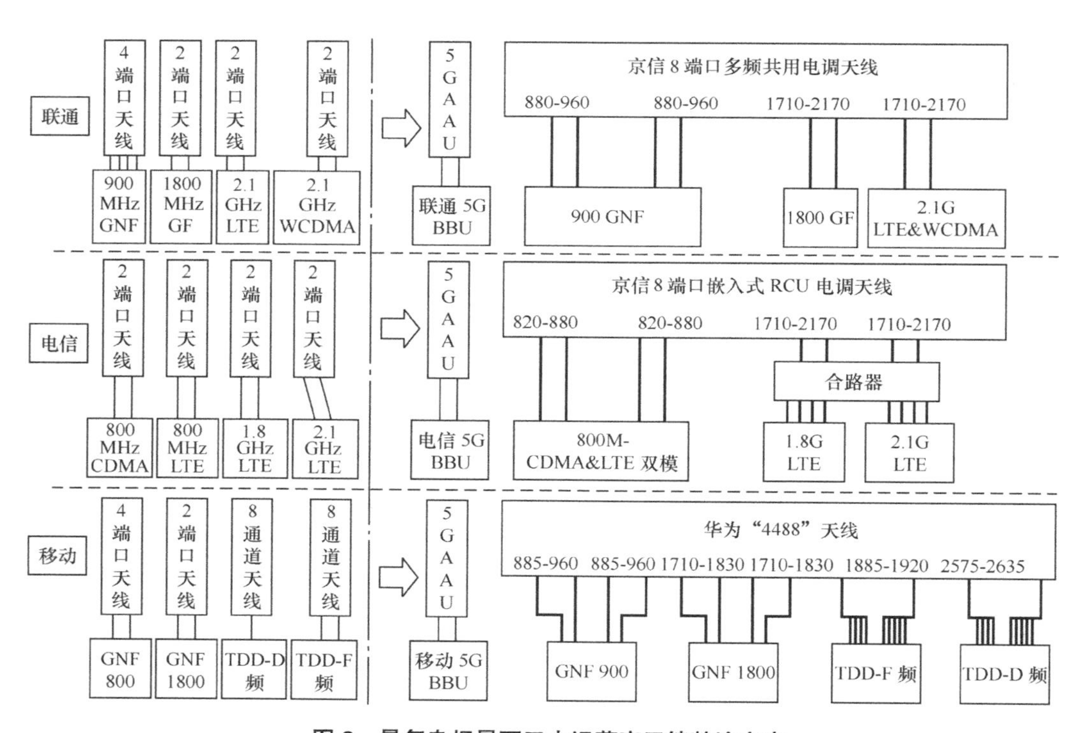


图 3 最复杂场景下三大运营商天馈整治方案

将带来较大的频间干扰和合路损耗，网络质量相应下降，整合过程如图 4 所示。加上 5G 天线，每小区只有 3 幅天线，通过天线间的交叉错位安装，3 根抱杆就可安装 3 个小区 9 幅天线，对于天面空间狭小或因物业原因不能安装过多杆体的场景尤其适用。

上述方案列举的天线类型在市场上有很多品牌，我们可以依据天线的性能、物理特性、价格等因素灵活选择，但尽量选择增益大的天线以抵消合路和频间干扰带来的损耗。

## 4 结束语

建设 5G 工程时，我们将对现网天馈系统开展一次全系统、全频段的整治，这样不仅可以减少天面抱杆数量，而且有利于梳理繁杂的天馈系统，美化天面环境，排查安全风险，降低设备功耗，减少租金成本等。各种多频天线也在不断更新以更好地满足 5G 建设对多系统、多频段的要求，干净、整洁、美观的天馈系统将是 5G 工程建设的最重要的目标之一。

## 参考文献


[1] 谢启珍. 5G 通信关键技术探讨 [J]. 计算机产品与流通，2019（6）.

[2] 李新，陈旭奇. 5G 网络规划流程及工程建设研究 [J]. 电信快报，2018（5）.

[3] ROB FRIEDEN. The evolving 5G case study in spectrum management and industrial policy[J]. Telecommunications Policy, 2019.

[4] 杨万鹏，5G 移动通信技术发展探究及其对基站配套影响分析 [J]. 通信世界，2019（5）.

[5] 张守国，做好共建共享，促进 5G 网络健康发展 [N]. 人民邮电，2019（4）.

[6] RASA BRUZGIENE, LINA NARBUTAITE. Quality–focused resource allocation for resilient 5G network[J]. Photonic Network Communications, 2019，37 (3): 361.


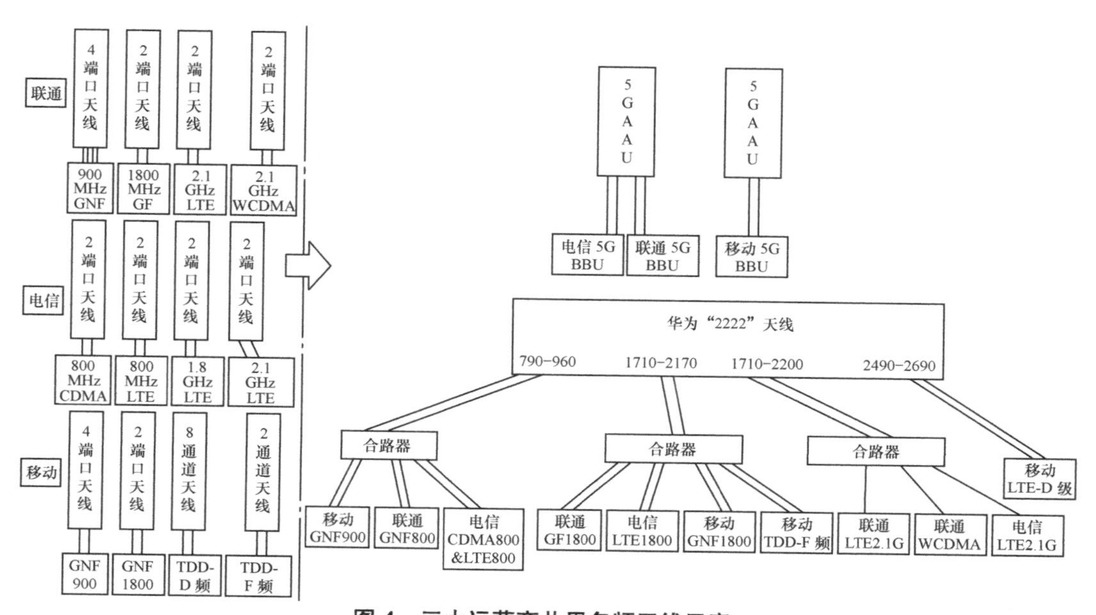


图 4　三大运营商共用多频天线示意

# 5G多运营商基站电源及配套建设综合分析

谢 强 李 龙

**摘 要：**5G设备功耗较大，多运营商共享基站对电源与配套的需求压力较大。本文分析了5G规模化建设基站电源的功耗需求，包括宏基站和微基站等多场景的情况，并提出了基站配套改造的方案。

**关键词：**5G；基站；通信电源；配套

## 1 引言

5G是面向2020年及以后的移动通信需求而发展的新一代移动通信系统。根据业务发展的需要，5G将具有超高的频谱利用率和能效，在传输速率和资源利用率等方面比4G提高一个量级或更多，其无线覆盖性能、传输时延、系统安全和用户体验也将得到显著的提高。如果说，4G时代推动着人与人的连接，那么5G时代将实现人与物、物与物的连接，一个真正的万物互联时代即将到来。

5G设备功耗较大，多运营商共享基站对市电需求压力较大。C-RAN建设从网络结构演进而言趋势不可逆，5G将以C-RAN建设为主，对机房配套提出了高保障需求。5G的AAU重且迎风面积大，现有的天面支撑方式不一定能满足其对承重的要求。如何快速安全地部署5G 网络并保证其顺利开通成为铁塔公司和四家运营商迫切关心的话题。

## 2 电源需求分析

### 2.1 有机房基站

（1）能耗分析

对于有机房的基站，中国移动机房内部的设备通常包括2G的BTS机架、3G和4G的BBU、DCDU、SDH和PTN传输设备、其他数据设备等；室外设备包括3G和4G的RRU和5G的AAU。

中国电信机房内部的设备通常包括3G的BTS机架，4G的BBU、DCDU、SDH和IPRAN传输设备和其他数据设备等；室外设备包括4G的RRU和5G的AAU。中国电信的数据设备相对较多，按照3台计。

中国联通室内设备通常包括除了2G的BTS机架正在逐步退网，其他与中国电信类似；室外设备包括4G的RRU和5G的AAU；配套设备包括3P的空调2台，500AH蓄电池组7组。

设定所有的5G设备均从机房引电，机房基站总体能耗预估见表1。

表1 机房基站总体能耗预估

| 运营商 | 设备名称 | 数量 | 功耗/W | 备注 |
|---|---|---|---|---|
| 移动 | 2G主设备 | 3 | 4500 | |
| | 3G主设备 | 1 | 1400 | |
| | 4G主设备 | 1 | 1300 | |
| | 5G主设备 | 1 | 4800 | AAU功耗1500W |
| | 传输设备 | 2 | 400 | |
| | 数据设备 | 2 | 400 | |
| 电信 | 3G主设备 | 1 | 1200 | |
| | 4G主设备 | 1 | 1300 | |
| | 5G主设备 | 1 | 4800 | AAU功耗1500W |
| | 传输设备 | 2 | 400 | |
| | 数据设备 | 3 | 600 | |
| 联通 | 3G主设备 | 1 | 1500 | |
| | 4G主设备 | 1 | 1300 | |
| | 5G主设备 | 1 | 4800 | AAU功耗1500W |
| | 传输设备 | 2 | 400 | |
| | 数据设备 | 1 | 200 | |
| 配套 | 空调 | 2 | 6000 | 2台3P |
| | 监控 | 1 | 100 | |
| | 蓄电池组 | 7 | 16800 | 7组500AH |
| | 照明 | | | 忽略不计 |
| 合计 | | | 52200 | 其中直流功耗29400W |

（2）直流电源

整流模块的数量：按$N$+1冗余方式配置，具体如公式（1）所示。

$$N=\frac{I_{load}+I_{batt}}{I_{rec}} \quad (1)$$

其中：$I_{load}$代表本期负荷电流；

$I_{batt}$代表电池充电电流，按$0.1C_{10}$考虑；

$I_{rec}$代表单个整流模块的容量。

根据表1，单个整流模块取50A，有机房基站的直流设备总功耗为29400W，所需电流为613A，电池充电电流为350A，代入公式（1）计算得到$N$=19.26，取整为20，$N$+1冗余备份则需要21个整流模块。机房须安装2架满配容量600A的开关电源，分别配置整流模块11个和10个。

（3）蓄电池组

主要根据市电状况，负荷大小配置如公式（2）所示。

$$Q=\frac{KIT}{\eta[1+\alpha(t-25)]} \quad (2)$$

其中：$K$代表安全系数1.25；

$I$代表近期负荷电流；

$T$代表放电时间（h）；

$t$ 代表最低环境温度（5℃）；

$\alpha$ 代表电池温度系数 0.006；

$\eta$ 代表放电容量系数。

表2 蓄电池组放电容量系数

| 放电时间/小时 | 2 | 3 | 6 | 10 |
|---|---|---|---|---|
| $\eta$ | 0.61 | 0.75 | 0.88 | 1 |

根据表2，放电时间取3小时，$\eta$=0.75，直流总功耗为29400W，得到电流负荷613A，则Q=3483AH，如果电源保障时间要达到3小时的话，则蓄电池组需配置为7组500AH，或3组1 000AH加1组500AH。

（4）市电引入

根据功耗统计表，直流设备功耗为29 400W，蓄电池充电功率为16 00W，空调功耗为6 000W，我们考虑电源设备效率、电源线的压降损耗及其他损耗，机房基站市电引入容量不应小于55kW。

（5）电缆线径

① 直流电源线。

直流电源线的截面选择根据公式（3）。

$$S=\frac{2IL}{\gamma\cdot\Delta U} \tag{3}$$

其中：$S$ 代表待求导线截面；

$I$ 代表负荷电流；

$L$ 代表待计算的电缆段之间的距离；

$\gamma$ 代表铜的电导率 57；

$U$ 代表待求导线段的经验压降。

对于AAU主设备供电的直流电源线，单扇区负荷电流 $I$ 为30A，$L$ 取50米，要求压降不大于2.5V，计算得到 $S$=21.1mm$^2$，建议使用线径为25mm$^2$ 的电源线。

表3 电缆载流量

| 四芯电缆载流量 | | 单芯电源线载流量 | |
|---|---|---|---|
| 主线芯截面积/mm$^2$ | 1kV（四芯，35°C）载流量/A | 主线芯截面积/mm$^2$ | RVVZ（单芯，35°C）载流量/A |
| 4 | 25 | 1 | 16 |
| 6 | 33 | 1.5 | 20 |
| 10 | 44 | 2.5 | 27 |
| 16 | 60 | 4 | 36 |
| 25 | 81 | 6 | 47 |
| 35 | 102 | 10 | 64 |
| 50 | 128 | 16 | 90 |
| 70 | 159 | 25 | 119 |
| 95 | 195 | 35 | 147 |

（续表）

| 四芯电缆载流量 | | 单芯电源线载流量 | |
|---|---|---|---|
| 主线芯截面积 /mm² | 1kV（四芯，35°C）载流量 /A | 主线芯截面积 /mm² | RVVZ（单芯，35°C）载流量 /A |
| 120 | 224 | 50 | 185 |
| 150 | 260 | 70 | 229 |
| 185 | 298 | 95 | 281 |
| 240 | 339 | 120 | 324 |
| | | 150 | 371 |
| | | 185 | 423 |
| | | 240 | 490 |

② 交流电源线。

交流电源线主要指市电引入线，交流线径工程中常用载流量计算，方法是根据计算电流与电源线额定载流量比较来选择的。表 3 是电缆载流量。

交流电源功率的计量单位是 kVA，是 $U$ 与 $I$ 的乘积，包括有功功率和无功功率两部分。本站默认交流电源功率等于 52 200VA，即 52 200W。

对于单相 220V，计算电流 $I$=52200W/220V ≈ 238A，工程上考虑余量查表可得 95mm² 电源线的额定电流为 281A，则选择该截面的交流线。根据另一种较粗略的算法，经济电流密度 2A ～ 4A/mm²，选 2A 偏安全，选 4A 偏经济。若折中选 3A，则同样得到 95mm² 的电源线。

若市电引入为三相电 380V，则 $I$= 52200W ÷ $\sqrt{3}$ ÷ 380V ≈ 79.3A，查表得 25mm² 电缆载流量为 8A，若放一档余量，则可以选用 4 × 35mm² 的电缆。

## 2.2 无机房基站

这里无机房基站均认为是拉远室外站。

中国移动室外一般没有 2G 主设备，室外设备包括 3GTD-SCDMA 的 RRU、4GTD-LTE 的 RRU、5G 的 AAU，PTN 传输设备内置在近端机房。

中国电信无 2G 设备，3GCDMA 主设备一般为 BTS（在室内），未来会退网；室外设备有 4GFDD-LTE 的 RRU、5G 的 AAU，IPRAN 传输设备内置在近端机房，有少数站点的 3G 设备为室外型设备。

中国联通和中国电信类似，2G 正在逐步退网，3GWCDMA 一般为 BTS（在室内），室外设备有 4GFDD-LTE 的 RRU、5G 的 AAU，IPRAN 传输设备内置在近端机房。

室外机柜每扇区各 1 台，本站型总体功耗预估见表 4。

表 4　本站型总体功耗预估

| 运营商 | 设备名称 | 数量 | 功耗/W | 备注 |
|---|---|---|---|---|
| 移动 | 3GRRU | 3 | 1 200 | |
| | 4GRRU | 3 | 1 200 | |
| | 5GAAU | 3 | 4 500 | |
| 电信 | 3GRRU | 3 | 1 200 | 可能为室外型 |
| | 4GRRU | 3 | 1 200 | |
| | 5GAAU | 3 | 4 500 | |
| | 4GRRU | 3 | 1 200 | |
| | 5GAAU | 3 | 4 500 | |
| 配套 | 室外机柜 | 3 | 3 000 | |
| 合计 | | | 22 500 | 设备功耗 19 500W |

（1）直流电源

本站设备功耗共 19 500W，每扇区约 6500W，设备电流负荷为 136A，200AH 蓄电池组的充电电流为 20A，总电流负荷为 156A。根据 $N$+1 冗余配置原则，需要 5 个室外机柜 50A 的整流模块。

（2）蓄电池组

蓄电池组主要根据市电状况、负荷大小配置：放电时间取 3 小时，$\eta$=0.75，根据上文为 136A，则 QF=773AH。如果电源保障时间要达到 3 小时，则需配置 4 组 200AH 的蓄电池组。

（3）市电引入

根据功耗统计表，室外站点基本上无交流设备，同样考虑损耗，市电引入容量不应小于 25kW。

（4）电缆线径

① AAU 直流电源线。

我们重点关注 AAU 主设备供电的直流线，单个 AAU 负荷电流 $I$ 为 30A，$L$ 取 5m，要求压降不超过 1.5V，计算得到 $S$=3.5mm$^2$，建议使用线径为 6mm$^2$ 的电源线。

② 交流电源线

对于单相 220V，计算电流 $I$=22 500/220=103A，查表得 25mm$^2$ 电源线的额定电流为 119A，则选择该截面积的交流线，对于室外站来说 25mm$^2$ 应该足够，若要放余量则可考虑 35mm$^2$。根据另一种粗略算法，经济电流密度 2A ～ 4A/mm$^2$，选 2A 偏安全，选 4A 偏经济。若折中选 3A，计算得到的也是 35mm$^2$ 规格线。选择 4A 经济型则得到 25mm$^2$ 规格线。

若市电引入为三相电 380V，则 $I$=22500W÷ $\sqrt{3}$ ÷ 380V ≈ 34.2A，查表得 10mm$^2$ 电缆载流量为 44A，若放一档余量，则建议选用 4×16mm$^2$ 的电缆。

## 3　配套改造分析

### 3.1　5G 设备特点

5G 天线通常与 RRU 合设，即 AAU 具有质量大、宽度宽、迎风面积大的特点，且难以与其他系统的天线合路，这些变化将对通信杆塔产生较大的影响。图 1 为试验网某厂商 AAU 的设备参数。

AAS

> 通道数：64T64R。
> 支持频段：3.4GHz～3.6GHz。
> IBW/CBW：200MHz。
> Output power：200W。
> EIRP：78dBm。
> 功耗：-1500W。
> 尺寸：1160×475×172.5mm。
> Weight：＜47kg。
> 供电：2 个直流输入端口。
—AC：需要 2 个交转直 CBC-ACPSU1400，交流保险丝需要 10A 以上。
—DC：
> 空开保险丝：45A 到 65A。
> 开关液压磁或满足 IEC60934 的保险丝：最小值 35A。

**图 1 某厂商 AAU 设备参数**

该 5G AAS（64T64R）的迎风面积约为 0.55mm$^2$，重量不到 47kg，与传统的 4G 天线相比都有较大的增加。其主要的影响体现在 5G Massive MIMO 基站 AAU 采用 RRU 和天线一体化设计，不能与现有站点上的 2G/3G/4G 频段共天线，部分共享需求旺盛的站点会加剧天面资源紧张的局面。

### 3.2 配套改造思路

对于需进行天面替换的站点，针对下述两个维度逐站复核评估铁塔的承载能力，并同时预判其加载 5G 天线后的承载能力，为 5G 天线做好空间以及能力上的储备，具体评估包括塔身的整体安全性评估和抱杆等零部件的安全性评估。

根据评估结果，满足承重要求的抱杆可以直接新增天线；若塔身承载力不足，可采用增加拉线、增加斜撑、等荷载替换（拆除塔身装饰物、平台换支架）等措施来满足运营商天线上塔的安全性要求。若抱杆不满足要求时，则采取相应的措施保证抱杆的承载力，如调整抱杆的水平支撑长度、调整抱杆的垂直支撑点、替换抱杆等。

若不可新增天线，引导运营商尽量使用小天线、合路天线、减小（天线挡风面积和重量减小）原塔上的天线。

（1）落地塔新增平台

落地塔新增平台示意如图 2 所示。

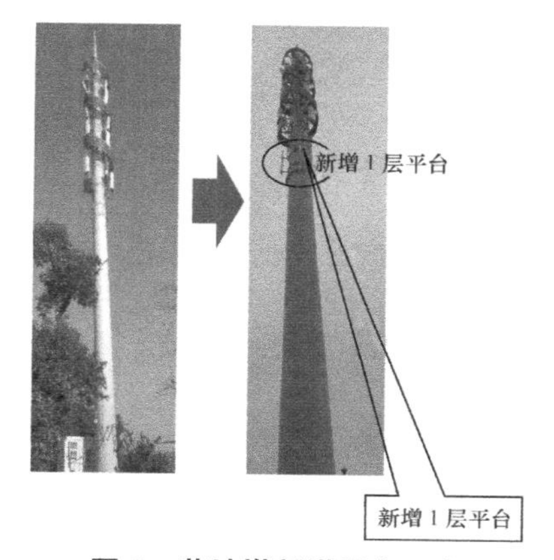


**图 2 落地塔新增平台示意**

（2）天线合路改造

天线合路改造示意如图 3 所示。

**图 3 天线合路改造示意**

（3）美化外罩

5G AAU 在宽度上与传统天线相比有

所增加，同时为了满足其方向角及下倾角的调整，要求美化罩尺寸比传统美化罩的尺寸更大。我们考虑机械下倾角和方位角的调整，5G AAU 楼顶美化罩的尺寸一般由原来的 600mm×600mm，增加到 800mm×800mm 或 900mm×900mm。落地塔美化外罩直径至少需要 2 000mm～2 200mm。

## 4 结束语

5G 网络建设不是一蹴而就的简单工程，我们需要充分考虑网络现有的运营承载能力，实现 5G 网络与现有网络的兼容互通和逐步演进。在此过程中，基站站址获取、铁塔天面、基站电源、承载网等都面临巨大的挑战。面对这些挑战，5G 站点的特性分析和电源配套改造方案的研究能有力地支撑未来 5G 网络的快速部署，并取得显著的经济效益和社会效益。

# 基于 SDN 的 IP 网络与光网络协同编排系统

鞠卫国 黄善国 袁 源

**摘 要**：针对 IP 网络与光网络之间缺乏协同管控机制的问题，本文在分析 IP 网络与光网络各自特性的基础上，以 SDN 技术为抓手，设计了基于 SDN 的 IP 网络与光网络协同编排系统，提出 IP 网络 SDN 控制器负责全局信息的收集与处理、网络策略的制订与下发，光网络 SDN 控制器负责提供光网络信息并通过预配置方法实现快速建路，同时阐述了协同编排系统各模块的功能与交互的方式。以协同编排系统为基础，本文还提出通过灵活设定预配置光路的方法，快速开通业务路径。

**关键词**：软件定义网络；SDN；IP 网络；光网络；协同编排器

## 1 引言

IP 网络与光网络的协同管控一直是通信网络发展的关键问题。如果这两个独立规划、管理与运营的网络能实现协同运维，会极大地提高通信网络整体的运行效率，并降低网络的整体建设维护复杂度和成本。软件定义网络（Software Defined Networking，SDN）的出现为 IP 网络和光网络协同运维提供了新的解决办法。SDN 是一种新型的网络技术，它的理念是分离网络的控制平面与数据转发平面，并实现可编程化控制。在 SDN 中，网络设备可以采用通用的硬件，而原来负责控制的操作系统将被提炼为独立的网络操作系统，由其负责对不同业务特性的适配，而且网络操作系统和业务特性以及硬件设备之间的通信都是可以通过编程实现的。

基于以上基础，业界提出通过 IP 网络 SDN 控制器与光网络 SDN 控制器之间的协同与编排的方式，实现两个网络的协同交互，以便实现快捷高效的业务开通、链路保护与故障处理。IP 网络与光网络在建设、运维以及业务处理方面存在各自的特点。IP 业务本身具有不确定性和不可预见性，IP 业务的颗粒度多，对设备处理能力的要求精细。同时，IP 网络组网灵活，业务配置便捷，策略的构建和下发迅速。相比而言，光网络处理粒度大，业务下发与策略配置由于需要与光器件适配因而不够便捷，同时不便于频繁地进行路径的建立与策略配置等工作。

## 2 IP 网络与光网络协同编排系统

本文提出了基于 SDN 的 IP 网络与光网络协同编排系统，包括 IP 网络 SDN 控制器与光网络 SDN 控制器，如图 1 所示。

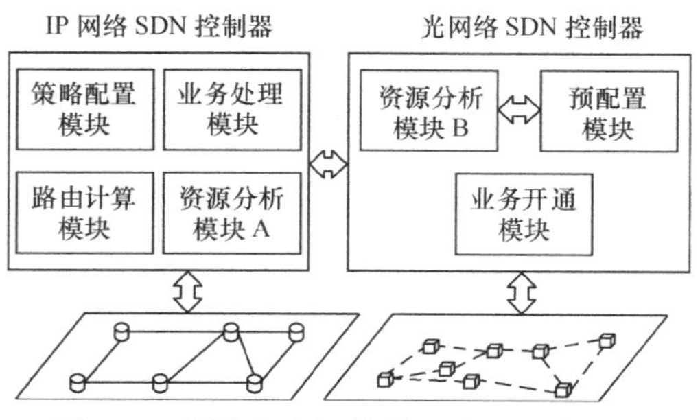


**图 1 IP 网络与光网络协同编排系统示意**

### 2.1 IP 网络 SDN 控制器主要功能模块

IP 网络 SDN 控制器（IP Network SDN Controller，IP SDN-C）包括业务处理模块、资源分析模块 A、路由计算模块与策略配置模块。

业务处理模块通过 IP SDN-C 中的 SDN 控制器北向接口接收来自上层的业务应用请求，在得到业务路径的源宿节点信息及带宽需求后，将其发送给路由计算模块和资源分析模块 A。SDN 控制器北向接口位于控制平面和应用之间，将控制器提供的网络能力和信息进行抽象并开放给应用层使用，一般业务请求中都包含基本的业务源宿节点，以及其他服务等级、保护策略、业务内容等信息。

资源分析模块 A 统计 IP 网络设备的使用状态，从而获取 IP 网络资源的使用情况。资源分析模块 A 通过 IP SDN-C 中的 SDN 控制器南向接口采集路由器的设备信息，包括网络节点、接口类型、物理链路和端口地址信息。

路由计算模块根据光网络预配置光路信息、业务路径源宿节点信息、IP 网络资源使用情况，并进行业务传输路径的计算，最终输出业务在 IP 网络的路由信息。

策略配置模块将路由计算模块输出的业务路由信息，通过南向接口协议传递给网络中的 IP 路由器，以保证传输路径的建立。

IP SDN-C 中的 SDN 控制器通过南向接口进行链路发现、拓扑管理、策略制订、表项下发操作，以完成对厂商设备的管理和配置。策略配置模块所用的南向接口协议偏重将 SDN 控制器最终计算得出的路由信息下发至路由设备，资源分析模块 A 所用的南向接口协议偏于收集路由设备及 IP 网络各链路的使用状态并将其上报至 SDN 控制器，供 IP 网络 SDN 控制器进行处理和分析。

### 2.2 光网络 SDN 控制器主要功能模块

光网络 SDN 控制器（Optical Network SDN Controller，OP SDN-C）包括资源分析模块 B、预配置模块与业务开通模块。

资源分析模块 B 采集分析光网络资源的使用情况，并将光网络资源的使用的情况分发至 IP SDN-C 和预配置模块。资源分析模块 B 通过南向接口协议采集光网络设备的信息，包括网络节点、接口类型、物理链路、端口地址信息。

预配置模块根据光网络资源使用的情

况计算预配置光路，并将其记录存储在预配置光路表中。

业务开通模块通过南向接口协议与光网络设备连接，设定预配置光路，当实际业务请求到达时，开通预配置光路。

业务路径源宿节点信息与带宽需求由业务处理模块提供，IP 网络资源的使用情况由资源分析模块 A 提供，光网络预配置光路信息由光网络 SDN 控制器提供。

由于 IP 网络和光网络业务之间存在映射关系，光网络是作为 IP 数据流的承载通道存在的。IP 数据会在光层的源节点被封装成适宜在光网络中传送的光信号，预配置光路在确定后，所对应的 IP 路由可以对应完成设置。

## 3 基于协同编排系统快速开通路径的方法

本文还提出了基于 SDN 的 IP 网络与光网络协同路径的开通方法，具体包括以下步骤。

步骤 1：OP SDN-C 中的资源分析模块 B 对光网络资源进行分类。

步骤 2：OP SDN-C 中的预配置模块计算并设定光网络预配置光路。

步骤 3： IP SDN-C 接收业务建路请求，明确业务传输的源宿节点信息。

步骤 4：如果现有的预配置光路能承载业务，进入步骤 6；如果预配置光路不满足业务需求，则进入步骤 5。

步骤 5：IP SDN-C 将业务请求发送至光网络 SDN 控制器，OP SDN-C 中的预配置模块根据业务请求的带宽计算新的、满足带宽要求的预配置光路，并将结果反馈至 IP SDN-C。

步骤 6：IP SDN-C 根据新的、满足带宽要求的预配置光路，设定 IP 路由信息，并将其下发至 IP 设备。

步骤 7：IP 路由与光路由设定完成后建立端到端路径的业务。

步骤 8：OP SDN-C 检测预配置光路的占用情况，预配置模块计算补充新的预配置光路，并将其更新至资源分析模块 B 和资源分析模块 A。

步骤 1 包括：光网络资源被分为三类：第一类是已占用的光路资源，即已承载业务传输任务的资源；第二类是预配置的光路资源，这部分资源已经被分配给预配置光路，当需要承载的业务下发到达后，预配置光路就直接启动，完成光路的正式建路；第三类是未使用的资源，未使用的资源后期会被分配给预配置光路。

步骤 2 包括：业务开通模块对光网络预配置光路，预配置光路是指两个光节点间提前预配置好对应的光路由，OP SDN-C 将这两个光节点间预配置的光路信息告知 IP SDN-C，当这两个光节点产生了具体的数据传送请求，IP SDN-C 根据预配置光路计算 IP 路由，再进行数据的处理与传输；此时，OP SDN-C 的预配置模块需要维护预配置光路表，此表用于计算、存储任意两个光节点间预配置光路的路径信息与资源分配情况；当两个光节点间的预配置光路承载业务，资源被占用后，

OP SDN-C 中的预配置模块会根据网络整体资源的使用情况及时计算、构建新的预配置光路，预配置光路的计算与更新策略如下。

步骤 2-1：统计每条光路资源的使用情况，设定资源预占用值 α，即预配置光路占用带宽的大小，α 建议设置 5Gbit/s 或更高；当光路空闲带宽低于 α，则将该光路从网络拓扑中删除，同时更新生成新的光网络拓扑。

步骤 2-2：基于步骤 2-1 生成的光网络拓扑用最短路径的算法计算任意两个光节点的路径，如果存在两条以上最短路径，则选取每条最短路径上资源使用率最高的一段链路比较，选择此处资源使用率较低的一条最短路径作为预配置光路；当预配置光路的资源被占用后，则重新统计每条光路资源的使用情况，并计算更新预配置光路。

算法流程如图 2 所示。这里需要说明的是，此处的光节点并不包含只是用来中继、放大或增强光信号的光传输透传节点，因为这些节点与 IP 节点一般不存在映射关系，并不影响 IP 网络路由的设定。

## 4 应用示例说明

网络中存在各种各样的数据传输业务需求，例如数据中心之间数据的分发与备

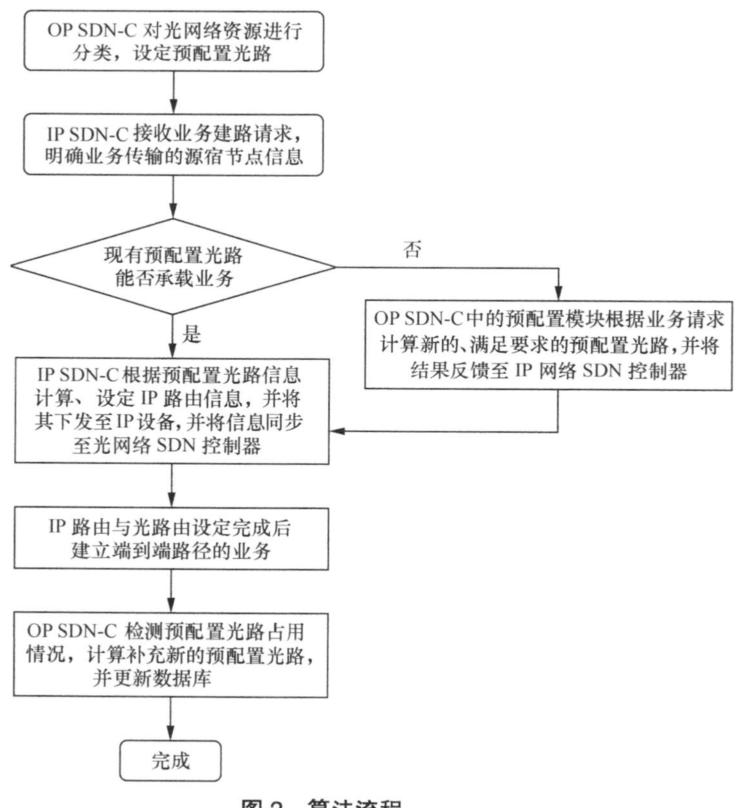


**图 2 算法流程**

份，企业各节点之间数据的交互，电信网络各节点之间专线传输线路的开通等。

以图 3 为例，设定 IP 网络中各个节点为电信网络中的核心路由器，这些路由器相互之间有建立传输专线的需求。一般而言，电信网络中数据设备与光传输设备“背靠背”连接，以便 IP 数据能被封装成光信号，进而在光网络中传输。此时，数据设备与光传输设备存在映射关系，在图 3 中，A-a、B-b、C-e、D-f、E-g、F-h 表明数据设备与光传输设备之间的映射连接关系。光网络中 c、d 节点为光传输中继节点，在光网络进行预配置光路计算时，并不考虑在内。

基于本文提供的方法，资源分析模块 A 通过 SDN 南向接口协议采集路由器设备的型号，路由器设备的型号一般有华为的 NE5000E、思科的 CRS 或者阿朗的 7750 设备；采集路由器端口数量与类型（包括 10GE 的端口还是 40GE 的端口）、各端口的使用情况；路由器之间的连接情况，下一跳是哪个节点。同样的，资源分析模块 B 通过南向接口协议采集传输设备的设备类型、利用率、连接情况等。

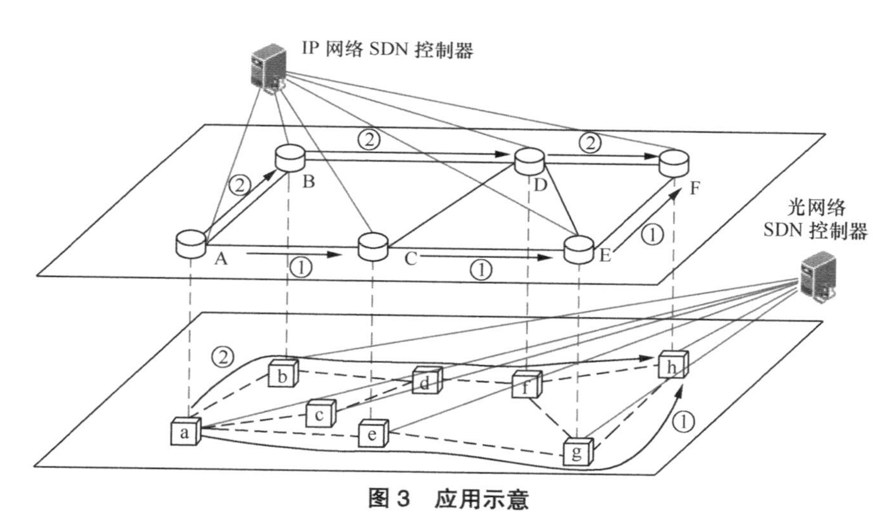


**图 3　应用示意**

首先，光网络计算两个光节点间的预配置光路。例如 a-h 之间，最短路有两条为（a-e-g-h）[（a → b → d →（f）→ h]，因 f 节点为中继节点，不算正式跳数。（a-e-g-h）路径中资源使用率最高的链路为（a-e），资源使用率为 55%，[（a → b → d →（f）→ h）] 路径中资源使用率最高的链路为（a-b），资源使用率为 58%。我们选择路径（a-e-g-h）将其作为预配置光路，带宽为 5Gbit/s，这条预配置光路会同步到 OP SDN-C 与 IP SDN-C。这条预配置光路便可以为 IP 网络中 A-F 节点的数据流传输提供传输光路。

当 IP SDN-C 接收 A-F 节点业务建路请求后，发现已经有预配置光路 a-h，就通告 OP SDN-C 需要占用这条光路传输业务，同时新建的 IP 路由表根据预配置光路的信息而设定为 A：（A→C→E→F）。

当 a-h 之间的预配置光路（a→e→g→h）被占用后，OP SDN-C 更新资源使用情况，发现此时该条光路的使用率已经变得很高，无法提供大于 5Gbit/s 的带宽，就重新计算了一条预配置光路，此时最短路径为[a→b→d→（f）→h]，则构建预配置光路为 B：[a→b→d→（f）→h]，带宽 5Gbit/s，将其作为 IP 网络中 A-F 节点的数据流传输光路，并分发告知到 IP SDN-C。

当 IP 网络 SDN 控制器再次接收新的 A-F 节点业务建路请求后，就使用预配置光路 B：[a→b→d→（f）→h]，同时新建的 IP 路由表根据预配置光路的信息而设定为 B：（A→B→D→F）。

## 5 结束语

随着可重构光分插复用器（ROADM）、光传送网（OTN）等技术的成熟与普及，光网络逐渐具备动态的资源调度与灵活配置的能力。本方案引入 SDN 技术，在有效整合 IP 网络和光网络资源的基础上，实现业务路径的快速开通，提升资源利用率与网络运维效率，实现 IP 网络和光网络的有效协同。本文希望提出的系统与方法能为业界推动 IP 网络和光网络的融合提供一定的参考价值。

## 参考文献

[1] 徐月欢，郑斗，李凤云，等 . IP 网和光网络联合优化中流量疏导技术研究现状 [J]. 光通信技术，2017，41（6）.

[2] 曹毅宁，王俊华，罗青松 . 基于软件定义的“IP+ 光”协同控制研究 [J]. 光通信技术，2018（4）：21-24.

[3] 厉晓双 . 基于 SDN 控制的 IP 网和光网络联合优化技术研究 [D]. 北京邮电大学，2015.

[4] 周宇 . 面向 IP 及光网络融合的控制技术研究 [D]. 北京邮电大学，2018.

[5] 王东山 . 面向电力业务的“IP+ 光”网络协同统一控制技术 [A]. 中国电机工程学会电力信息化专业委员会 . 数字中国能源互联——2018 电力行业信息化年会论文集 [C]. 中国电机工程学会电力信息化专业委员会 : 人民邮电出版社，2018.

# 基于非可信接入的 VoWi-Fi 网络的部署研究

嵇　夏

**摘　要：**本文阐述了 VoWi-Fi 的基本原理及常见的接入方案，并论证了各方案的利弊。本文深入分析了网元发现、网络间切换、QoS 保障等技术细节，并结合现阶段国内运营商的网络的特点，提出分阶段部署策略，以指导后续网络的规划和建设。

**关键词：**VoWi-Fi（Voice over Wi-Fi）；网络融合；网络部署

## 1　引言

长期演进（Long Term Evolution，LTE）网络已大规模部署，为了解决 LTE 网络中的语音业务问题，目前，业界主要采用两种解决方案，一种为电路域回落（CS Fallback，CSFB），该方案是将语音回落到 2G/3G 网络；另一种为长期演进语音承载（Voice over LTE，VoLTE），该方案是在 LTE 网络上传送语音，独立于 2G/3G 网络，但需要 IMS 网络的支持。随着 2G/3G 网络向 4G 网络演进，CSFB 将逐步退出，因此亟须一种既经济又能有效快速覆盖补充的无线接入方案。

Wi-Fi 已经成为国际运营商对蜂窝网络深度补充覆盖的一种手段，运营商利用 Wi-Fi 热点为用户提供语音服务，成为业界的关注点。2014 年，T-Mobile 在全球首次推出基于 ePDG 架构的 VoWi-Fi 业务，进而拉开了全球 VoWi-Fi 商用大幕。通过 VoWi-Fi 技术，用户可以利用 Wi-Fi 接入网络，在使用移动互联网的同时，可拨打和接听语音或视频电话。

## 2　VoWi-Fi 原理

VoWi-Fi（也叫 Wi-Fi Calling）是一种依据 IEEE 802.11 标准生成的新一代无线移动语音通信技术，是指用户使用具有 VoWi-Fi 能力的智能终端，在 Wi-Fi 环境下能够通过传统的拨号方式进行语音和视频通话。

VoWi-Fi 的应用已有多年，3GPP 逐渐完善对于 Wi-Fi Calling 的定义，目前 3GPP 标准中定义的方案共有 5 种，如图 1 所示。

表 1 是 5 种方案的对比，方案 3（非可信接入）从终端和网络支持两个方面都具有较大的优势，此方案有以下特点。

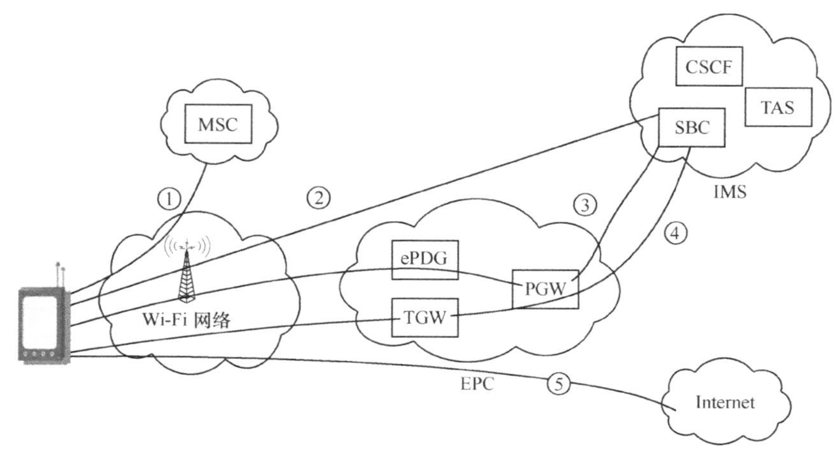


图 1　VoWi-Fi 接入方案示意

表 1　3GPP 标准定义的 VoWi-Fi 方案

| VoWi-Fi 技术方案 | 方案的关键特点 | 现状 |
|---|---|---|
| 方案 1：UMA 方案 | UMA（Unlicensed Mobile Access，非授权移动接入）使用 GANC（Generic Access Network Controller，通用访问网络控制器）设备，把通过 Wi-Fi 接入的手机终端虚拟成 2G/3G 手机，通过标准的 A/Iu 接口，接入传统的 CS 网络，从而在 Wi-Fi 环境下实现传统的移动 CS 域业务 | UMA 只在北美和部分欧洲国家商用，技术标准停止演进，不支持 LTE 和 IMS，基本上已经被业界放弃 |
| 方案 2：直接连接 IMS | 通过 WLAN（Wireless Local Area Network，无线局域网）直接接入 IMS，无法保证 Wi-Fi-LTE 切换前后 UE 地址一致，很难实现统一认证和统一用户号码，切换流程对 UE 和 IMS 都有要求，且漫游和互通的场景复杂 | 缺少 Native 手机，用户需要下载 App 申请账号 |
| 方案 3：非可信接入 | 利用公共 WLAN 非可信接入 3GPP 网络（S2b 接口），PGW 作为 Wi-Fi-LTE 切换的锚点要求 UE 支持 IPSec 以及 IKEv2 鉴权，3GPP R10 已完成标准化 | 终端成熟：iPhone6/iOS8 及以上，三星、SONY 等均有商用终端支持；运营商已经发布商用或者高度关注；3GPP 技术标准完善 |
| 方案 4：可信接入 EPC/IMS | 运营商部署的 WLAN 可信接入 3GPP 网络（S2a 接口），PGW 作为 WLAN-LTE 切换的锚点。对于 Wi-Fi-LTE 切换方案，3GPP 还在讨论中 | 3GPP R12 完成，目前无芯片或手机终端支持；运营商需要自建 Wi-Fi，无法直接利用现有的第三方 Wi-Fi 资源 |
| 方案 5：OTT（OverTheTop）方案 | 需要下载 App，Callwaiting/Callforwarding 等业务不支持单独的用户名和口令登录方式，无法保持与 VoLTE 以及 CS 用户一致的业务体验，且互通能力受限 | 缺少 Native 手机，需要下载 App，同 OTT 方案，如 SKYPE、WhatsApp、微信类似；无法保持与 VoLTE 以及 CS 用户一致的业务体验，且互通能力受限 |

① 非可信接入对WLAN组网无要求，WLAN提供基本的IP承载即可，家庭、企业或者运营商部署的WLAN都可以提供WLAN非可信接入。

② 非可信接入方式要求终端支持IPsec和IKEv2协议。

③ 终端决定Internet数据业务通过本地分流连接到Internet；语音业务通过IPSec连接到ePDG（Evolved Packet Data Gateway，演进的分组数据网关），主要完成用户鉴权、网络安全、语音连续性、高清语音和自助激活等功能。

此方案部署需引入ePDG和3GPP AAA两个网元/功能，区别于传统的OTT应用，VoWi-Fi提供了WLAN和LTE网络间的无缝切换和端到端的QoS保障，极大地提升了语音的质量。

### 2.1 ePDG发现

ePDG发现示意如图2所示。

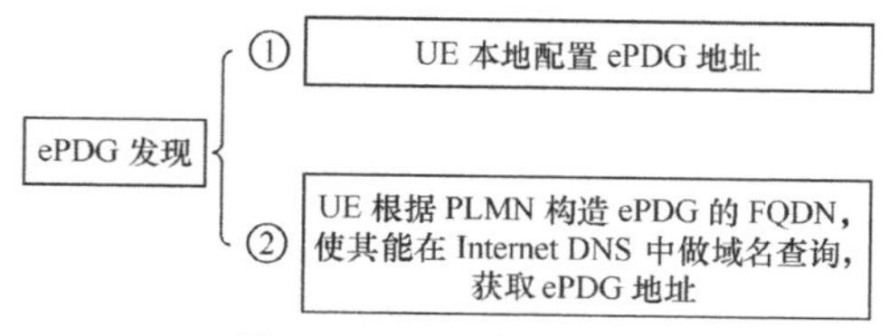


**图2 ePDG发现示意**

① UE（User Equipment，用户终端）采用静态配置ePDG地址的形式，选择固定的ePDG地址，因此ePDG间将无法做到负荷分担，且无法选择拜访地的ePDG地址。

② UE根据vPLMN信息构造ePDG FQDN，构造域名后，到Internet DNS进行域名解析，获取多个ePDG地址，实现ePDG负荷分担。

因此，从负荷分担的角度看，动态构造FQDN的形式获取ePDG地址更有优势，不过这种方式需要运营商将ePDG的域名发布到Internet DNS，需强化DNS安全管理。

### 2.2 无缝切换

（1）Wi-Fi Access → LTE

Wi-Fi到LTE的切换示意如图3所示。

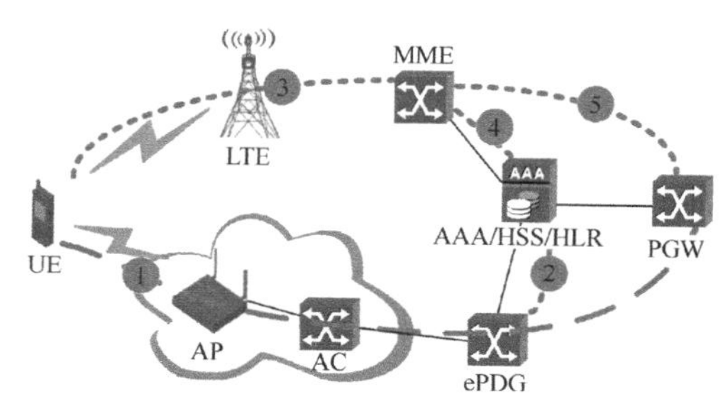


**图3 Wi-Fi到LTE的切换示意**

① UE通过S2b非可信接入ePDG和PGW；

② AAA将APN和PGW信息注册到HSS；

③ UE切换到LTE，发起Handover接入；

④ MME从HSS获取APN和PGW信息；

⑤ MME选择和切换前相同的PGW接入，PGW删除原有资源。

（2）LTE → Wi-Fi Access

LTE到Wi-Fi的切换示意如图4所示。

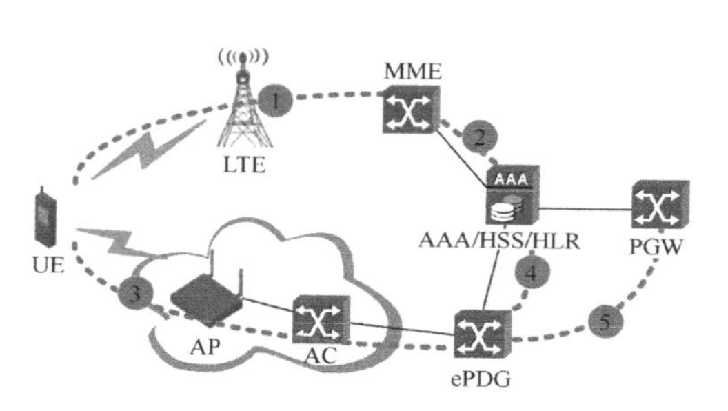


**图4 LTE到Wi-Fi的切换示意**

① UE 接入 LTE 网络；

② MME 将 APN 和 PGW 信息注册到 HSS；

③ UE 切换到 Wi-Fi 网络；

④ ePDG 从 HSS 中获取 APN 和 PGW；

⑤ ePDG 选择和切换前相同的 PGW 接入，PGW 删除原有资源。

### 2.3 端到端的 QoS

QoS 保障示意如图 5 所示。

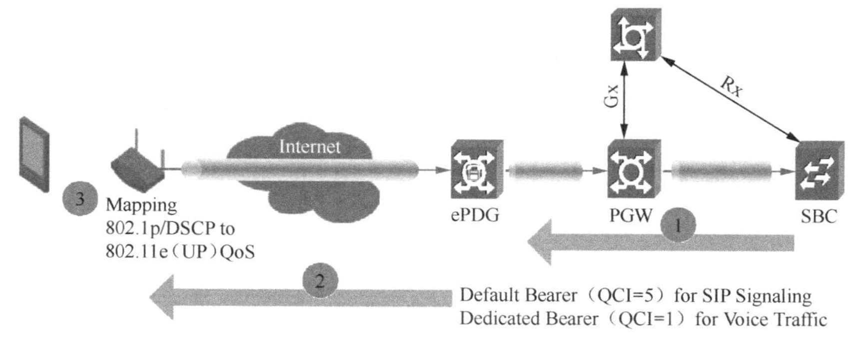


图 5　QoS 保障示意

① PGW/SBC 将语音包做 DSCP 映射，保障核心侧语音传输。

② ePDG 针对下行数据包做 QCI 到 DSCP 的映射；上行报文 QCI 1 专有承载。

③ WLAN AP 实现 DSCP/802.1p 与空口的 802.11e 优先级映射，从而实现上下行语音数据报文的优先级映射。

EPC 网络中 PCRF 网元为 WLAN 和 LTE 提供 QoS 授权，通过业务 QoS 到承载 QoS 的映射，保证 VoWi-Fi 业务的质量。

## 3　网络部署策略

国内运营商 LTE 网络已大规模部署，2G/3G/4G 网络并存。华为、中兴、爱立信等主要通信设备厂商的 EPC/IMS 设备均已支持 VoWi-Fi 接入，部分核心设备已实现同一硬件平台由不同软件实现的功能，针对不同时期的用户需求和风险控制，我们将 VoWi-Fi 网络分起步阶段和发展阶段两个阶段部署。

### 3.1　起步阶段

本阶段主要存在两方面问题：用户需求不明确、支持的终端较少。Wi-Fi 网络通话是“伪需求”还是在引导后成为“巨大需求”还不明朗，应用场景也未得到实际数据的验证。在终端方面，iPhone5 且 iOS8 以上均支持 VoWi-Fi，而 Android 阵营由于需要高通芯片且系统定制化开发，同时 Android 终端品牌众多，ROM 各自定制化，因此支持 VoWi-Fi 的终端较少。

为避免现阶段网络大规模改造建设导致投资过大，并降低投资风险，我们建议采用融合部署方式，即硬件部分的 ePDG 和 SAE-GW 合并设置，AAA 和 HSS/DNS 合并设置，容灾方面可将物理单板分开，软件功能开启 VoWi-Fi 支持，具体合并组网部署如图 6 所示。

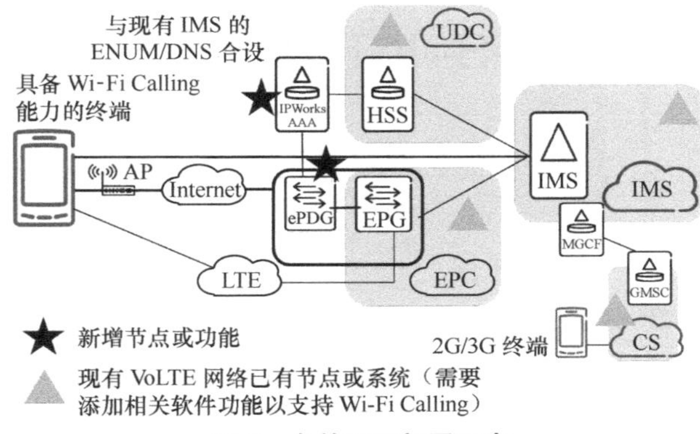


**图 6　合并组网部署示意**

### 3.2　发展阶段

随着业务的宣传推广，支持的终端增多、用户爆发、应用场景明确，我们可考虑采用独立网元模式拆分方式，即独立设置 ePDG 和 AAA Server。一方面做到有效的容灾，另一方面提升业务处理能力。对于核心网多厂商设备组网的区域，可独立采购新增网元，不局限于原有的厂商设备，从而提高灵活性。

## 4　结束语

相对于互联网企业 OTT 语音方案，VoWi-Fi 具有诸多优势，但市场需求影响网络建设，用户需求是否强烈，投入产出比是否合理等问题直接影响网络建设，我们从需求分析、网络建设和运营管理三方面综合考虑。前期可小范围试点，深度挖掘用户需求；融合部署，功能快速上线；把控计费策略，逐步引导用户。我们建议，VoWi-Fi 方案初期可优先在酒店、矿业、企业等行业应用，逐步过渡到大众用户，为 VoLTE 未覆盖区域提供有效的语音业务补充。

## 参考文献

[1] 3GPP TS 23.401. 3rd Generation Partnership Project;Technical Specification Group Services and System Aspects; Circuit Switched(CS) fallback in Evolved Packet System(EPS) [S].

[2] 3GPP TS 23.402(V12.4.0). Architecture enhancements for non-3GPP accesses(Release 12). [S]. 2014.

[3] 3GPP TS 29.273. ePDG retrieval of WLAN Location Information (Release 13) [S]. 2016.

# LTE FDD 与 NB-IoT 融合组网建设方案

代修文　刘天培

**摘　要：**中国移动现已建成 TD-LTE 精品网络，随着移动通信的快速发展，现阶段考虑引入 LTE FDD 和 NB-IoT 网络：LTE FDD 能提升网络的广覆盖和深度覆盖，提升用户感知；NB-IoT 是一种基于蜂窝物联网络的新兴技术，应用广泛。本文简要分析了 LTE FDD 和 NB-IoT 的技术特点，并结合现网实际情况给出频率规划和建设方案，为未来 NB-IoT 和 LTE FDD 的统一部署提供技术参考。

**关键词：**LTE FDD；NB-IoT；频率规划

## 1　引言

随着互联网终端趋近饱和，物联网终端将会进入快速增长期，NB-IoT 是专门为低功耗 / 广覆盖物联网业务设计的全新技术。它支持海量连接、深度覆盖能力强、低功耗、低成本，被广泛应用于信息管理系统，以及智慧农业、智慧生活等领域，而目前广泛商用的 2G/3G/4G 网络及其他无线技术还无法满足上述领域对广覆盖、低功耗、低成本的要求。

本文针对现网存在的天面资源紧张、网络频点有限等问题，从频率规划、站点部署及改造方面，提出一种合理的 LTE FDD 与 NB-IoT 网络建设方案。

## 2　LTE FDD 与 NB-IoT 网络技术的特点及应用

### 2.1　LTE FDD 网络技术的特点

从双工形式来看，LTE FDD 的发送和接收的方式基于两个对称的频率信道，这两个信道之间存在一定的频段保护间隔。从覆盖能力来看，在同等条件下，受系统间干扰等因素的影响，TD-LTE 小区覆盖半径只有 LTE FDD 的 80% 左右。从容量性能来看，LTE FDD 上行控制信道资源要多于 TD-LTE 的上行控制信道资源，下行控制信道资源较少，因此 LTE FDD 上行容量性能要优于 TD-LTE 的上行容量性能。

### 2.2　LTE FDD 网络应用

LTE FDD 的引入可有效地解决农村广

覆盖、城区深度覆盖的需求，缓解网络容量受限和上行承载能力不足等问题，对提升网络质量、用户感知，增强中国移动市场竞争力等具有非常重要的作用。

在当前移动互联网的快速发展的背景下，某些重要场景可考虑采用 TD-LTE 与 LTE FDD 的融合组网方式，综合利用 LTE FDD 的覆盖优势和 TD-LTE 的容量优势，从而有效提高网络的覆盖质量，并提升用户感知。TD-LTE 与 LTE FDD 融合组网已成为网络建设的重要演进方向。

### 2.3 NB-IoT 网络技术的特点

NB-IoT 网络技术广泛应用于对深度覆盖要求高的场景，其传感器一般都被安装在室内、地下、机器内等，因此为保证 NB-IoT 网络良好的覆盖效果，就必须要做覆盖增强。增强的功率谱密度如图 1 所示，NB-IoT 网络信道带宽为 15kHz 和 3.75kHz，与 GSM 相比，能够将相同的功率分配在更窄的信道上，功率谱密度提高约 10～17dB；为保证传输的可靠性，NB-IoT 网络采用重复发送方式，可获得 3～12dB（重复发送 2～16 次）的分集增益和 3～4dB 的编码增益，共计 3～16dB，如图 2 所示。所以 NB-IoT 网络与 GSM 网络在使用同种频段的前提下，NB-IoT 可提高大约 20dB 的覆盖增益。

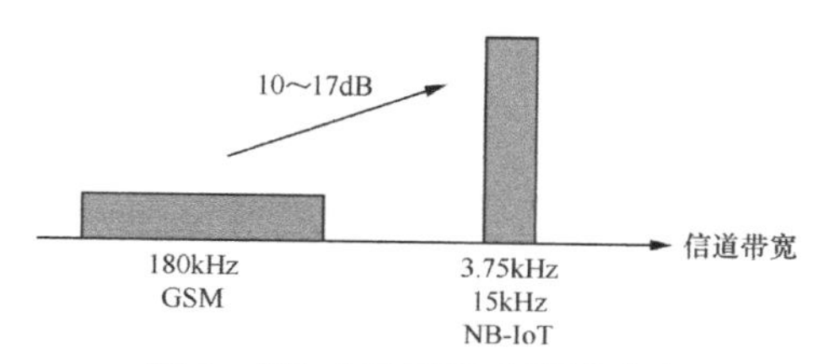


**图 1　NB-IoT 增强功率谱密度**

NB-IoT 网络技术具有更小的资源粒度，能支持更多的并发连接，在混合业务模型下，实验室评估的连接数可达到每小区 50000 个左右，相对于 LTE 单载频每小区连接数为 1200 个，NB-IoT 网络的连接数实现了数量级增长。同时，NB-IoT 网络技术具有待机长、网络连接高效等优势，能够有效减少宽带的消耗量，促进低成本网络的部署。

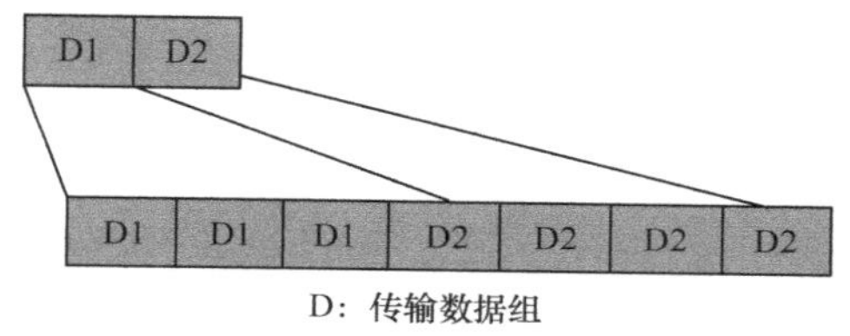


**图 2　NB-IoT 重复发送示意**

### 2.4 NB-IoT 网络技术的应用

NB-IoT 网络技术现已在运营商层面实现了商业应用，目前主要有四大应用场景。

① 车联网车辆信息监控与管理系统、车道级位置服务平台、基于 OneNET 云平台的车联网解决方案。

② 环境监测：空气污染、室内环境、健身房环境监测预警系统。

③ 智慧农业：远程大棚、智能节水灌溉、畜牧物联网管理。

④ 智慧生活：智慧泵阀、防雷设备监控、智慧水务、智慧村落等。

同时，NB-IoT 网络技术由于具有良好的网络技术特点，因此在交通、物流、卫生医疗、公共设施、商品零售、智能家居、工业制造等领域具有广阔的应用前景。

## 3 LTE FDD 与 NB-IoT 的规划方案

### 3.1 LTE FDD 与 NB-IoT 的部署方式

考虑后期的网络演进，LTE FDD 与 NB-IoT 可进行同期试点建设，以确保网络效益的最大化以及工期最优化。目前，LTE FDD 与 NB-IoT 主要有独立部署、基于 TD-LTE 站点部署和基于 GSM 站点部署三种部署方案，三种方案各自的优缺点对比见表 1。

表 1 LTE FDD 与 NB-IoT 三种部署方案的对比

| 天馈系统 | 独立部署 | 基于 TD-LTE 站点部署 | 基于 GSM 站点部署 |
|---|---|---|---|
| 优点 | 性能最优、利于维护 | 利旧现网资源 | 利旧现网资源 |
| 缺点 | 成本昂贵、天面资源紧张、部分站点难以实施 | 影响网络性能 | 影响逐步退网的 GSM 网络性能 |

综合以上三种方案的优缺点，本文考虑采用基于 GSM 站点部署的方案，这种组网方式不会影响中国移动目前使用人数最多的 TD-LTE 网络，可以将风险降到较低的水平。同时，这种方案不需要单独新增天馈，能有效地解决天面资源紧张的问题。

NB-IoT 工程现已规模实施，根据现网情况和设备的支持情况，我们还可以考虑利旧 GSM 的设备资源，并充分预留 LTE FDD 网络建设空间，一旦条件允许就可以同时增加 LTE FDD 设备。

### 3.2 LTE FDD 与 NB-IoT 频率的规划方案

本文综合考虑覆盖因素，按照整体规划、分步实施的原则进行频率规划，通过 GSM 900MHz 的逐渐清频部署蜂窝物联网基站，未来只需开启软件功能，即可支持 LTE FDD 网络。LTE FDD 900MHz 作为底层覆盖网络，具备全面承接 GSM 语音业务的能力，覆盖能力可达到甚至超过 GSM 网络。

中国移动现网 GSM 900MHz 上行频段：890MHz ～ 909MHz，下行频段：935MHz ～ 954MHz，共 19MHz 带宽、94 个 GSM 频点。随着 VoLTE 的逐渐商用，GSM 用户将逐渐被迁移至 4G 网络，原 GSM 网络也会根据实际迁移情况进行翻频，GSM 900MHz 的带宽便可以重耕为 NB-IoT 和 LTE FDD 网络所用。由于 GSM 逐渐迁移至 4G 网络需要一定的时间，为了保证良好的用户感知，我们可以考虑以 5MHz 带宽重耕为一个阶段，共分 4 个阶段来完成频点配置。

第 1 阶段：NB-IoT 部署在相对较高的频段，采用 Stand-alone 独立部署的方式，覆盖面和容量最大，可达 50000 用户 / 小区，随机接入容量受限，GSM 负荷仍然较重，清频 5MHz 带宽，以 944MHz 为中心频点分给 FDD。

第 2 ～ 4 阶段：每一阶段清频 5MHz，LTE FDD 都以 944MHz 为中心频点向两边增加带宽，NB-IoT 也可根据容量需求灵活地增加频点，详情如图 3 所示。

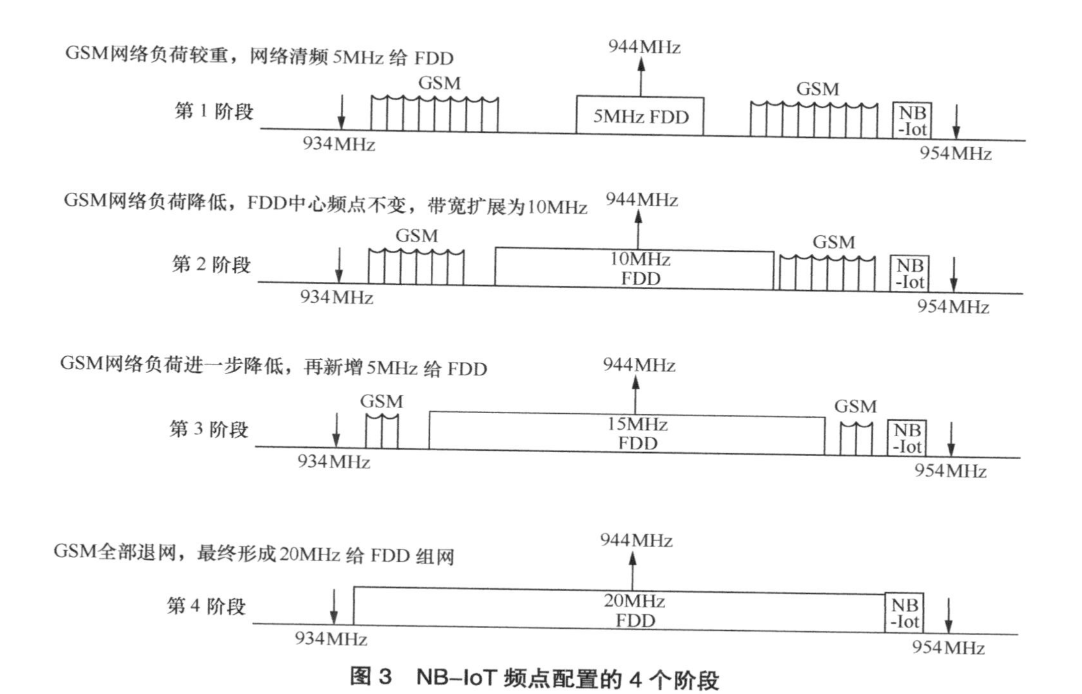


**图3　NB-IoT频点配置的4个阶段**

这种频率规划方案能充分利用移动的20MHz频段，使得NB-IoT获得更高的功率谱密度，同时远离GSM-R，避免对GSM-R造成影响，LTE FDD网络频点各个阶段也不会发生变化，从而减少网络优化工作。

## 4　LTE FDD与NB-IoT网络的建设组网方案

### 4.1　设备介绍

基带处理单元（BBU）完成信道编解码、基带信号的调制解调、协议处理等功能。射频拉远单元（RRU）在远端将基带光信号转成射频信号放大后将其传送出去。我们建议选用支持2T4R的设备，这种设备能有效提高上行网络速率，且支持GNF混模型的配置。

国内某主流设备厂商的BBU、RRU的性能参数和主要模块配置见表2～表4。

**表2　BBU的性能参数**

| BBU的性能参数 | 最大配置 | 尺寸 | 接口类型及数量 | 重量 | 同步方式 |
|---|---|---|---|---|---|
| | 6块基带板 | 3U/19英寸 | GE×2 | 9kg | GPS/1588v2 |

**表3　BBU的主要模块配置**

| BBU的主要模块配置 | PM10 | UBPG3 | BPN2 | FS5B | CCE1 |
|---|---|---|---|---|---|
| | 600W，多模使用 | GSM基带板，最大支持24TRX | 单模最大支持LS222 | 最大支持4级级联，接入12个RRU | 36×20MHz，10 800RRC |

表 4　RRU 的性能参数

| 频段范围 | 最大容量 | 输出功率 | IR 光口 | 防护等级 |
|---|---|---|---|---|
| 900MHz：上行 880MHz ～ 915MHz<br>下行 925MHz ～ 960MHz | 12TRX | 2 × 60W | 2 × 10Gbit/s | IP65 |
| 1800MHz：上行 1 710MHz ～ 1 785MHz<br>下行 1 805MHz ～ 1 880MHz | 12TRX | 2 × 60W | 2 × 10bit/s | IP65 |

## 4.2　基站的建设方案

实际的建设方案依托现网设备、传输资源、物业协调情况，本文采用基于 GSM 站点部署的基站建设方案。

对于 BBU 侧，若现网 GSM BBU 不支持升级，则需要替换 BBU，若现网 GSM BBU 支持升级，光纤可直接连接 FS5B 单板，配置 FS5B 单板用于连接多模 RRU，后期增加 LTE FDD 可以不再更改光纤连接；采用 IP 传输方式，后期升级 NB-IoT/LTE FDD 时，不再需要传输改造，主设备深度融合，GSM、NB-IoT 和 LTE FDD 均可共用 BBU。

对于 RRU 侧，我们可根据信息采集确认的现网 RRU 型号，分析 RRU 是否可以升级，从而考虑使用以下哪种现网 RRU 改造方式：RRU 不可升级需替换、单通道 RRU 升级、单通道 RRU 替换、双通道 RRU 升级。具体方案如图 4 所示。

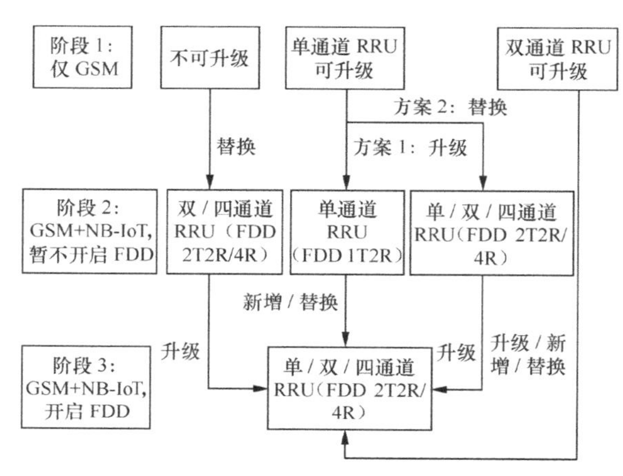


图 4　LTE FDD 与 NB-IoT RRU 侧的建设方案

我们采用上述方案部署 LTE FDD 和 NB-IoT，主要是根据 RRU 是否可以升级作为维度来考量的，其中涉及的具体改造内容和优劣势对比见表 5。

表 5　基于现网 GSM 网络建设 LTE FDD 与 NB-IoT 方案的对比

| 方案 | 改造内容 | 优势 | 劣势 | 建设难度 |
|---|---|---|---|---|
| 方案 1：升级支持 GSM+NB-IoT+FDD | BBU 框，利旧；<br>基带板，新增；<br>主控板，新增；<br>GPS，新增；<br>天线，利旧；<br>RRU，利旧 | 投资最少，建网速度最快；天馈无须改动，与 GSM 网共天馈，共 RRU 降低建设难度及租金 | 后续支持 FDD 2T2R/2T4R，还需改造 RRU 及天馈 | 容易 |

（续表）

| 方案 | 改造内容 | 优势 | 劣势 | 建设难度 |
|---|---|---|---|---|
| 方案2：新增/替换支持GSM+NB-IoT+FDD | BBU框，利旧；<br>基带板，新增；<br>主控板，新增；<br>GPS，新增；<br>天线，利旧/替换/新增；<br>RRU，替换或新增 | 投资较少，建网速度较快 | 需根据实际情况替换或新增RRU或天线，NB-IoT和GSM不可独立优化 | 较易 |

表5中两种建设方式的主要区别在于是否替换或新增RRU及天线，这取决于RRU的建设方式。两种方式都无须大面积地改造主设备，建设难度都较小，可较好地解决天面资源紧张的问题。

LTE FDD和NB-IoT相继开通之后，对原有GSM网络会有一定的影响，在网络容量方面，GSM 900MHz清频5MHz后，可用的频点数减少。在覆盖方面，GSM 900MHz减配不会降低现网覆盖，相反释放的功率资源可提升现网覆盖。在语音业务方面，预计减配后小区的半速率话务占比升高，话务高峰期个别用户语音质量可能下降。在数据业务方面，GSM 900MHz数据业务仍可用，个别热点区域高峰期的数据业务感知会受一定的影响。以上方案符合运营商对GSM网络的建网策略，2019—2020年，GSM网络将重点优化现有的网络结构，动态调配资源，随着LTE网络的迅速发展，GSM承载的各类业务将逐步转移到LTE网络。

## 5 结束语

本文简要分析LTE FDD和NB-IoT技术的特点，结合现网实际情况给出了频率规划和建设方案，给未来LTE FDD和NB-IoT的统一部署提供技术参考。随着LTE FDD和NB-IoT部署的成熟，用户对网络的需求日益增长，移动网络也将继续向5G网络演进。目前，中国移动已开始进行5G网络试点工作，所以，在LTE FDD和NB-IoT的工程勘察阶段可以同时考虑5G工程的信息采集。对于RRU侧，由于TD-SCDMA已逐渐清频退网，设备拆除后可同步增加5G设备，实现天面资源的充分利用；对于BBU侧，需同时考虑原有BBU新增基带板和单独新增5G BBU两种方案，为后期工程建设预留足够的空间。

## 参考文献

[1] 李新 . TD_LTE与LTE FDD融合组网面临的挑战及建设策略[J]. 电信快报，2014（10）.

[2] 曲嘉杰 . 从技术和产业角度看TD-LTE和LTE FDD的融合[J]. 中国电信业，2014（9）.

[3] 王晓周，蔺琳，肖子玉，等 . NB-IoT技术标准化及发展趋势研究[J]. 现代电信科技，2016（6）.

# 5G网络切片技术在国家电网中的应用探讨

梁雪梅

**摘　要**：2019年年初，国家电网公司提出新的战略目标：建设运营好“坚强智能电网”和“泛在电力物联网”。这两张网络中的多元化的业务对通信网络的各项指标要求大相径庭。恰逢5G时代来临，网络切片技术兴起，网络切片的典型特征就是将一张5G物理网络切割成多张虚拟的端到端网络，分别匹配各种业务场景，并且相互隔离，实现“比特+瓦特”的完美结合。本文首先介绍了网络切片的概念和端到端切片生命周期的管理架构，然后分析了电力行业被选作首个垂直行业实施切片试验的原因，探讨了几种典型业务场景的具体需求和相应的切片部署架构，最后阐述了网络切片的标准化进展以及后续需研究的技术重点。

**关键词**：网络切片；端到端切片生命周期管理架构；业务隔离；“比特+瓦特”的完美结合

## 1　引言

同4G技术相比，5G技术可以帮助我们实现更快（如虚拟现实/增强现实、高速移动环境）、更高（如超高清视频）、更强（如自动驾驶、无人机操控）的信息通信体验。5G技术将助力中国迈向网络强国，进入智慧社会。

ITU为5G定义了三大主要应用场景：一是增强型移动宽带（eMBB），即高带宽，广覆盖，用户体验速率达到100Mbit/s～1Gbit/s，并实现超高清视频/虚拟现实/增强现实和高速移动环境的极致体验；二是大规模机器类型通信mMTC，即低功耗，大连接，支持每平方千米100万个连接，实现高密度的人与物、物与物之间的信息交互，助力物联网新变革；三是超可靠与低时延与通信uRLLC，即低时延，高可靠，5G毫秒级的接入时延堪称无人驾驶、工业自动控制、手术机器人的“神助手”。5G应用场景如图1所示。

## 2　网络切片的概念

作为5G移动通信技术的关键技术之一，网络切片一直备受关注。它基于虚拟化技术，将一张5G物理网络在逻辑上切割成多张虚拟的端到端网络，每张虚拟网

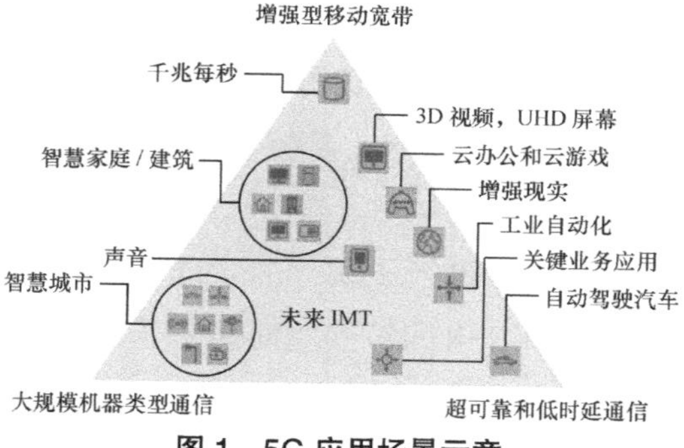


图 1　5G 应用场景示意

络之间，包括网络的核心网、承载网、无线网，都是相互隔离、逻辑独立的，任何一张虚拟网络发生故障都不会影响其他虚拟网络。

5G 的“网络切片”技术根据应用、场景、需求，进行网络资源的管理编排和网络功能的裁剪定制，为用户自动化提供“量身定制”的“专属”虚拟网络，可以满足差异化 SLA（Service Level Agreement，服务等级协议）的 QoS（Quality of Service，服务质量）的需求，保证不同垂直行业、不同用户、不同场景、不同业务之间的安全隔离，从而实现网络即服务（Network as a Service，NaaS）。

## 3　5G 端到端切片生命周期管理的架构

根据 3GPP 制定的规范，5G 端到端切片生命周期管理的架构如图 2 所示。

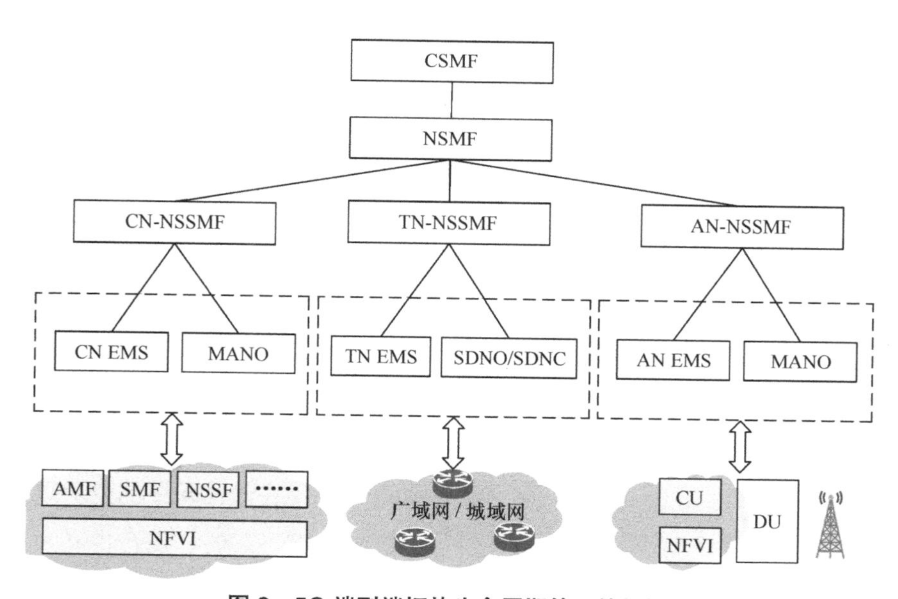


图 2　5G 端到端切片生命周期管理的架构

5G 端到端切片生命周期管理的架构包括的关键网元功能如下。

① 通信服务管理功能（Communication Service Management Function，CSMF）：切片设计的入口，承接各种业务应用需求（如速率、时延、容量、覆盖率、QoS、安全性等），并将其转化成端到端的网络切片需求，将其下发到 NSMF 进行网络切

片设计。

②网络切片管理功能（Network Slice Management Function，NSMF）：负责 NSI（Network Slice Instance，网络切片实例）的管理，接收 CSMF 对网络切片的需求后，产生一个切片实例，将它转化成对网络子切片的需求，并将其下发到网络子切片管理功能（Network Slice Subnet Management Function，NSSMF）模块。在网络切片生命周期管理过程中，NSMF 需要协同核心网、承载网和无线网等多个子网。NSMF 除了负责网络切片模板的设计、网络切片实例的创建/激活/修改/停用/终止，还负责对网络切片的运营管理，其中包括故障管理、性能管理、配置管理、策略管理、自动重配置、自动优化、协同管理等。

③ NSSMF：负责网络子切片实例（Network Slice Subnet Instance，NSSI）的管理。它接收 NSMF 对网络子切片的需求，将它转换为对网络功能的需求。

NSSMF 包括核心网子切片管理功能（CN-NSSMF）、承载网子切片管理功能（TN-NSSMF）和无线网子切片管理功能（AN-NSSMF）。

CN-NSSMF 主要负责 5G 核心网子切片实例的管理和编排，接收 NSMF 对子切片管理和编排的要求，调用核心网的 MANO 和 EMS 进行子切片的管理编排和参数配置。CN-NSSMF 的功能包括子切片模板设计、子切片实例的创建/修改/终止、容量管理、故障管理、性能管理、配置管理、自动优化、协同管理等。

TN-NSSMF 主要负责 5G 承载网子切片实例的管理和编排，承接 NSMF 对子切片的管理和编排要求，调用承载网的 SDNO/SDNC 和 EMS 进行子切片的管理编排和参数配置。TN-NSSMF 的功能包括子切片模板设计、子切片实例的创建/修改/终止、资源管理、故障管理、性能管理、配置管理、自动优化、协同管理等。

AN-NSSMF 可以按 MANO 模式编排管理能虚拟化部署的网元（如 CU 等）。但是由于基站和空口如何进行切片尚未形成定论，因此 AN-NSSMF 如何进行管理还在讨论之中。

总之，CSMF、NSMF 和 NSSMF 三者之间协同合作，可实现端到端的网络切片的设计和实例化部署。

## 4 网络切片在国家电网公司的典型应用

### 4.1 电力行业被选作首个垂直行业实施切片试验的原因

5G 的网络切片技术可以使能垂直行业。通过对垂直行业的调研我们发现，国家电网公司在通信网络的业务隔离、超低时延、超高可靠性、安全性和大连接等方面具有强烈的需求，而 5G 的网络切片刚好有对应的能力与其进行匹配，可以实现“比特 + 瓦特”的完美结合。

2019 年年初，国家电网公司提出新的战略目标：打造“三型”（枢纽型、平台型、共享型）企业，建设运营好“两网”（坚强智能电网、泛在电力物联网），建设世界一流的能源互联网企业，全面形成共建、共治、共享的能源互联网生态圈，具体战略如图3所示。

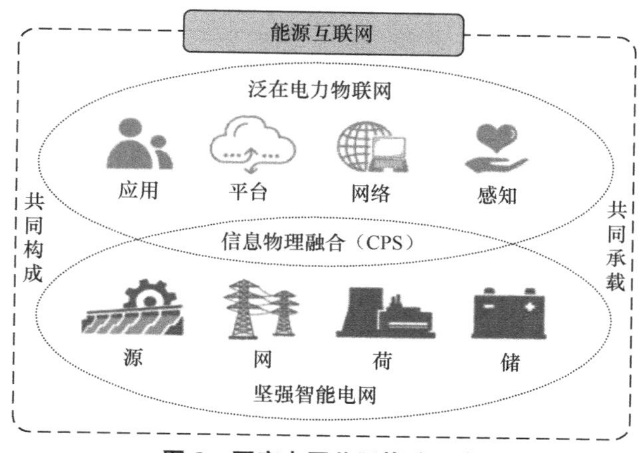


**图3　国家电网公司战略示意**

坚强智能电网和泛在电力物联网的建设对通信提出了多元化、高标准的需求。国家电网公司的通信业务需求主要包括基本业务需求和扩展业务需求。基本业务需求包括配电自动化、精准负荷控制、用电信息采集、分布式电源、电动汽车充电站/桩等业务需求。扩展业务需求包括输配变机器巡检、输变电状态监测、电能质量监测、配电所综合监测、智能营业厅、智能家居、电力应急通信、开闭所环境监测、视频监控、仓储管理、移动IMS语音、移动作业等业务需求。

国家电网公司对业务隔离要求非常高，电网业务分为生产控制大区的业务和管理信息大区的业务。这两类业务的要求从无线网到核心网全程进行隔离。

网络切片技术的典型特征就是将一张5G物理网络按照业务、场景、需求切割成多张虚拟的端到端网络，匹配不同的业务需求，实现安全隔离。

因此，电力行业被选作首个垂直行业开始实施切片试验。

### 4.2　典型业务场景的具体需求和相应的切片部署架构

坚强智能电网和泛在电力物联网的各类业务对通信网络的各项指标要求也是大相径庭，下面，我们对几种典型业务进行分析。

① 精准负荷控制业务是精准切除可中断负荷的重要技术保障。根据不同的控制要求，精准负荷控制系统分为毫秒级控制系统和秒级/分钟级控制系统。毫秒级控制系统的总体时延要求是毫秒级，其中，协控中心站对经控制中心站、控制主站至子站的通道传输时延，以及子站到控制终端的通道传输时延的要求都是毫秒级的。毫秒级精准负荷控制通信业务对通信时延的要求很高，对可靠性和业务隔离的

要求很高，对业务优先级的要求也比较高，但对带宽和终端量级的要求不高。

② 配电自动化业务可实现对配电网运行进行自动化监视、控制和快速故障隔离，具备配电 SCADA、配电地理信息系统、馈线分段开关测控、电容器组调节控制、用户负荷控制、调度员仿真调度、电网分析应用及与相关应用系统互联等功能，为配电管理系统提供实时的数据支撑。配电自动化业务通过快速的故障处理能力，提高了供电的安全性和可靠性；通过优化运行方式，提升电网运营效率。配电自动化业务对通信时延的要求很高（毫秒级），对可靠性、业务隔离和业务优先级的要求也很高，但对带宽和终端量级的要求不高。

③ 用电信息采集业务通过采集和分析配电变压器和终端用户的用电数据，实现用电监控、电能质量监测、线损分析、负荷管理，最终实现自动抄表、错峰用电、阶梯定价、计量异常监测、负荷预测和节约用电成本等。用电信息采集业务对终端量级的要求很高（海量接入），但对通信时延、带宽的要求都不高。

电网业务的多元化需要一个功能可以按需编排、业务可以相互隔离、超低时延、超大连接的网络。5G 网络切片可以满足电网业务的多元化需求。

根据以上分析，精准负荷控制业务需要选择的切片类型是 uRLLC，配电自动化业务需要选择的切片类型也是 uRLLC，用电信息采集业务需要选择的切片类型是 mMTC。

作为 5G 的另一项关键技术，边缘计算是将网络、计算、存储、应用等核心能力下沉到网络边缘，在靠近用户的位置上提供 IT 服务、环境和云计算能力的技术，满足低时延、高带宽的业务需求，让超级计算机无处不在。边缘计算示意如图 4 所示。

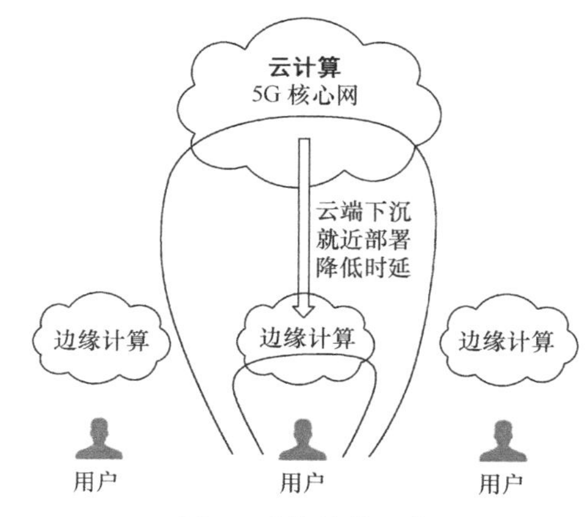


**图 4　边缘计算示意**

在边缘计算中，应用也需要分布式下沉，比如控制主站/控制子站的业务逻辑。

结合边缘计算，精准负荷控制业务、配电自动化业务、用电信息采集业务三种典型业务的网络切片部署架构和技术解决方案如图 5 所示。

### 4.3　电网切片实施进展

① 2017 年，中国电信、国家电网和华为公司三家联合发起 5G 电网切片联创项目，并于 2018 年 1 月发布了业界首个《5G 网络切片使能智能电网》产业报告。

② 2018 年 6 月，在上海世界移动大会上，中国电信、国家电网和华为公司联

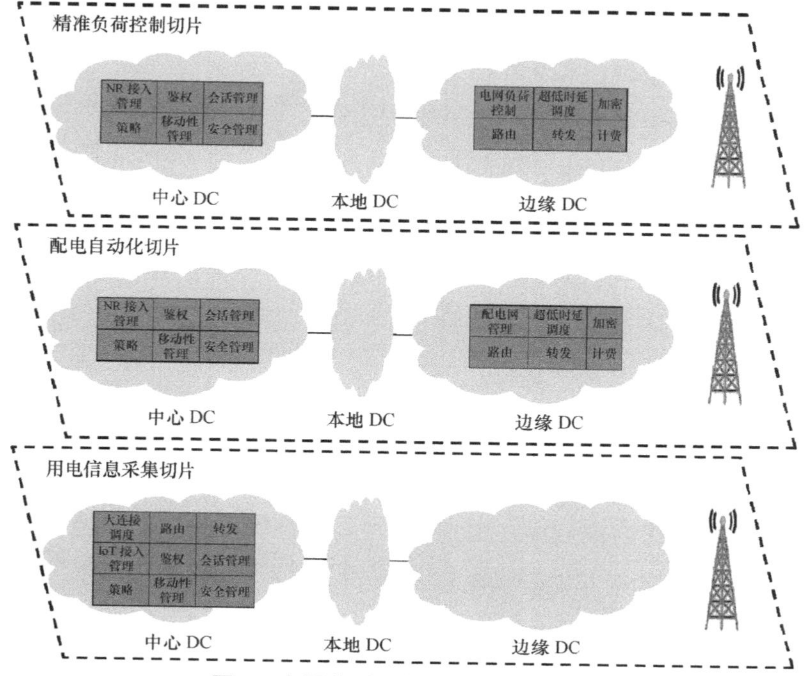


**图 5　电网典型业务的切片部署示意**

合演示了业界首个基于 5G 网络切片的智能电网业务——体现 eMBB 切片特征的智能配电房动力环境监控业务场景。该方案采用华为公司的 5G 核心网、基站、切片管理器和江苏电力公司的电力终端、业务软件系统，从端到端 QoS 保障、业务隔离和独立运营等视角展示了对智能配电房管控效率的全面提升，这标志着“5G 网络切片使能智能电网”进入新阶段。

③ 2019 年 3 月，中国电信、国家电网和华为公司在江苏省电力公司联合部署试验环境，开始对精准负荷控制、配电自动化、用电信息采集、分布式电源等典型业务场景，从 QoS/SLA 保障、业务隔离、运维管理、可靠性、安全性等多个维度进行切片试验，并于 2019 年 4 月 8 日成功完成了全球第一个基于 SA 网络的、真实电网环境下的、毫秒级精准负荷控制切片测试。

## 5　网络切片的标准化进展

3GPP 制定的 5G 标准包括 R15 和 R16，uRLLC 和 mMTC 主要在 R16 中被定义，R15 已经被冻结，R16 计划在 2020 年下半年冻结，真正能满足 uRLLC 和 mMTC 的切片标准也需要到 R16 冻结时才能实现。

5G 切片的标准在不断完善中。R15 SA2 已经定义了切片的标识 / 类型 / 选择 / 订购、如何支持漫游、如何与 EPS 互通、如何在 PLMN 中配置等内容；SA3 定义了切片的安全；SA5 定义了切片的管理。但切片包格式、信息模型、切片管理流程、切片管理架构中的三个网元功能（CSMF、NSMF、NSSMF）之间的接口在R15中都未被定义，相关标准尚待完善。

R16中，除了完善上述标准，还有与切片增强相关的功能。比如在SA2中，切片增强是一个研究课题，该课题包含HR Mode切片互操作、切片可用性、切片与LBO的互操作、PLMN间切片的选择等。

## 6 结束语

从全生命周期管理到端到端的QoS/SLA保障，从各种业务的相互安全隔离到按需定制的自动运维，5G网络切片技术具有独特的优越性。但是，切片标准尚未冻结，试点工作刚刚开始，我们需要进一步量化网络切片的技术指标、隔离要求和架构设计，针对垂直行业运维人员和运营商运维人员定制不同的运维界面。随着电网切片试验的深入推进和网络切片标准的逐步冻结，业界产业链上下游共同努力，相信一定可以打造出“比特+瓦特”的美好明天！

## 参考文献

[1] 国际电信联盟．IMT愿景——2020年及之后IMT未来发展的框架和总体目标[R]. 2015.

[2] 3GPP TS 23. 501 V15.4.0. 3rd Generation Partnership Project; Technical Specification Group Services and System Aspects; System Architecture for the 5G System; Stage 2（Release 15）[S].

[3] 3GPP TR 28.801 V15.1.0. 3rd Generation Partnership Project; Technical Specification Group Services and System Aspects; Telecommunication management; Study on management and orchestration of network slicing for next generation network（Release 15）[S].

[4] 国家电网公司全面部署泛在电力物联网建设[OL]. 2019.

[5] 中国电信、国家电网、华为公司．5G网络切片使能智能电网[R]，2018.

[6] 本刊. 中国电信、华为和国家电网联合演示业界首个基于5G网络切片的智能电网业务[J]. 通信世界．

[7] 杨晓华．基于5G网络切片的智能电网应用[C]. 2018年IMT-2020（5G）峰会，2018.

[8] 毛斌宏．5G网络切片管理架构设计探讨[J]. 移动通信，2018.

[9] 梁雪梅．5G时代的切片技术浅析[J]. 电信工程技术与标准化，2018.

# 5G IAB 技术及其在泛在电力物联网中的应用研究

彭雄根　彭　艳　李　新　王浩宇

**摘　要：**随着泛在电力物联网概念的提出，电力无线专网的建设成为行业的焦点。本文首先提出了电力行业的无线通信业务需求及引入 IAB（Integrated Access and Backhaul，统一接入回传）技术的必要性，然后分析了 IAB 的网络架构及其拓扑自适应功能，再结合目前电力无线专网的技术体制，提出了 IAB 技术在电力无线专网特殊部署场景中的应用解决方案。

**关键词：**泛在电力物联网；统一接入回传；拓扑自适应；IAB 归属节点；IAB 节点

## 1　引言

### 1.1　泛在电力物联网概念的提出

2019 年以来，国家电网公司正式提出“三型两网”的建设目标，加快建设泛在电力物联网。泛在电力物联网的定位成为与智能电网融合发展的“第二张网”。泛在电力物联网综合应用大数据、云计算、物联网、移动互联网、人工智能等新技术，与新一代电力系统相互渗透和深度融合，实时在线连接能源电力生产与消费各环节的人、机、物，全面承载并贯通电网的生产运行、企业的经营管理和对外客户服务等业务，建设支撑我国能源互联网高效、经济、安全运行的基础设施。泛在电力物联网的建设目标是：在终端层实现万物互联的连接能力；在网络层实现无处不在、无时不有的通信能力；在平台层实现对全景设备和数据的管控能力。

### 1.2　对终端通信业务的接入要求

电力无线专网建设是泛在电力物联网建设的重要任务之一。根据国家有关部委及国家电网相关规定的要求，配电自动化“三遥”、精准负荷控制等控制类业务要求采用电力光纤或无线专网接入方式，禁止使用无线公网承载。因此，随着国家智能电网建设的快速推进，电力光纤建设进入瓶颈期，电力终端通信业务接入中的配电自动化、负荷控制等控制类业务迫切需要通过电力无线专网解决“最后一公里”的通信接入问题，实现多业务“安全、智能、泛在、柔性”的接入。

但是，建设一张覆盖好、质量优的电力无线专网，存在投资巨大、选址困难等诸多问题。为实现“最后一公里”的终端接入，我们有必要在现有的电力无线专网的基础上，引入新技术、探讨新方案，提升网络覆盖能力，在投资受限和站址不足的情况下，保证电力无线专网满足终端通信业务的接入需求。

### 1.3 IAB技术有效提升网络覆盖能力

国家电网主要有LTE-G 230MHz和IoT-G 230MHz两种无线专网技术体制。受政策、产业链、频率、安全等因素的影响，电力无线专网向5G演进的历程较为漫长，无法满足泛在电力物联网规划和建设的要求。但是，参考中国移动将3D-MIMO技术应用于TD-LTE，电力无线专网可以引入5G中的IAB技术，将5G技术4G化。IAB是基于移动中继的多跳技术，利用多跳终端进行业务的接入和回传，可以大大提高网络部署的灵活性，降低网络建设成本。我们可以通过配置IAB-node数量，提供灵活的扩展能力，主要应用场景有地下室等密闭场景覆盖、输电线路覆盖和盲区覆盖等。

## 2 IAB技术及其网络架构

### 2.1 IAB技术的标准化研究进展

3GPP关于5G的规范制定是从R15开始的。R15是eMBB的基础版本，在2019年被全部冻结；R16是包含eMBB、uRLLC、mMTC的完整版本，预计2020年被冻结。

5G无线回传技术在R15中启动，研究的重点是基于固定中继的多跳技术。R16考虑无线接入和无线回传联合设计，增加基于移动中继的多跳内容，即IAB。

### 2.2 单跳和多跳

（1）单跳

在传统的WLAN中，终端与AP之间建立一条无线链路来访问网络，终端之间如果要相互通信，必须首先接入AP。WLAN是典型的单跳技术。

（2）多跳

无线设备节点可以同时作为AP或路由器，网络中的每个节点都可以发送和接收信号，每个节点都可以与一个或者多个对等节点直接通信。在多跳网络中，源节点到目的节点之间的典型路径是由多跳组成的，该路径上的中间节点充当中继节点。在现有的无线技术中，Ad Hoc、Mesh等属于典型的多跳技术。在即将商用的5G网络中，IAB是典型的多跳技术。

对于IAB，多跳的级数可以灵活配置，最大的跳数取决于许多因素，如频率、UE密度、传播环境和负荷等。但是，随着跳数的增加，将会出现可扩展性问题，即信令负荷膨胀、传输时延增加、网络性能下降。

### 2.3 5G IAB的典型架构

图1为5G独立组网模式下的IAB架构，架构中包含一个IAB归属节点（IAB-donor）和多个IAB节点（IAB-node）。IAB-node具有无线接入和无线回传功能，为UE提供无线接入和接入业务的无线回传服务，其中接入链路为UE与IAB-node之间的通信链路，回传链路为IAB-node之间或IAB-node与IAB-donor之间的通信链路。IAB-donor向IAB-node提供

无线回传功能，并提供 UE 与核心网的接口。因此，IAB-donor 与核心网存在有线连接，IAB-node 与核心网之间没有有线连接，IAB-node 通过无线回传链路连接 IAB-donor，从而使 UE 与核心网连接，即 IAB-donor 是具有 IAB 功能的基站，IAB-node 是具有多跳功能的终端。

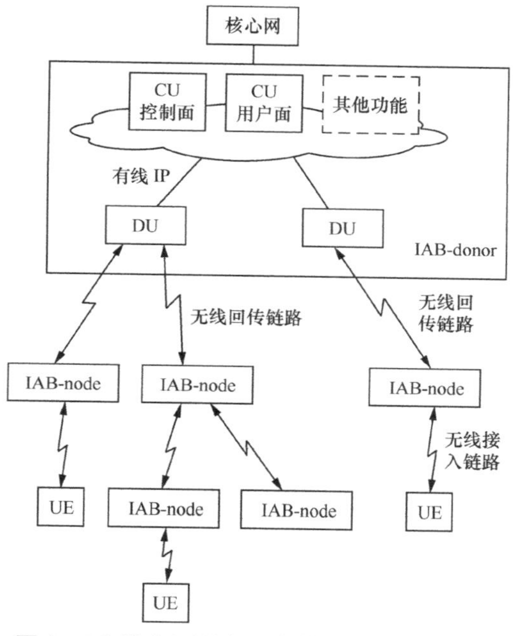


**图 1　5G 独立组网（SA）模式下的 IAB 架构**

## 3　IAB 的拓扑自适应

### 3.1　IAB 的拓扑结构

3GPP 针对 IAB 主要设计了两种多跳的拓扑结构：生成树结构（Spanning Tree，ST）和有向无环图结构（Directed Acyclic Graph，DAG），如图 2 所示。

对于 ST，每个 IAB-node 只有一个父节点，它可以是另一个 IAB-node 或 IAB-donor。因此，每个 IAB-node 一次只连接一个 IAB-donor，并且 IAB-node 和这个 IAB-donor 之间只存在一条路由。

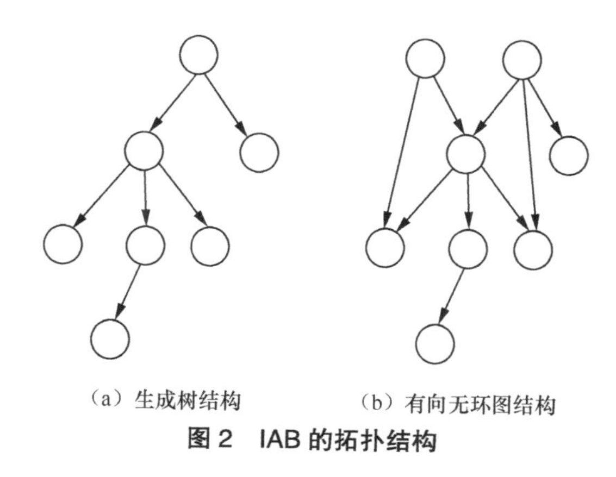


**图 2　IAB 的拓扑结构**

DAG 可能有多种情况：IAB-node 是多连接的，即它有到多个父节点的连接；IAB-node 只有一个父节点，但有多条到达 IAB-donor 的路由；IAB-node 通过多个父节点分别到达 IAB-donor。DAG 中的多连接或多路由可用于 1∶*N* 主备，以提高可靠性，也可同时使用多路由以实现负荷平衡。

### 3.2　拓扑自适应

由于建筑物变化、物体移动（如车辆行驶）、季节性变化（树叶）等，无线回传链路容易被阻断；此外，流量变化会在无线回传链路上造成不均匀的负载分布，可能导致相关通信链路或节点拥塞。拓扑自适应是指回传链路出现阻断或局部拥塞时，在不中断 UE 服务的条件下自动更改 IAB 拓扑，重新配置新回程链路的过程。

当增减 IAB-node、回传链路拥塞、回传链路质量明显恶化等事件发生时，IAB 拓扑自适应过程就会被触发，整个回传链路恢复过程主要包括信息收集、拓扑选择和拓扑重配置。如图 3 所示，在回传链路阻断的情况下，IAB-node4 及其后的所有 IAB-node 和 UE 无法及时连接 IAB-donor，需要发起拓扑自适应过程，与其备用父节点建立新的回传连接。但是，如果所有受影响的 IAB-node 同时尝试与其备用的父节点建立连接，极有可能导致拓扑效率低下，如图中 IAB-node4 和 IAB-node2、IAB-node7 建立连接的同时，IAB-node6 还与 IAB-node7、UE2 还与 IAB-node3 建立连接。为避免此种情况，IAB-node4 在发现回传链路阻断后，将回传失败消息通知到其下游的所有节点和 UE。

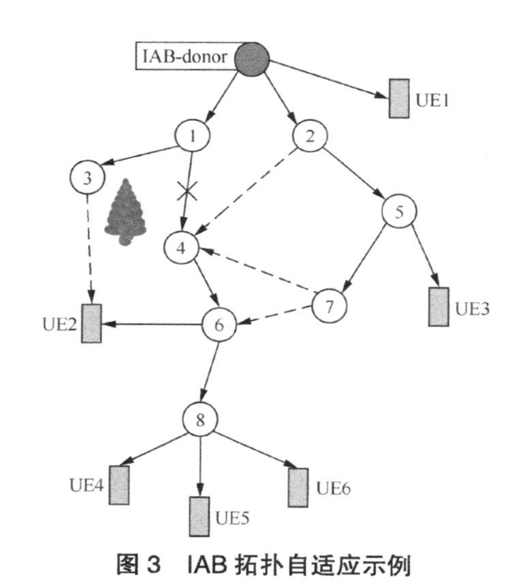


**图 3　IAB 拓扑自适应示例**

## 4　IAB 在泛在电力物联网中的应用探讨

### 4.1　技术的可行性

从 5G 标准的层面看，IAB 技术是 3GPP R16 研究的内容，很快将具备应用能力；从现有电力无线专网技术的层面看，国家电网现有的 IoT-G 230MHz 技术体制支持向 5G 的演进，IAB 技术可基于当前 IoT-G 终端芯片实现，只需软件升级即可。

5G IAB 技术应用于 IoT-G，采用基于层二的中继协议栈架构，相对于基于层三的 4G Relay，其优点是中继链路业务只需要增加层二的标识，开销小，协议栈简单，对多跳节点的协议处理要求低，适合终端部署。而且，通过将上下行切换点偏移半帧的设置，多跳节点可以同时接收父节点和子节点的数据，也可以同时给父节点和子节点发送数据，在物理层设计上保证了多跳跳数的无限扩展。

### 4.2　特殊的部署场景

根据国家电网《电力无线专网业务需求》，终端通信接入网的电力通信业务主要分为 5 类基本业务和 12 类扩展业务，其中有不少业务终端分布于一些特殊的部署场景，如封闭或半封闭的地下室 / 地下停车场、狭长的输电线路沿线，电力无线专网一般无法经济有效的覆盖。此外，电力无线专网无法达到与公网一样的深度覆盖水平，在城区等复杂的无线环境中，必定存在很多大大小小的覆盖盲区。针对电力业务特殊的部署场景，将 5G IAB 技术应用到电力无线专网中，灵活的多跳扩展可以提供低成本的深度覆盖和广覆盖能力，大大提升电力无线专网的覆盖率。

### 4.3　应用解决方案

#### 4.3.1　地下室 / 地下车库的覆盖

该覆盖场景下的电力业务主要有用电

信息采集、精准负荷控制 / 负控、充电桩等。其中，用电信息采集终端多部署于楼道、屋檐及小区配电房等，部分位于地下室内；精准负荷控制 / 负控终端基本上位于地下室；充电桩分布广泛且分散，有部分充电桩位于地下车库。

从公网室内覆盖的经验看，运营商一般采用室内分布系统覆盖于地下室 / 地下车库场景。但是，电力通信业务中的用电信息采集、精准负荷控制 / 负控、充电桩等在单个地下室 / 地下车库中分布并不密集，一般只有一个或几个终端，部署室内分布系统投资太大，利用率较低。在该场景下，5G IAB 技术能够实现低成本且有效的深度覆盖，每一跳能穿透 1 ～ 2 堵墙，有针对性地覆盖地下室 / 地下车库中零散的固定终端，覆盖方案如图 4 所示。

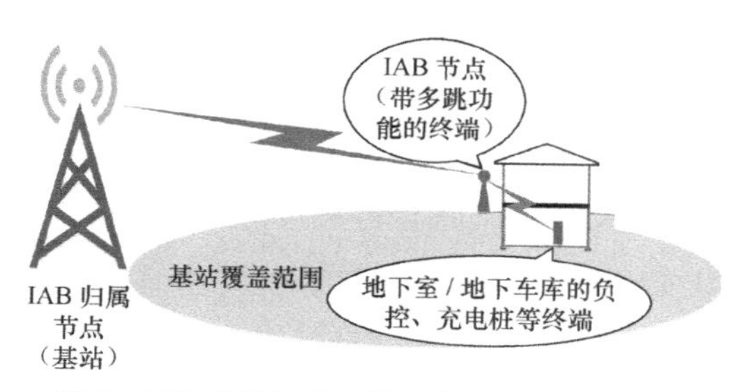


**图 4　IAB 在地下室 / 地下车库覆盖中的应用**

### 4.3.2　输电线路的覆盖

输电线路在线监测是实现输电设备状态运行检修管理、提升输电专业生产运行管理精益化水平的重要手段。根据国家电网《电力无线专网规划设计技术导则》，电力无线专网的覆盖并不追求大而广，通常只针对供电负荷等级为 C 类及以上供电区域进行覆盖。据粗略统计，在 A+、A、B、C、D、E 类供电区域中，国家电网 C 类及以上的区域面积约为 60 万平方千米，不到 D 类区域面积的六分之一。很多输电线路穿越山区、草原等人烟稀少的地方，大部分位于 D 类及以下区域，输电线路的监测成了电力无线专网覆盖的难点。

该场景利用输电塔作为站址，以多个连续的输电塔为单元，每个单元以“1+*N*”的模式部署 1 个 IAB-donor（基站）和 *N* 个 IAB-node（带多跳功能的终端），如图 5 所示。IAB 技术通过部署多跳，对输电线路等覆盖区域进行良好覆盖，更好地支持输电线路运行状态的感知、预警等，有助于技术人员快速了解现场情况，及时对事件做出分析和评估。

### 4.3.3　盲区的覆盖

传统的盲区覆盖方案通过网络优化，调整基站工参，改变周边各小区的覆盖范围。通过网络优化方式无法解决的问题，可以通过新增基站、射频拉远小区等方式解决。IAB 技术被引入电力无线专网后，能够更加灵活且低成本地解决网络的盲区覆盖问题。如图 6 所示，多跳终端对基站信号进行中继传输，扩大无线信号的覆盖范围，此时多跳终端位于基站的覆盖范围内，而终端设备位于基站的覆盖盲区，这时可以通过多跳终端进行中继，改善终端设备所在区域的覆盖水平，达到延伸覆盖的目的。

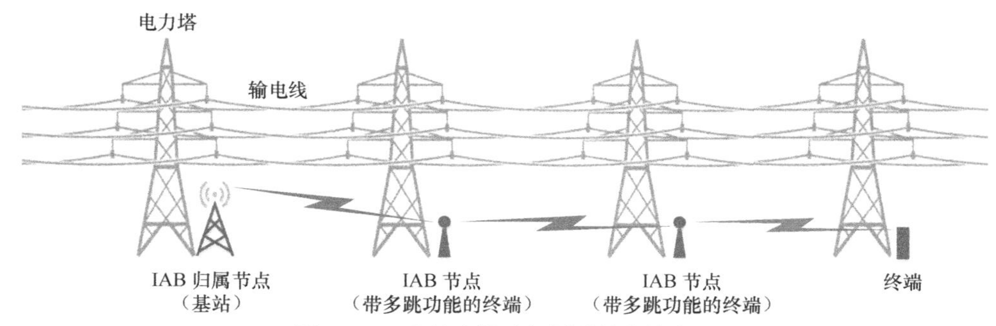


图 5　IAB 在输电线路场景覆盖中的应用

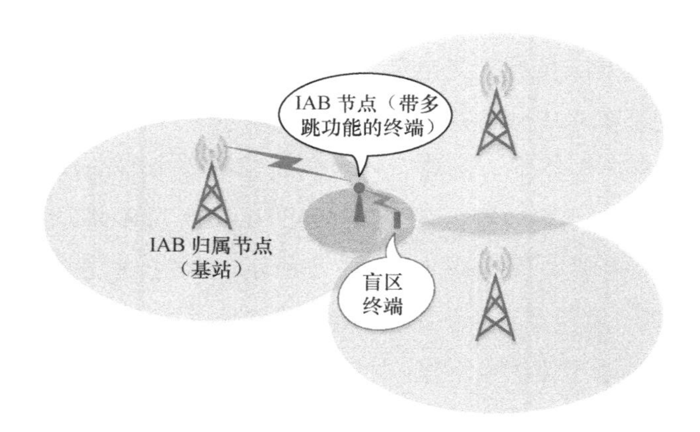


图 6　IAB 在盲区覆盖中的应用

## 5　结束语

电力无线专网作为泛在电力物联网在网络层的一种主要接入方式，对实现电网“最后一公里”的终端接入起着至关重要的作用。将 5G IAB 技术引入电力无线专网，有助于高效灵活地实现网络的深度覆盖和广覆盖。本文综合分析了 IAB 技术的架构及其拓扑自适应功能，并结合目前电力无线专网的技术体制，提出了将 IAB 技术应用到电力无线专网特殊部署场景中的解决方案。

## 参考文献

[1] 3GPP TR 38.874 V16.0.0, Study on Integrated Access and Backhaul(Release 16) [S]. 2018.

[2] 国家电网. 电力无线专网规划设计技术导则 [Z]. 2017.

[3] 国家电网. 电力无线专网业务需求规范（征求意见稿）[Z].

[4] 李新，彭雄根 . LTE 网络中 Relay 技术部署及应用 [J]. 移动通信，2016，40（11）：32-35.

# 无线通信电力共塔研究及其在5G建设中的应用

邹宇锋　胡　军

**摘　要：**本文研究总结了共塔建设过程中的电磁辐射干扰、安全保护和防护措施、防雷接地系统、铁塔结构校验、运维职责界面划分等问题，并根据实际测试验证了无线通信电力共塔的可行性；同时，根据5G设备的特性及覆盖场景需求，结合电力杆塔的资源分布情况，提出了不同覆盖场景需求下无线通信电力共塔的解决方案。

**关键词：**5G；高压输电铁塔；移动基站；共址建设

## 1　引言

2019年6月6日，工业和信息化部正式向中国电信、中国移动、中国联通、中国广电发放5G商用牌照，我国正式进入5G商用元年。在时代发展的背景下，我国只有快速形成5G产业链，才能推动国家整体经济的发展。

但是，5G建设所面临的困难很多，以国内某运营商5G专项汇报数据为例：直接利用原有站址新增5G设备的站址只占10%。现有4G站址在5G建设时期，无法大规模直接使用的原因主要有以下两点：

① 由于我国是5G的先行者，3G和4G还不能退网，楼顶站基本上无空间新增设备，而落地站的平台也不堪重负；

② 5G的频段主要在3.5GHz，站址密度将是4G的2～3倍。

与此同时，随着智能电网的快速发展，高压架空送电线路传输塔的数量越来越多。目前，仅江苏省内的35kV及以上变电站有3000多座，110kV及以上高压输电塔超过12万座，杆塔资源丰富。因此，无线通信电力共塔是解决5G大规模快速部署时期出现的选址困难、建设周期长等问题的最佳途径。

本文在相关研究的基础上，进一步研究无线通信电力共塔中，电磁辐射干扰防护、安全防护措施、防雷接地系统、铁塔结构校验、运维职责界面划分等关键问题，根据110kV旺兰3号电力单管基站的实际测试情况验证了无线通信电力共塔的可行性；同时，根据5G设备的特性及覆盖场景需求，结合电力杆塔资源分布情况，提出了不同覆盖场景需求下无线通信电力共塔的解决方案。

## 2 无线通信电力共塔关键问题研究

### 2.1 架空输电线路对通信系统的电磁辐射干扰

从电磁兼容的角度分析，不同系统间的电磁干扰主要存在两种情况：第一，这两种系统的工作频率存在重叠或交叉；第二，干扰系统的干扰强度对被干扰系统的敏感设备造成危害。通过分析架空输电线路及电力杆塔上的通信系统的电磁场，我们发现：这两者的电磁场的主要频段不存在重叠或交叉。

因此，为了减轻架空输电线路的干扰强度对通信系统的敏感设备造成的危害，我们建议将天线等无源设备安装在电力杆塔上，将射频拉远单元（Remote Radio Unit，RRU）安装在电力杆塔下的室外机的机柜旁，减少高强度干扰对被干扰设备造成的危害。

目前，南京已建成国内首座在电力杆塔上同时挂设运营商和电力无线专网天线的共享基站 110kV 旺兰线 1、2 号线 03 号塔。电力无线专网采用的是 TD-LTE 制式，占用了 1 790MHz ～ 1 800MHz 的 10MHz 频段。运行期间，各小区的上下行吞吐量见表 1、小区覆盖半径均无异常变化。

表 1 各小区的上下行吞吐量

| | FTP 吞吐量测试 | | 好点 |
|---|---|---|---|
| 1 小区 | FTP 上行吞吐量 | RSRP | –73 |
| | | AverageSINR | 18.6 |
| | | 上行吞吐量 | 4.08 |
| | FTP 下行吞吐量 | RSRP | –75 |
| | | AverageSINR | 17.7 |
| | | 下行吞吐量 | 4.06 |
| 2 小区 | FTP 上行吞吐量 | RSRP | –69 |
| | | AverageSINR | 19.2 |
| | | 上行吞吐量 | 4.09 |
| | FTP 下行吞吐量 | RSRP | –68 |
| | | AverageSINR | 21.1 |
| | | 下行吞吐量 | 3.75 |

（续表）

| | FTP 吞吐量测试 | | 好点 |
|---|---|---|---|
| 3 小区 | FTP 上行吞吐量 | RSRP | -70 |
| | | AverageSINR | 20.4 |
| | | 上行吞吐量 | 4.16 |
| | FTP 下行吞吐量 | RSRP | -70 |
| | | AverageSINR | 19.2 |
| | | 下行吞吐量 | 4.01 |

以上测试结果表明：由于架空输电线路和通信系统的电磁场的主要频段不存在重叠或交叉，将有源设备安装在远离架空输电线路的位置可以有效减轻架空输电线路对通信系统的电磁辐射干扰。

### 2.2 防雷与接地的一般原则

电力共塔基站的防雷与接地的一般原则如下。

① 电力共塔基站的防雷应根据地网的雷电冲击半径、浪涌电流就近疏导分流、站内线缆的屏蔽接地、电源线和信号线的雷电过电压保护等因素，选择技术经济比合理的方案。

② 电力共塔基站的地网设计应根据基站建筑物的形式、地理位置、周边环境、地质气候条件、土壤组成、土壤电阻率等因素进行设计，地网周边边界的形状应根据基站所处的地理环境与地形等因素确定。

③ 电力共塔基站的防雷与接地应从整体的概念出发将基站内孤立的子系统设备集成一个整体的通信系统，全面衡量基站的防雷接地问题。

④ 电力共塔基站的雷击风险评估、雷电过电压保护、SPD 最大通流容量，应根据年雷暴日、海拔高度、环境因素、建筑物形式、供电方式及所在地的电压稳定度等因素确定，且应确保各级 SPD 的协调配合。

### 2.3 电力杆塔结构校验和加装方案研究

在安装通信设备之前，我们首先分析电力杆塔的整体受力情况。

（1）通信设备调研搜资

运营商常用的通信设备（主要是天线和 RRU）按照设备重量和几何尺寸分类，为后面开展铁塔计算分析工作提供支撑。

（2）确定通信设备的安装位置

我们根据输电线路电气间隙要求及铁塔的节间布置情况，确定通信设备的安装位置，选取的设备连接点应当尽量靠近主材支撑节点，减轻主材的受弯效应。

（3）通信设备荷载计算

我们计算分析正常使用情况下和安装

情况下的设备垂直荷载及设备的水平风荷载，从而得到不同工况下设备的垂直力和水平力，将其用于铁塔的受力分析。

（4）铁塔建模和受力计算分析

我们建立现状铁塔的三维几何分析模型，将不同工况下的节点荷载（导线、地线挂点荷载）、塔身风荷载、设备荷载与铁塔自身的受力情况进行组合，分析铁塔的整体受力；研究加装通信设备对铁塔主材和塔身交叉材受力性能的影响，为制订铁塔改造加固方案提供依据。铁塔模型计算分析如图 1 所示。

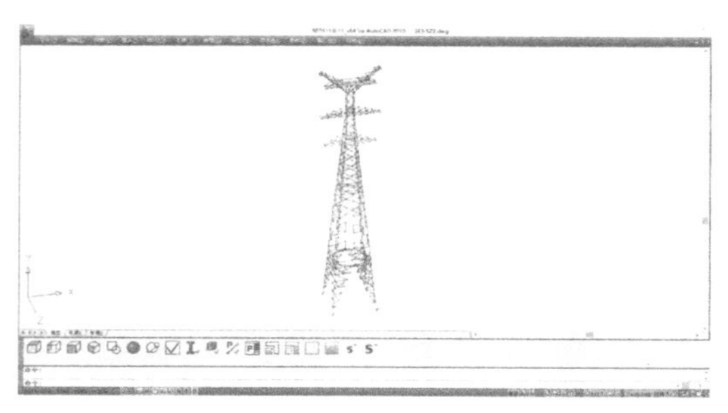

图 1　铁塔模型计算分析

然后，我们对安装通信设备后电力杆塔的主材局部受力性能进行分析研究。

（1）抱杆与主材连接点处的水平力计算

我们根据通信设备荷载（垂直力和水平力）、抱杆与塔身连接点的位置，计算连接点处主材承受的水平力。

（2）铁塔主材复杂受力计算分析

我们提取抱杆连接塔身主材的最大轴压力和抱杆连接点的水平力，分析研究主材复杂受力；建立塔身主材的有限元分析模型，分析复杂荷载作用下主材的应力分布状态，计算主材最大复合应力。钢管杆模型计算分析如图 2 所示。

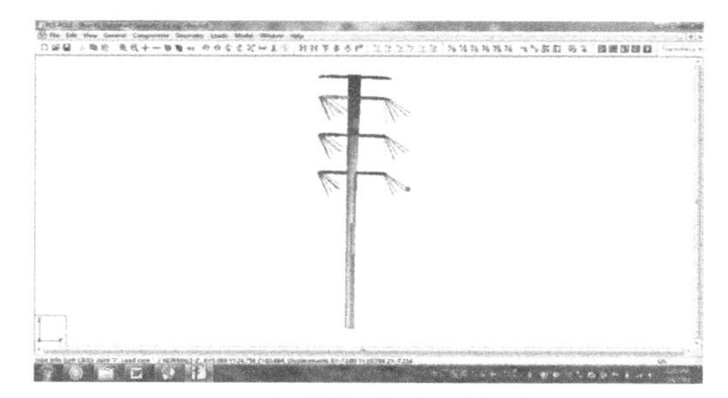

图 2　钢管杆模型计算分析

最后，我们根据上诉分析，提出铁塔改造加固方案。

我们根据铁塔整体受力和局部受力分析结果研究铁塔改造加固方案，对应力比超限的塔身主材采用增大截面法，即在杆件外侧外贴一根同样规格的角钢，组成 T 字形截面，两根角钢之间通过一字形填板连接；对利用率超过 1.3 的塔身交叉材采取将其更换为高规格角钢的方法；对利用率小于 1.3 或者长细比超限的塔身交叉斜材，采取局部加强措施改变杆件局部的计算长度的方法。角钢主材受力分析如图 3 所示。

电力杆塔改造加固是在原结构上进行的，需尽量避免对原结构进行破坏性的操作，这就使得加强方案的实施和操作比较困难，需要根据实际建设的电力杆塔类型开展专项施工方案研究。

## 3　共塔在 5G 建设中的应用场景研究

5G 建设的规划覆盖目标主要为城区

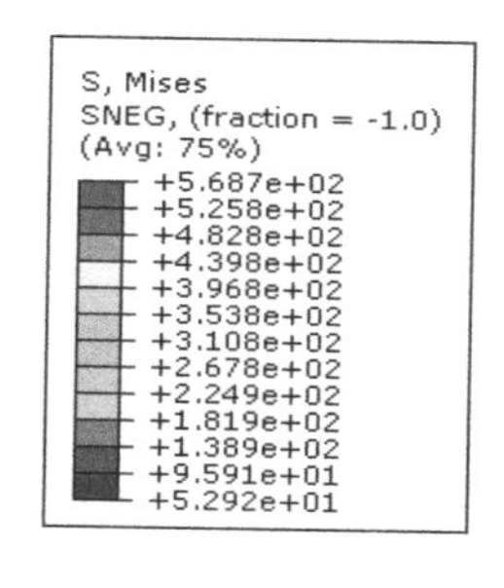

**图 3　角钢主材受力分析**

人口密集区域和郊农的主干道、高速公路、铁路沿线区域。而在城区人口密集区域，存量的电力杆塔主要为 10kV 的水泥杆，在郊农的主干道、高速、铁路沿线区域主要为 35kV 及以上的电力塔。

**图 4　城区 10kV 的水泥杆**

针对 5G 建设的两种场景，结合存量电力杆塔的资源情况，我们利用无线通信电力共塔的新型建设模型，形成以下两种场景应用模式。

（1）城区场景

城区场景主要利用城区未下地的电力杆塔，重点解决居民小区覆盖；利用 10kV 的水泥杆，重点解决宏站覆盖间隙的弱覆盖区域微站覆盖；城建拆迁区域利用电力杆塔作通信铁塔拆迁后的替换站址应用。图 4 所示场景可通过在密集城区的 10kV 的水泥杆上加装微站设备，解决道路居民区 5G 覆盖的问题。

（2）郊农场景

郊农场景主要利用主干道、高速公路、高铁沿线的电力杆塔，在图 5 所示场景直接挂载通信设备，控制建设成本，提高建设效率；有些安装在特殊场景，如河道边、农田等，解决通信基站落地困难的问题。

**图 5　高速沿线的电力杆塔**

## 4 结束语

本文通过无线通信电力共塔的实际测试，提出了架空输电线路对通信系统的电磁辐射干扰防护措施、电力共塔基站的防雷与接地的一般原则、电力杆塔结构校验和加装方案；同时，针对 5G 建设场景下，城区人口密集区域和郊农的主干道、高速公路、铁路沿线区域的实际情况，结合电力杆塔资源分布情况，提出了无线通信电力共塔的解决方案。

## 参考文献

[1] 吴新，何国兴，周峰 . 电力铁塔上安装移动天线的工艺设计[J]. 电信工程技术与标准化，2007，20（2）：39–43.

[2] 赖建军，黄有为，孙敏，等 . 移动基站共址高压输电铁塔的应用研究 [J]. 移动通信，2016（21）.

# 电力无线专网230MHz和1800MHz关键技术对比分析

颜　军

**摘　要**：电力无线专网是解决电力终端接入网的主要方案，目前有230MHz和1800MHz两种基于TD-LTE的技术体制。本文从频率、覆盖能力、速率等方面比较了这两种技术体制，结合电力无线专网的业务特点，分析这两种技术体制各自的优劣势；最后，对这两种技术体制从性能、产业链、业务适配性等方面进行了对比小结，给出这两种技术体制各自的优劣势和适合的业务承载方式。

**关键词**：电力无线专网；230MHz；1800MHz；LTE-G；IoT-G

## 1　引言

国家电网公司提出智能电网、全球能源互联网的建设目标，为解决电网末端控制"最后一公里"的通信问题，国家电网选择电力无线专网作为主要解决方案。电力无线专网具有安全可靠、实时泛在、经济灵活、海量连接、宽带高速等优点，是保障电力业务安全稳定的重要手段。

电力无线专网可分为230MHz和1800MHz两种基于TD-LTE的技术体制。230MHz目前有LTE-G 230MHz和IoT-G 230MHz两种技术标准，前者是普天提出的技术标准，后者是华为提出的技术标准。1800MHz目前仅有LTE-G 1800MHz这一种技术标准。

本文从频率、覆盖能力、速率等方面对比分析230MHz和1800MHz两种技术体制，得出这两种技术体制各自的优劣势，给电力无线专网的建设方案选型提供一定的技术参考。

## 2　频率分析

（1）230MHz频率

230MHz频段为223.025MHz～235.000MHz，源于《关于印发民用超短波遥测、遥控、数据传输业务频段规划的通知》（国无管〔1991〕5号）。全频段共有480个25kHz频点，由八大行业共享，2018年9月，工业和信息化部印发了相关文件，文件规定：允许

223MHz ～ 226MHz 和 229MHz ～ 233MHz 共 7MHz 频段用于采用 TDD 方式动态频谱共享技术的无线数据传输系统，如图 1 所示。在此频段上，国家电网通过 LTE 技术与 230MHz 频段的融合，将离散的 230MHz 频点进行载波聚合，实现频谱资源的高效利用。

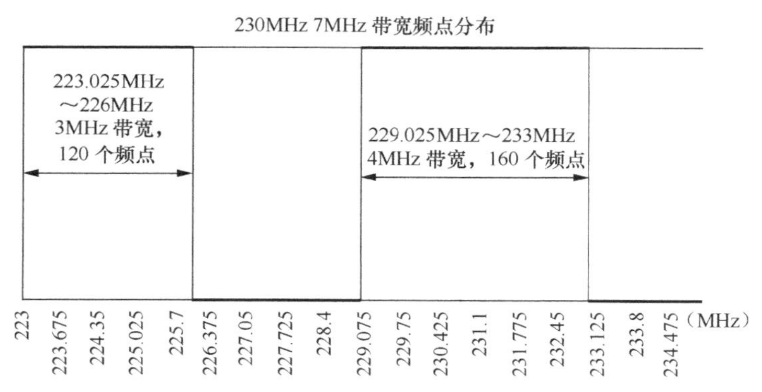


**图 1 230MHz 频段批复的 7MHz 带宽频点分布示意**

（2）1800MHz 频率

1800MHz 频段为 1785MHz ～1805MHz，来自于原信息产业部文件《关于扩展 1800MHz 无线接入系统使用频段的通知》（信部无〔2003〕408 号）。工业和信息化部 2015 年 2 月 28 日发布《关于重新发布 1785 ～ 1805MHz 频段无线接入系统频率使用事宜的通知》（工信部无〔2015〕65 号），规定用于满足交通（城市轨道交通等）、机场、电力、石油等行业专用通信网和公众通信网应用需求的具体频率分配、指配和无线电台站管理工作，由各省（自治区、直辖市）无线电管理机构负责分配。

1800MHz 频率由各地市无线电管理机构自行审批，多行业分割式占用，存在的冲突需协调解决。

（3）频率分析

230MHz 频段存在的问题如下：各地区数传电台已经在使用的 230MHz 离散频点会对 230MHz 频段产生干扰；批复的 7MHz 频率中，部分频点已经被别的行业占用，存在一定的影响。

1800MHz 频段存在的问题如下：1800MHz 频段紧邻 LTE 公网，需要采取发射功率限制的手段规避对优先级更高的公众通信网的干扰，且会收到来自公网、伪基站的干扰，因而实际上可以利用的带宽只有 10MHz 左右；1800MHz 频段多个行业共用，行业间对频率资源的竞争激烈，同频、邻频干扰严重；城市轨道交通行业、中国国家铁路集团有限公司等已在各地先行抢占，国家电网各省公司在各地获批 1800MHz 频段资源的难度较大；即便获批该段频率，大多数地区所得带宽可能仅为 5MHz；若仅获批 5MHz 带宽，与 230MHz 频段的 7MHz 带宽相比，不具有优势。

综上，在频率资源方面，230MHz 和 1800MHz 各有优劣。鉴于 230MHz 已经获得 7MHz 频率的批复，而 1800MHz 频率申请的难度较大，且工业和信息化部的《关于重新发布 1785MHz ～ 1805MHz 频段无线接入系统频率使用事宜的通知》中已经明确不再审批 1800MHz 频段电力专网，建议在未获得 1800MHz 频率许可地区的电力无线专网优先选用 230MHz 频率。

## 3 覆盖分析

### 3.1 传播模型

230MHz 适用 Okumura-Hata 模型，公式如下。

$$L(\mathrm{dB})=69.55+26.16\times \lg f-13.82\lg H_b+(44.9-6.55\times \lg H_b)\times \lg d-a(H_m)+C$$

1 800MHz 适用 Cost231-Hata 模型，公式如下。

$$L(\mathrm{dB})=46.3+33.9\times \lg f-13.82\lg H_b+(44.9-6.55\times \lg H_b)\times \lg d-a(H_m)+C$$

参数说明如下：

$f$ 为工作频率（单位为 MHz）；

$H_b$ 为基站天线挂高（单位为 m）；

$H_m$ 为终端天线挂高（单位为 m）；

$d$ 为终端与基站之间的距离（单位为 km）；

$a(H_m)$ 为终端天线高度修正因子，不同场景的取值如下。

$$\begin{cases} a(H_m)=0 \ (H_m=1.5\mathrm{m}) \\ a(H_m)=8.29\times[\lg(1.54\times H_m)]^2-1.1 \ (f\leqslant 300\mathrm{MHz}，密集城区) \\ a(H_m)=3.2\times[\lg(11.75\times H_m)]^2-4.97 \ (f>300\mathrm{MHz}，密集城区) \\ a(H_m)=(1.1\times \lg f-0.7)\times H_m-(1.56\times \lg f-0.8) \ (一般城区) \end{cases}$$

$C$ 为地貌修正因子，不同场景的取值如下。

$$\begin{cases} C(密集城区)=3 \\ C(一般城区)=0 \\ C(郊区)=2\times[\lg(f/28)]^2-5.4 \\ C(农村，准开阔地)=-4.78\times(\lg f)2+18.33\times \lg f-35.94 \\ C(农村，开阔地)=-4.78\times(\lg f)2+18.33\times \lg f-40.94 \end{cases}$$

### 3.2 理论传播损耗比较

在相同条件下，230MHz 和 1 800MHz 理论传播损耗的对比如下。

参数取定：

① 基站天线高度 $H_b$=30（m）；

② 终端天线高度 $H_m$=1.5（m）；

③ 终端与基站之间的距离 $d$=3（km）。

230MHz 和 1 800MHz 对应的理论传播损耗见表 1。

表 1 中，差异为正数表示 230MHz 的损耗低于 1 800MHz 的损耗，差异为负数表示 230MHz 的损耗高于 1 800MHz 的损耗，具体如图 2 所示。

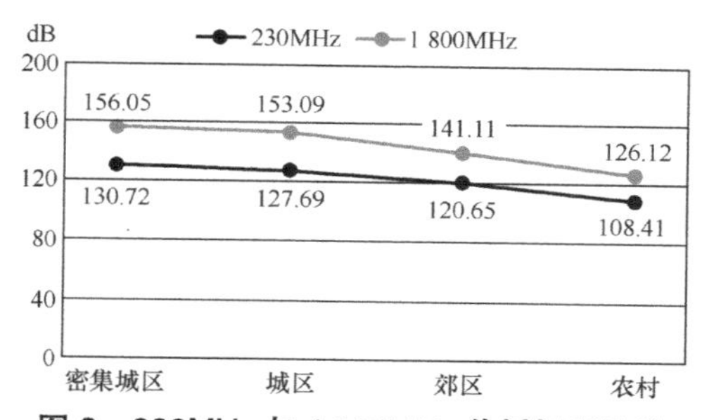


**图 2 230MHz 与 1 800MHz 传播损耗比较**

由图 2 可见，由于频率的差异，在城区，1 800MHz 传播损耗比 230MHz 高了 25dB 左右。在郊区和农村，由于地貌修

表 1　230MHz 和 1 800MHz 理论传播损耗对比

| 频率 | | 230MHz | 1 800MHz | 差异 |
| --- | --- | --- | --- | --- |
| 基站天线挂高：$H_b$ | | 30m | 30m | |
| 终端天线挂高：$H_m$ | | 1.5m | 1.5m | |
| 传播距离：$d$ | | 3km | 3km | |
| 不含修正因子 [$a$（$H_m$）和 $C$] 的传播损耗 | | 127.73 | 153.05 | 25.32dB |
| 终端天线高度修正因子 $a$（$h_m$） | 密集城区 | 0 | 0 | |
| | 一般城区 | −0.04 | 0.04 | 0.08dB |
| | 郊区 | 0 | 0 | |
| | 农村 | 0 | 0 | |
| 地貌修正因子 $C$ | 密集城区 | 3 | 3 | |
| | 一般城区 | 0 | 0 | |
| | 郊区 | −7.07 | −11.94 | −4.87dB |
| | 农村 | −19.31 | −26.92 | −7.61dB |
| 总的路径损耗 | 密集城区 | 130.72 | 156.05 | 25.32dB |
| | 一般城区 | 127.69 | 153.09 | 25.40dB |
| | 郊区 | 120.65 | 141.11 | 20.46dB |
| | 农村 | 108.41 | 126.12 | 17.71dB |

正因子的影响，两者之间的差异有所降低，缩小到 20dB 和 18dB 左右。

230MHz 频段较 1 800MHz 频段具有明显的覆盖优势。特别是在密集城区和一般城区下，由于城区的遮挡较多，230MHz 波长较长、绕射能力强，覆盖能力优势较为明显；而郊区、农村等区域遮挡比较少，二者差距相对缩小。

通过传播模型的公式推算，最大允许的路径损耗（MAPL）每增加 10dB，覆盖距离约增加一倍。

同等条件下，通过链路预算，230MHz 和 1 800MHz 不同场景下的覆盖半径的对比结论如下：在城区，230MHz 的空间传播损耗比 1 800MHz 低 25dB 左右，覆盖距离是 1 800MHz 的 5.3 倍左右；在郊区，230MHz 的空间传播损耗比 1 800MHz 低 20dB 左右，覆盖距离是 1 800MHz 的 3.9 倍左右；在农村，230MHz 的空间传播损耗比 1 800MHz 低 18dB 左右，覆盖距离是 1 800MHz 的 3.2 倍左右。

可见，同等条件下，230MHz 的覆盖

半径是1800MHz的3～5倍，且230MHz在城区覆盖更有优势。

### 3.3 结合工程参数的比较

上面是相同条件下的覆盖能力比较，实际工程中，230MHz和1800MHz存在参数方面的差异，具体见表2（以密集城区为例，边缘速率取19.2kbit/s）。

表2 230MHz和1800MHz链路预算中工程参数差异对比

| 参数差异项 | LTE-G 230MHz（7MHz） | LTE-G 1800MHz（5MHz） | 差异 |
| --- | --- | --- | --- |
| 发射功率/dBm | 43 | 46 | 3 |
| 边缘速率对应的业务信道功率/dBm | 24.56 | 32.04 | 7.48 |
| 发射天线增益/dB | 10.5 | 17.5 | 7 |
| 发射模式增益/dB | 0 | 3 | 3 |
| 馈线和接头损耗/dB | 0.5 | 1 | -0.5 |
| 建筑物穿透损耗/dB | 15 | 20 | -5 |
| 噪声带宽/dB | 50 | 52.55 | -2.55 |
| SNR解调门限/dB | -3 | -4.4 | 1.4 |
| 合计差异 | | | 10.83 |

注：表示增益类的指标算差异时是右列值减左列值，表示损耗类的指标等差异时是左列值减右列值。

从表2可见，LTE-G 1800MHz的发射功率、发射天线增益、发射模式（4T4R）增益、SNR解调门限均比LTE-G 230MHz强，带来正的增益；但是LTE-G 1800MHz的建筑物穿透损耗、馈线和接头损耗、噪声带宽也比LTE-G 230MHz大，带来负的增益。综合下来，由于工程参数的差异，在密集城区，LTE-G 1800MHz比LTE-G 230MHz增加了约10.83dB的增益。

考虑传播模型的路径损耗差异，在密集城区，230MHz的路径，损耗比1800MHz的路径损耗小25.32dB。因此，总体比较得到，在密集城区，LTE-G 230MHz比LTE-G 1800MHz链路增益大25.32-10.83=14.49dB。

上述是以密集城区为例，其余场景下也有类似的结论：由于工程参数的差异，1800MHz相比230MHz带来正的链路增益，覆盖能力的差异有所降低；在城区环境下，230MHz的覆盖半径是1800MHz的2～3倍；在郊区和农村环境下，230MHz的覆盖半径是1800MHz的1～2倍。

### 3.4 结合实际现状的比较

在实际情况下，需要利用已有的杆塔资源，不可能按照理想蜂窝结构布点。另一方面，考虑带宽需求，若230MHz基站覆盖范围太大，后期随着接入终端的增加，单位面积内的容量可能会受限，230MHz基站需要预先做一定的覆盖收缩（牺牲覆盖能力以保证后续的容量需求）。

因此，结合实际情况，通常230MHz的实际规划覆盖半径是1800MHz的1～2倍。

### 3.5 覆盖对比小结

① 230MHz无线信号传播损耗小于

1 800MHz，相同条件下，230MHz的覆盖半径是1 800MHz的3倍以上。

② 结合工程参数、地形地貌以及实际站点分布情况，通常，230MHz的实际规划覆盖半径是1 800MHz的1至2倍。

③电力无线专网建设初期以薄覆盖为主，需要注重投资效益，230MHz更适合广覆盖的建网环境。

## 4 速率分析

230MHz最大可使用的带宽为7MHz，1 800MHz最大可使用的带宽为10MHz（但大多数情况下带宽为5MHz）。本次以5MHz带宽进行峰值速率的比较。

### 4.1 技术规范中峰值速率对比

电力无线专网技术规范中给出的峰值速率参考值见表3。

LTE-G 230MHz只有一种时隙配比，LTE-G 1 800MHz有3种时隙配比。

（1）上行速率对比

在5MHz带宽下，LTE-G 230MHz上行峰值速率为10.3Mbit/s，高于LTE-G 1 800MHz的上行峰值速率（时隙比3:1）。

（2）下行速率对比

在5MHz带宽下，LTE-G 230MHz下行峰值速率为5Mbit/s，低于LTE-G 1 800MHz的下行峰值速率。

由于MIMO的优势和不同的上下行时隙配比，LTE-G 1 800MHz下行峰值速率远大于LTE-G 230MHz的下行峰值速率。

### 4.2 理论计算的峰值速率对比

我们根据两种技术标准进行理论峰值速率的计算，峰值速率的计算公式为：峰值速率=TBSize/TTI。

（1）230MHz峰值速率计算

230MHz的上行和下行对应不同的TBS表格。

在5MHz带宽下，我们通过表tbs_table_ul，可获得TBSize=270 040bit；表tbs_table_dl，可获得TBSize=132 960 bit。

上行峰值速率=270 040bit/25ms = 10.3Mbit/s。

下行峰值速率=132 960bit/25ms = 5.07Mbit/s。

（2）1 800MHz峰值速率计算

1 800MHz在5MHz带宽下的TBSize=18 336bit。

上下行子帧配置为0时（上下行时隙比3:1），特殊子帧配置10:2:2。

表3 LTE-G 230MHz和LTE-G 1 800MHz理论峰值速率

| 技术标准 | LTE-G 230MHz（5MHz带宽） | LTE-G 1 800MHz（5MHz带宽） | | |
|---|---|---|---|---|
| 上下行时隙配比 | 3 : 1 | 3 : 1 | 2 : 2 | 1 : 3 |
| 上行峰值速率 | 10.3Mbit/s | 7.29Mbit/s | 4.86Mbit/s | 2.43Mbit/s |
| 下行峰值速率 | 5Mbit/s | 11.43Mbit/s | 18Mbit/s | 24.66Mbit/s |

一个帧（10ms）内，6ms上行传输，2ms下行传输，2个DwPTS时隙也用于下行传输。

上行峰值速率=6×18 336 bit /10ms=10.49Mbit/s。

下行峰值速率计算考虑：子帧0和5的TBS选择18 336bit，子帧1和3帧6是DwPTS时隙，TBS选择11 448bit，下行MIMO双流。

下行峰值速率=2×（18 336bit+11 448bit）/ 10ms×2=11.36 Mbit/s。

### 4.3 速率对比小结

① 上行速率方面，230MHz与1 800MHz（时隙比3:1）的峰值速率比较接近，由于电力业务以上行业务为主，两种技术体制在上行业务的承载能力上差别不大。

② 下行速率上，1 800MHz的峰值速率远大于230MHz，因此，1 800MHz更适合承载下行大带宽业务。

## 5 结束语

230MHz（以LTE-G 230MHz为例）与1 800MHz各层面的对比结果见表4。

表4 230MHz和1 800MHz对比

| 分类 | 230MHz | 1 800MHz |
| --- | --- | --- |
| 频率资源 | 电力等行业专用频段，已获批7MHz频段 | 多行业竞争共用，1 800MHz频率优先分配给轨道交通等行业 |
| 频率带宽 | 7MHz | 5MHz或10MHz |
| 单频点带宽 | 25kHz | 180kHz |
| 子载波间隔 | 2kHz | 15kHz |
| 理论最大频谱效率 | 上下行合计4.64bit/s/Hz | 下行最大频谱效率为5bit/s/Hz（MIMO模式）<br>上行最大频谱效率为2.5bit/s/Hz |
| 覆盖能力 | 同等条件下，230MHz最大允许的路径损耗比1 800MHz大17～25dB（最大允许的路径损耗每增加10dB，覆盖距离约增加一倍） | |
| 小区吞吐量（上行） | 7MHz带宽下，上行峰值速率为14.4Mbit/s | 5MHz带宽下，上行峰值速为7.29Mbit/s（上下行时隙配比3：1） |
| 小区吞吐量（下行） | 7MHz带宽下，下行峰值速率为7Mbit/s | 5MHz带宽下，下行峰值速率为24.66Mbit/s（上下行时隙配比1：3） |
| 产业链 | 产业链竞争尚不充足，厂商主要是普天和华为，新产品尚未大规模应用 | 产业链成熟，竞争充足，厂商有华为、鼎桥、中兴、信威、大唐、普天、海能达等，涵盖从芯片、模块、终端、基站、核心网到网管等的完整产品线 |
| 业务适配性 | 电力业务定制，适合小颗粒、大连接的物联网业务；<br>适合上行带宽大的业务 | 主要基于标准LTE业务，对电力业务的定制不足；<br>适合下行带宽大的业务 |

从两种技术体制上比较，230MHz 覆盖能力更强，更适合小颗粒的上行业务，但产业链还不够成熟。目前的产品主要是普天独家提供 LTE-G 230MHz 产品，华为独家提供 IoT-G 230MHz 产品，大唐、鼎桥、中兴等厂商刚开始研制 230MHz 的相关产品。另外，新产品尚未经过现网的大规模应用，前期实验网的 230MHz 设备是早期的产品，并不能完全满足国家电网公司发布的 230MHz 技术规范（Q/GDW 11806-2018）中的要求。

1800MHz 产业链成熟，供货的厂商众多，竞争充分，全国已经建成多张 1800MHz TD-LTE 专网，涵盖了无线政务、公共安全、轨道交通、电力、石化、机场港口等多个重点行业。目前，1800MHz 频率资源申请有难度，覆盖上弱于 230MHz，更适合下行大带宽的业务。

## 参考文献


[1] Q/GDW 11806.1-2018，230MHz 离散多载波电力无线通信系统　第 1 部分：总体技术要求 [S].

[2] Q/GDW 11806.2-2018，230MHz 离散多载波电力无线通信系统　第 2 部分：LTE-G 230MHz 技术规范 [S].

[3] Q/GDW 11804-2018，LTE-G 1800MHz 电力无线通信系统技术规范 [S].

# 二、助推数字经济

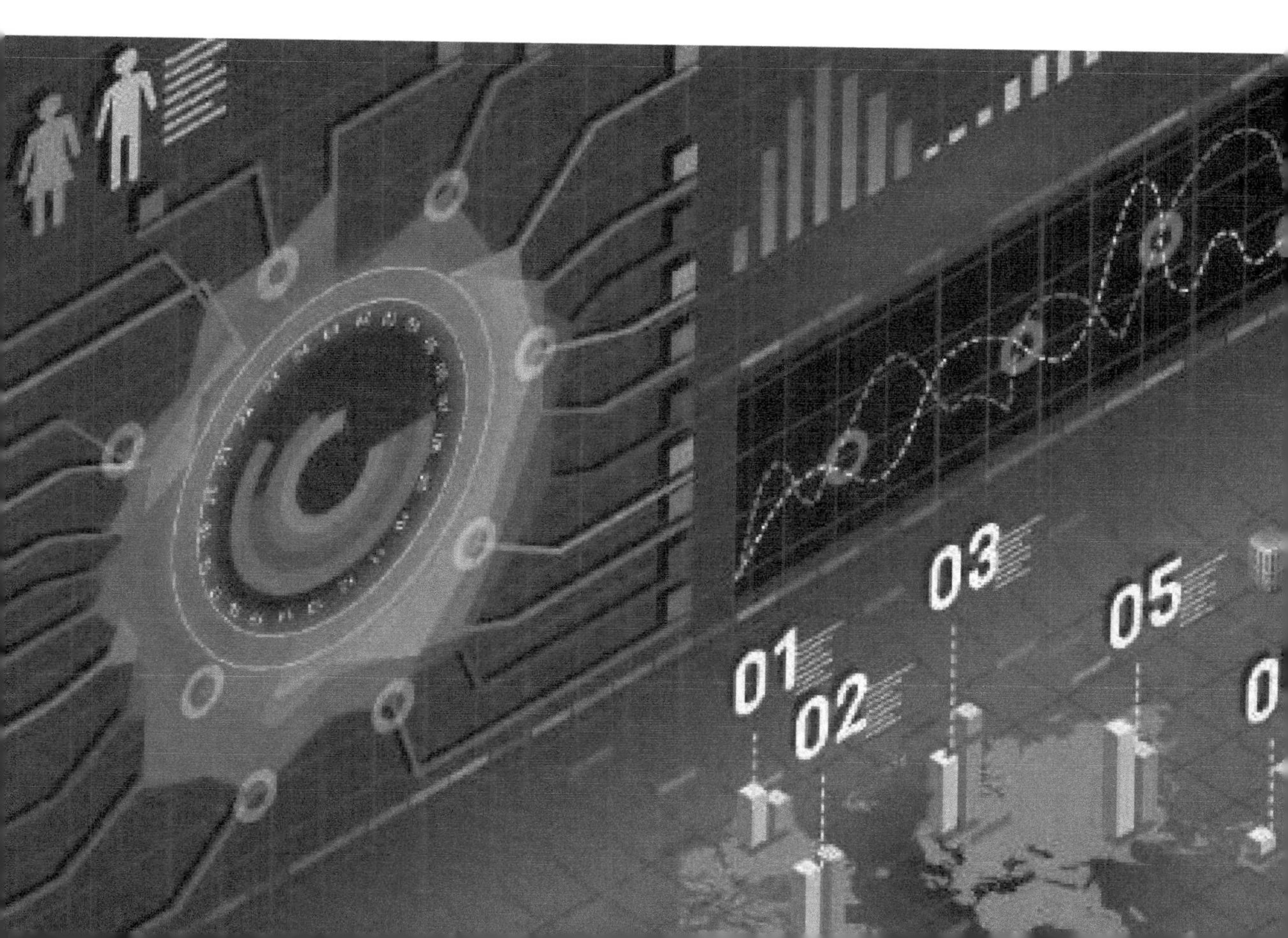

# 数字经济影响下的数字政府公共服务模式研究

黄文金　张海峰

**摘　要：**当前，数字经济成为经济社会创新增长的主要路径，也催生了政府向“数字政府”进化的需求。公共服务是服务型政府建设的核心，也是构建新型智慧城市和智慧社会的基础与保障。数字经济背景下的“数字政府”建设，势必对公共服务产生更高的要求和根本性的影响。本文从政府公共服务的供给端、消费端和管理端出发，阐述了“数字政府”的构建过程中对公共服务数字化和平台化的要求，剖析了在数字经济驱动影响下公共服务的新机制和新模式的变革，解构了公共服务变革对实现政府服务均等化和普惠化的驱动因素与内在动力。

**关键词：**数字经济；数字政府；公共服务；模式研究

## 1　引言

近年来，5G、区块链、大数据和人工智能等新兴技术的迭代爆发，以及信息技术与经济社会各层面的广泛融合，使得数字经济成为促进经济发展和社会进步的新动能。特别是“互联网＋政务服务”战略的深入实施，数字经济影响下的“数字政府”建设发展尤为迅速。党的十九大报告提出：要“建设人民满意的服务型政府”，即要突出“数字政府”服务对象定位在法人和自然人的政府模型，以体现“以人民为中心”的核心思想。从政治学的角度来说就是要为社会服务，从行政学的角度来说就是要为公众服务。这也进一步突出了公共服务领域的建设是整体政府建设的核心，也是构建新型智慧城市和智慧社会构建的基础与保障。厘清数字经济对政府公共服务的影响是进行“数字政府”建设的重要前提和必要环节。

传统公共服务领域的划分均以服务对象为主要因素，传统公共服务领域将服务对象要素划分为政府（内部协同与外部决策）、企业（法人）和社会（自然人）来进行宏观层面的政府总体规划或顶层设计。然而在实际“数字政府”规划设计工作中，这三者的边界难以界定，如服务模式的建立、服务渠道的搭建等，很难从这三者角度分开阐述。本文认为，对于数字经济影响下的服务型政府的建设，我们更应该关注服务本身，以服务为研究中心，从服务的供给、消费和管理角度出发，判断在数字经济影响下，“数字政府”公共服务的供给端、消费端和管理端产生的新机制和新模式等方面的变革。

## 2 数字经济对政府公共服务供给端的影响

政府公共服务的供给端主要是指政府、企业等社会服务供给主体。在数字经济的影响下，新型智慧城市和智慧社会建设将以共建、共治、共享的方式推动，供给主体间的关系将转变为以政府为主导，企业主体、社会组织和公众多方共同参与的治理模式，这种模式更强调企业主体、社会组织和公众在参与社会治理方面的主观性和创造性。

### 2.1 多元治理特征凸显

在数字经济的影响下，传统的行政管理体制将被打破，政府不再是唯一的公共服务和公共产品的供给者，市场、企业逐步发展成为重要的服务提供者。数字经济将支持和引导公共服务供给主体广泛参与新型智慧城市和智慧社会创新应用的建设，充分释放政府主导、政企合作、社会参与、市场化运作的多元治理模式的红利，为社会创造更多优质便捷的公共服务。

### 2.2 能力中台加速构建

各供给主体将加快建设以数据采集、汇聚、分析和应用为主的数据中台；以区块链证照、身份认证、电子印章、非税支付等为主的业务中台；以及以人脸识别、图像识别、语义识别、机器学习等为主的技术中台，提供能力中台支撑服务，实现跨层级、跨地域、跨系统、跨部门、跨业务的数据和服务调用，搭建统一的对外服务窗口，支撑数字经济影响下的“数字政府”和“智慧城市”各业务应用的集约化建设。

### 2.3 数据盘活价值显现

数据是数字经济时代的新生产资料，是驱动经济发展的核心资源要素。在数字经济的驱动下，各供给主体将加大推进数据资源共享，实现结构化和非结构化数据在资源共享平台上的实时汇聚和共享；加快推进政府数据和社会数据开放，支持公共服务供给方开展基于开放数据的增值开发和创新应用，打造协同开放的开源数据创新服务平台，充分释放数据价值，激发大众创业、万众创新活力，提升数字经济的活力。

## 3 数字经济对政府公共服务消费端的影响

政府公共服务消费端主要是包括法人和自然人在内的社会角色，是公共服务的终端消费用户。以新一代信息技术为新生产工具的数字经济，为公共服务的发展提供了必要的基础支撑，将提高公共服务的可获得性，并降低公共服务成本，增强公共服务社会感知，使公共服务随处、随时、随需可得。

### 3.1 在线化使公共服务随处可得

政府构建在线化的移动公共服务平

台，通过编制完善的应用接入标准规范，推动移动公共服务平台功能的扩张，深化行政审批、交通出行、健康服务、挂号预约、在线教育等应用，同步推进移动公共服务平台各级频道的建设，汇聚更多的政务和公共服务，让市民、企业只需通过一个手机就能办事，实现端到端公共服务的随处可得。

### 3.2 场景化使公共服务随时可得

政府构建场景化的智能公共服务平台，平台聚焦人工智能技术的支撑服务能力，依托面向应用需求的人脸识别、图像识别、语音识别、文本语义理解、自动化感知和调控等基础能力编排，应用于公共服务事项的全生命周期，以期减少公共服务消费者的行政负担，解决等待时间长的问题，平台在提高速度和提升管理效率的同时也降低了成本，促进场景式的服务能力的形成，从而实现公共服务随时可得。

### 3.3 个性化使公共服务随需可得

政府构建个性化的精准公共服务平台，平台借助广泛的数据流动和分析，利用大数据对公共服务消费端实现精准画像，基于精准画像，为用户智能推送关注度高、历史办理业务相关度高的公共服务，变被动式服务为主动式服务，变普适化服务为精准化服务，提升用户服务感知，实现公共服务随需可得。

## 4 数字经济对政府公共服务管理端的影响

政府公共服务管理端主要是指政府的对内协同与对外决策。政府公共服务管理端依托区块链、大数据、人工智能、移动互联网等数字经济工具，实现公共服务管理平台向移动终端的拓展；在功能上充分应用政务微信、小程序、人脸识别等技术，提升传统公共服务管理的便利性与安全性；在流程上发挥数据资源在受理审批各环节的服务应用能力，形成闭环服务监管机制。

### 4.1 更重视反馈渠道的构建

数字经济背景下，政府公共服务管理端将更重视公共服务反馈渠道的构建。政府公共服务管理端依托“12345”政务服务热线，搭建在线交流互动与服务评价反馈平台，为政府直接听取、了解民意提供电话、短信、小程序、网络等沟通渠道，助推政府管理服务从“被动反馈型”到“主动出击型”的转变，促进公共服务形成良性的闭环管理。此外，公共服务管理端也将优化完善智能分拨系统，健全政务服务事项管理知识库，推动服务咨询、建议和投诉智能分拨，使电话、小程序等能直通业务部门，实现业务部门与社会大众的直接互动。

### 4.2 更注重数据决策的支撑

政府公共服务管理端将基于全面感知直观获取在建项目进度、公用设施运行、道路交通、重点区域、环境保护、企业入驻、企业经营、经济运行等城市运行数据，依托政府公共服务管理平台整合全市公共服务机构、互联网、企业、运营商等数据资源，深入推进与城市治理、人口管理、经济运行、公共安全等重要主题相关的宏观决策分析模型的建设，实现城市全面感知的智能化、态势监测的可视化、事件预警的可控化，为社会经济发展、区域规划、城市管理、环境保护、社会服务和管理等方面的科学决策提供实时数据、预测预警、大数据分析等综合信息服务。

### 4.3 更侧重智慧管理的应用

公共服务管理端不仅侧重政府社会管理能力的智慧化（包括涉及国家安全、国民经济、民生福祉等重点领域的公共安全、社会信用等智慧化应用），还侧重对城市综合治理、各行业的服务建设发展方向进行探索与引领，具体包括对智慧医疗、智慧交通、智慧教育、一体化社会保障服务、智慧社区公共服务、智慧住房保障服务等业务应用的探索与引领。公共服务管理端将依靠数字化、智慧化手段不断提升自身服务品质，提升社会管理能力和城市综合治理能力。

## 5 结束语

数字经济对“数字政府”公共服务供给端、消费端和管理端的影响是全面而深刻的。公共服务的这种变革将强化服务理念，加快建设服务型“数字政府”，进一步推动政府公共服务流程再造和职能向提供优质公共服务转变，从而助推政府服务的均等化和普惠化，这也是数字经济在创新与变革生产方式、促进实体经济提质增效之外的关键着力点和突破口。

## 参考文献

[1] 丁贵梓．我国服务型政府理论的起源与使用研究 [J]. 新西部：中旬・理论，2017（7）：100–101.

[2] 郭康飞．浅谈服务型政府建设中存在的问题与应对措施 [J]. 福建质量管理，2017.

[3] 郑晓花．关于培养公共服务精神构建服务型政府的思考 [J]. 智富时代，2018（7）：82.

[4] 孙晓莉．多元社会治理模式探析 [J]. 理论导刊，2005（5）：7–9.

[5] 梁波．加快推进基本公共服务均等化的改革举措 [J]. 理论探讨，2018（4）：34–40.

# 基于大数据的城市经济影响力评价算法研究

徐怀祥　吴小伟

**摘　要：** 针对传统城市经济影响力评价以宏观统计数据为主，时效性和准确性差的缺点，本文给出了一种基于大数据的城市经济影响力评价模型。该模型从经济实力、要素流动等方面建立了评价指标体系，利用因子分析算法建立城市经济影响力评价模型，丰富了评价维度。数值结果表明：新的模型对江苏省 13 个地市的经济影响力的评价结果较为准确且符合江苏省区域经济发展的实际情况，是一种有效的模型。最后，本文在综合评价的基础上给出了增强江苏省城市经济影响力的相关对策及建议。

**关键词：** 因子分析法；城市经济影响力评价模型；经济影响力

## 1　研究背景

随着“长三角经济区”“扬子江城市群”等战略的相继提出，社会的经济发展模式逐步转变为以城市为核心的模式。发挥中心城市的影响力和辐射力可有利推动整体经济的发展。江苏省位于长江经济带，经济已处在高质量发展阶段，在新形势下如何发挥传统优势，带动和促进区域经济的发展，是江苏省整体经济发展需要考虑的重要问题。研究江苏省各城市的经济影响力有利于我们了解江苏省各区域协调发展的水平，这对作为衡量标准的指标体系的构建至关重要。在已有的城市经济影响力评价的研究中，各学者都创新性地提出了评价指标体系，体系选取的测度指标不尽相同，除受到对经济影响力的不同理解的影响，现有技术水平的限制、指标体系的数据源局限性及评价维度的单一也导致了评价结果不统一，甚至出现偏差。因此，我们要全面评价城市经济的影响力，我们应综合考虑各方面因素，利用现代技术手段，丰富数据来源，建立一个多层次、多指标、科学、全面、客观的综合评价体系。大数据具有的客观性、实时性的特点，为城市经济影响力的评价增加了新的维度。

基于对城市经济影响力的理解，我们建立了评价经济影响力的指标体系，利用江苏省2018年政府宏观统计数据及邮政、运营商、交通等部门的数据资源，我们采用经济影响力评价模型对江苏省所辖13

地市的经济影响力进行评价与排名，同时对江苏省区域发展战略和方向提出若干建议。江苏省全面分析和评价各地市经济影响力的情况，对自身充分把握长三角经济一体化战略机遇，成为长江经济带地区的重要经济增长地和经济中心具有十分重要的现实意义。

## 2 城市经济影响力指标体系的构建

区域的经济中心凭借自身强大的经济实力，在发展过程中，对周边区域具有很强的影响力和带动力。城市作用力的大小是由城市自身的经济实力所决定的，是发挥经济影响力的基础，为了客观、准确地评价各城市的经济影响力的强弱，本文借鉴了前人对城市影响力的评价指标体系成果并结合大数据时代的特点，根据指标选择的全面性、可比性、可得性和权威性原则，对各城市年度统计年报以及从相关部门所收集的相关原始指标进行分析，之后从经济实力、要素流动等方面选取了 14 个反映经济影响力的指标作为评价城市经济影响力的指标体系，这些指标分别为人均地区生产总值、第二产业增加值、第三产业比重、人均社会消费品零售总额、城镇居民人均可支配收入、城镇化率、进出口贸易额、高速公路总里程数、高新企业数量、列车班次、商场数量、快递业务总量、城市人口流量、语言通话次数。以上指标依次用 $x_1$，$x_2$，…，$x_{14}$ 表示，具体见表 1。

**表 1 江苏省各城市主要指标数值**

| 地区 | 人均地区生产总值 / 万元 | 第二产业增加值 / 亿元 | 第三产业比重 | 人均社会消费品零售总额 / 万元 | 城镇居民人均可支配收入 / 万元 | 城镇化率 | 进出口贸易额 / 亿美元 | 高速公路总里程数 / 千米 | 高新企业数量 / 个 | 列车班次 / 次 | 商场数量 / 座 | 快递业务总量 / 亿件 | 城市人口流量 / 万人 | 语音通话次数 / 亿次 |
|---|---|---|---|---|---|---|---|---|---|---|---|---|---|---|
| 南京 | 15.381 | 4 721.61 | 0.60 | 6.91 | 5.296 | 0.82 | 654.91 | 613 | 1699 | 728 | 360 | 4.85 | 540.838 8 | 4.15 |
| 苏州 | 17.407 | 8 730.03 | 0.51 | 5.36 | 5.547 | 0.76 | 3541.1 | 598.12 | 4133 | 583 | 476 | 13.90 | 578.760 8 | 5.76 |
| 无锡 | 17.455 | 5 464.01 | 0.51 | 5.58 | 5.037 | 0.76 | 934.44 | 370 | 1638 | 561 | 274 | 4.48 | 384.086 | 2.7 |
| 常州 | 14.945 | 3 263.3 | 0.51 | 5.53 | 4.593 | 0.72 | 333.29 | 306 | 1231 | 520 | 191 | 2.14 | 308.011 9 | 1.96 |
| 南通 | 11.535 | 3 947.88 | 0.48 | 4.23 | 3.707 | 0.67 | 373.95 | 480 | 978 | 49 | 227 | 4.34 | 246.140 4 | 2.33 |
| 徐州 | 7.708 4 | 2 812.02 | 0.49 | 3.54 | 2.738 | 0.65 | 113.77 | 458.57 | 317 | 264 | 171 | 2.49 | 379.728 | 2.38 |
| 扬州 | 12.125 | 2 623.24 | 0.47 | 3.45 | 3.407 | 0.66 | 119.9 | 270.91 | 706 | 40 | 158 | 1.48 | 235.612 2 | 1.83 |
| 泰州 | 10.979 | 2 434.01 | 0.47 | 2.75 | 3.464 | 0.66 | 147.3 | 256 | 410 | 44 | 199 | 1.01 | 254.380 9 | 1.4 |
| 镇江 | 12.711 | 1 976.6 | 0.47 | 4.27 | 4.088 | 0.71 | 118.39 | 182 | 619 | 432 | 64 | 1.08 | 214.415 3 | 0.98 |
| 盐城 | 7.576 5 | 2 436.5 | 0.45 | 2.45 | 2.948 | 0.64 | 95.5 | 396 | 532 | 27 | 165 | 1.49 | 294.952 4 | 2.12 |
| 连云港 | 6.134 3 | 1 207.39 | 0.44 | 2.48 | 2.586 | 0.62 | 95.47 | 349 | 226 | 15 | 129 | 1.36 | 175.112 2 | 1.23 |
| 淮安 | 7.328 6 | 1 508.1 | 0.48 | 2.52 | 2.769 | 0.62 | 50.1 | 403.4 | 188 | 0 | 97 | 1.29 | 232.163 7 | 1.32 |
| 宿迁 | 5.597 0 | 1 279.54 | 0.43 | 1.69 | 2.291 | 0.6 | 36.01 | 300 | 212 | 0 | 128 | 2.50 | 195.970 1 | 0.95 |

## 3 研究方法

### 3.1 因子分析法数学模型

因子分析法是指用少量的主成分指标代替多个原始评价指标，所得的主成分因子为原始指标的线性组合的方法。

设有 $n$ 个观察变量 $x_1$，$x_2$，…，$x_n$，将这些变量进行标准化处理后，记原始变量为 $f_1$，$f_2$，…，$f_m$，经标准化后的公共因子为 $F_1$，$F_2$，…，$F_m$，因子分析模型为：

$$\begin{cases} x_1 = a_{11}F_1 + a_{12}F_2 + \cdots + a_{1m}F_m + E_1 \\ x_2 = a_{21}F_1 + a_{22}F_2 + \cdots + a_{2m}F_m + E_2 \\ \cdots \\ x_n = a_{n1}F_1 + a_{n2}F_2 + \cdots + a_{nm}F_m + E_n \end{cases} \quad (1)$$

其中，因子载荷的绝对值越大表明原始变量依赖于公共因子的程度越大，所有元素组成因子的载荷矩阵 W。

城市经济影响力的评价步骤如下：

① 根据指标数据构建原始指标矩阵 X，对矩阵 X 进行标准化处理，得到矩阵 Z；

② 由 Z 计算相关系数矩阵 R，令 $|R-\lambda I|=0$，解得 R 的主成分方差累计贡献率，依据一定原则（累计贡献率不少于 85%）确定主因子个数（设 $m < n$）；

③ 计算特征向量和初始因子载荷矩阵 W，以各因子的方差贡献率占因子总方差贡献率的比重作为权重加权汇总，得到因子分析模型；

$$F = \frac{\lambda_1}{\sum_1^m \lambda_i}F_1 + \frac{\lambda_2}{\sum_1^m \lambda_i}F_2 + \cdots + \frac{\lambda_m}{\sum_1^m \lambda_i}F_m \quad (2)$$

④ 依据各样本因子得分进行综合评价，算出总得分。

### 3.2 城市经济影响力评价

城市经济影响力评价属于多指标评价问题。传统使用的主观赋权法具备主观性，各指标存在的相关性在一定程度上影响了最终的评价结果，因此，具有一定的局限性。因子分析法采用多元统计方法建模分析，从多个指标变量中找出关键的综合因子来解释原始变量的大部分信息，通过正交变换所确定的权重反映了原始指标之间存在的内在关系，信息之间的相关性较弱，可不受主观因素的影响。因此，我们可基于因子分析法来评价江苏省各地市的城市经济影响力。

根据所设立的指标体系及数据，本文对江苏省 13 地市数据指标进行标准化处理，采用因子分析法对城市经济影响力进行数据分析，建立总体的城市经济影响力计量模型。

经过相关性分析，我们可以看出：指标之间存在较强的相互关系，相关系数普遍高于 50%，各变量呈现较强的线性关系，能从中提取公共因子，适合进行因子分析。

（1）计算因子贡献率

因子的贡献率表示该因子反映原指标信息量的，累积贡献率表示几个因子累计反映原指标的信息量的程度，通过模型计算得出的两个因子的贡献率之和达到 89%，即两个因子可以反映原指标 89% 的信息量，因此，这两个因子可以作为公共因子进行分析。

（2）计算因子载荷矩阵

计算这两个因子的特征值所对应的特

征向量，即标准化向量在各主成分上的系数，得到因子载荷矩阵，具体见表 2。

表 2　因子载荷矩阵

| 指标 | 成分 1 | 成分 2 |
|---|---|---|
| 人均地区生产总值 | 0.40 | 0.81 |
| 第二产业增加值 | 0.85 | 0.49 |
| 第三产业比重 | 0.29 | 0.82 |
| 人均社会消费品零售总额 | 0.30 | 0.94 |
| 城镇居民人均可支配收入 | 0.47 | 0.85 |
| 城镇化率 | 0.36 | 0.93 |
| 进出口贸易额 | 0.91 | 0.24 |
| 高速公路总里程数 | 0.68 | 0.26 |
| 高新企业数量 | 0.86 | 0.45 |
| 列车班次 | 0.33 | 0.87 |
| 商场数量 | 0.85 | 0.45 |
| 快递业务总量 | 0.96 | 0.22 |
| 城市人口流量 | 0.72 | 0.58 |
| 语音通话次数 | 0.88 | 0.44 |

我们采用方差最大法对因子载荷矩阵实施正交旋转。由表 2 我们可以看出：第二产业增加值、进出口贸易额、高速公路总里程数、高新企业数量、商场数量、快递业务总量、城市人口流量、语音通话次数对成分 1 的影响较大，成分 1 主要解释了这几个变量。而人均地区生产总值、第三产业比重、人均社会消费品零售总额、城镇居民人均可支配收入、城镇化率、列车班次对成分 2 的影响较大，成分 2 主要解释了这几个变量。综合成分 1 和成分 2 两个层面，我们可判断整个城市的经济影响力。

（3）计算因子得分系数矩阵

因子得分系数矩阵见表 3。

表 3　因子得分系数矩阵

| 指标 | 成分 1 | 成分 2 |
|---|---|---|
| 人均地区生产总值 | −0.962 | 0.094 |
| 第二产业增加值 | 1.618 | −0.673 |
| 第三产业比重 | 1.037 | −0.633 |
| 人均社会消费品零售总额 | −1.024 | 1.265 |
| 城镇居民人均可支配收入 | 0.387 | −0.764 |
| 城镇化率 | −0.410 | 0.827 |
| 进出口贸易额 | −0.579 | 0.522 |
| 高速公路总里程数 | −0.554 | 0.250 |
| 高新企业数量 | −0.033 | 0.871 |
| 列车班次 | 1.036 | −1.271 |
| 商场数量 | 0.014 | −0.077 |
| 快递业务总量 | −0.295 | −0.085 |
| 城市人口流量 | −1.725 | 1.638 |
| 语音通话次数 | 1.492 | −1.963 |

我们根据表 3 可知两个成分得分函数分别为：

$$f_1 = -0.962x_1 + 1.618x_2 + \cdots + 1.492x_{14} \quad (3)$$

$$f_2 = 0.094x_1 - 0.673x_2 - \cdots - 1.963x_{14} \quad (4)$$

（4）综合评价

为综合评价城市的经济影响力，我们采用计算因子加权总分的方法，其中，权重是关键，我们分别以2个主成分的贡献率为权重，构建主成分综合评价模型，即：

$$Z = 0.46f_1 + 0.43f_2 \quad (5)$$

## 4 结果分析

我们将各城市的两个主成分值代入公式（5），可以得出各地区的综合评价值以及排序，见表4。

从表4可以看出，江苏省各城市的经济发展水平存在较大的差异，发展不均衡。苏州市、南京市、无锡市等地区的经济发展水平遥遥领先，这证明其综合实力不俗，对江苏省的人才、资本、技术等要素具有强烈的吸引作用。徐州市、淮安市等地相对较为落后，未来需要一定的政策倾斜。该结果也说明苏州市在江苏省内的影响力确实比较大，体现出苏州与周边城市的良性互动作用。

表4 江苏省各城市排名与综合评价得分

| 地区 | 苏州 | 无锡 | 南京 | 常州 | 南通 | 扬州 | 镇江 | 盐城 | 泰州 | 宿迁 | 连云港 | 徐州 | 淮安 |
|---|---|---|---|---|---|---|---|---|---|---|---|---|---|
| 得分 | 1132.3 | 405.8 | 376.3 | 307.6 | 227.7 | 175.2 | 134.2 | 92.5 | 67.4 | 6.7 | 2.7 | −19.1 | −20.7 |

## 5 结束语

本文提出了基于大数据资源的综合评价方法，以评估城市的经济影响力。该方法的重点技术在于大数据资源的引入以及因子分析评价模型的构建和应用。本文利用因子分析和综合分析评价方法，对江苏省各地市城市经济影响力进行评价，利用因子分析得到主成分，并以各主成分的贡献率作为权重，在此基础上通过综合评价方法得到一份综合评价结果。评价结果显示：衡量一座城市综合经济影响力时，要素流动水平占据主导地位，即成分1（公共因子1）是整个评价指标的主体部分。因此，苏州市凭借强大的要素流动水平经济影响力在江苏省省内排名第一。基于大数据的城市经济影响力评价模型的应用能为政府部门针对性地制定政策提供理论依据。

## 参考文献

[1] 陈浩杰，朱家明，方佳佳，等.广州市经济影响力综合评估体系的研究[J].齐齐哈尔大学学报，2016（6）：78–82.

[2] 宣子岳，朱家明，张素洁，等.上海经济综合影响力的定量评估研究[J].通化师范学院学报，2016（4）：46–47.

[3] 唐宜，陈孝远，闫婷婷.基于定量评估模型的广州对珠三角经济圈影响力评价[J].佳木斯大学学报，2016（6）：971–975.

[4] 陈义华，卢顺霞，吴志彬，等.区域影响力的多层次灰色评价模型及其应用[J].重庆大学学报，2007，30（12）：141–146.

[5] 冯丽华，马未宇.主成分分析法在地区综合实力评价中的应用[J].地理与地理信息科学，2004，20（6）：73–75.

# 区块链技术嵌入性对智慧城市建设驱动力研究

周　斌　朱晨鸣

**摘　要：**本文从多角度研究区块链技术的嵌入性内在机理对驱动智慧城市建设的演进作用，通过分布式数据存储、共识机制、点对点传输、加密算法等多种技术的融合构建新的“信任体系”。多种底层技术为主的数据记录、存储和应用的信息基础设施有望解决“数据可用”的难题；开放性、信息不可篡改和自治性等特征从“约束”和“促进”角度带来众多应用场景以及全新的商业模式。

**关键词：**区块链；嵌入性；智慧城市；驱动力研究

## 1　引言

随着“大云物移智”等信息技术的快速发展，以互联网技术与信息科技有机结合为标志的第五次信息技术革命带来了新的城市建设以及社会发展形态，城市信息化逐步转变为城市治理、人们生活方式变革以及经济转型升级的综合性城市发展的高级形态。国家明确提出的“数字中国”战略包括“数字经济”和“智慧社会”，这也是新型智慧城市建设的内容。区块链技术已经陆续在金融深化、社会管理、医疗等多个领域发挥作用。区块链技术不仅能促进一系列城市发展目标的实现，而且还可以低成本高效率推进数字治理倒逼体制机制适配。

## 2　文献综述

作为智慧地球的提出者，IBM 将 IT 与物质、社会和商业等作为基础设施，认为智慧城市是充分利用这些基础设施互通互联产生集体智慧的城市，但这四大基础设施之间需要深度融合以实现互联互通；同时，网络层的虚拟网络与四大基础设施要深度融合以实现全面感知；数据层也要实现实时数据之间的深度融合以实现智慧化。有的学者认为智慧城市包括基于信息通信技术的创新活动以及“电子治理”“社区学习”“社会和环境可持续发展”，甚至代指“知识经济”“创意城市”等多个方面。Polanyi 1944 年首次提出“嵌入性”理论，经过众多学者、教授的持续研究，只形成了初步的理论体系，在社会网络、组织发展尤其战略联盟网络等新经济社会学等领域得到了较好发展。还有的学者从普遍联系的角度分析嵌入性的演变，环境影响、网络视角下的结构与关系嵌入性、组织间和双边嵌入性的层次分布，以及虚拟联系下的政治、文化和认知嵌入性，认为嵌入性理论的本质在于组织经济行为与社会体系间的相互引导、促进和限制的复杂联系。

区块链技术的创新与影响不在于技术本身的先进，而在于技术所包含的理念。对于技术在发展过程中一直未解决的“信任”机制的创新应用，我们可以将技术革命与经济创新有效融合。Christidis. K和Devetsikiotis.S于2016指出区块链技术通过一定算法和信息安全技术构建信任机制，使得各个孤立的智能设备能有效相连并提供服务。区块链技术与物联网技术的有效结合的典范就是智能合约，但用户隐私保护及法律授权等方面还存在一定问题。因此，有的学者认为区块链技术在信息资源共享方面的优势明显，智慧城市的本质包括人、技术和组织三种要素，在共识机制、匿名性和权限控制、加密算法、智能合约等方面区块链具有安全作用，并由此在明确产权、改善信任、提升政府智慧化水平等方面衍生了更多的应用。

## 3 区块链技术的特点及嵌入性分析

区块链是计算机技术的新型应用模式，具有以下特点：首先，该技术是多种技术的融合，将分布式数据存储、共识机制、点对点传输、加密算法等多种技术融合在一起；其次，该技术是以多种底层技术为主的新的信息基础设施；再次，该技术带来更多的、新的众多应用场景以及全新的商业模式，数据具有透明性、安全性和系统的高效性，可优化劳动密集环节并消除重复工作；最后，该技术的嵌入性可以根据组织需要提供应用，这样就可以根据使用对象以及范围提供公有链或私有链。

从社会嵌入角度来看，科技革命的创新及作用是否得到发挥是指新兴技术能否创新地将人才、资源、制度、智力等要素有效嵌入重组原有的经济社会，从而通过重组、震荡、调整等实现新的平衡的过程。智慧城市建设是多技术融合的建设，对社会、经济以及城市建设带来深远影响。技术的网络嵌入性梳理了社会和经济的复杂关系；自组织治理嵌入性解决安全以及由此相关的诚信、信任问题；自组织资源整合嵌入性有望解决技术层面的社会和经济问题，同时双边嵌入性解决了点与点之间互联与连接的约束和融合问题；虚拟嵌入性更多的是有效整合、协同与共享无集中管理的智慧城市复杂的系统。所以我们要研究区块链技术的嵌入性对智慧城市的影响就要研究这种创新技术的嵌入性特征带来的变化，以及如何以最优的影响路径和最低的社会成本实现技术与社会、城市建设的有效结合。

## 4 区块链技术的嵌入性在智慧城市的创新及应用

### 4.1 解决“数权”问题

“信息”和“数据”是推进智慧城市的关键要素，而“数据”是智慧城市建设成功与否的核心。区块链技术最大的创新就是通过自组织资源整合嵌入性，将散布在不同末端的、以“人”作为客观存在的数据通过技术手段予以融合，明确了数据及信息的权利，从而为数据共享与开发提供了最重要的“数权”确认和流通的基础。

### 4.2 构建新型智慧城市的信任体系

目前，城市及社会主要是中心化的信用体系，而围绕它们所建的信息化系统同样是中心化的应用体系，这种体系从垂直上看，具有较高的执行力和穿透力。区块链打造的是新型的、完全分布式的信任体系，通过“区块 + 链 = 时间戳”的方式永久保存信息的写入时间，同时将其报送给所有链接上的节点，完成信息所有权的技术认定。原则上，各个节点上的用户可以使用信息，但归属权仍是原用户所有，同时通过一定的激励机制，在信息产权明确的基础上，政府可以通过绩效考核的方式明确信息共享的范围、深度和利用率等，从而促进信息的分享，城市中所涉及的个人、企业以及相关机构也可以采用类似的积分制方式鼓励分享信息，重要信息有偿共享，授权使用，这样就实现了信息产权的资产化。

### 4.3 促进与约束各参与方

区块链与目前的互联网、社交网络以及传统的数据库系统对比见表 1。区块链技术的各个节点独自存在且相互监督，具有安全、透明的特点。从城市来看，区块链技术与城市组织的结合，对于城市管理中发展智慧政府与透明治理、促进网络化协作、排除欺诈与干扰、促进制度创新等多个方面具有促进作用；同时区块链技术的可追溯、不可被篡改等特征又约束了数据的安全性，从而对新型智慧城市中参与各方具有双重作用。

**表 1 区块链与其他技术场景应用对比**

| | 区块链 | 传统数据库 | 互联网 | 社交网络 |
|---|---|---|---|---|
| 主要用户 | 存储、记录交易数据 | 存储信息 | 作为通道发送和接收信息 | 作为交互通道提供沟通交流 |
| 去集中 | 是 | 否 | 是 | 否 |
| 高度防篡改 | 是 | 否 | 在某些情况下 | 否 |
| 在线 | 是 | 否 | 是 | 是 |
| 适合私人使用 | 同一组织内私有区块链可供多方使用 | 是，系统内不同用户在开放权限内使用 | 是（内部专网） | 否 |

### 4.4 符合新型智慧城市发展演进的需要

区块链技术有独立的体系，在智慧城市建设的网络层、数据层、激励层、共识层、合约层和应用层等多个层面分别对应哈希函数、Merkle树、共识机制、现代密码学、智能合约编程语言和P2P网络通信技术等形成的数据记录、交换、处理和存储等的核心组合技术。区块链形成的数据加密存储与传输、参与节点身份的匿名性、共同维护数据的共识机制、可编程的智能合约、通过公钥和私钥匹配的数据读写权限的控制等方面从不同角度、不同层面共同保障了信息的共享共用，对于新型智慧城市建设中的整体架构、各个层级都有了对应的核心技术予以保驾护航，同时通过内嵌场景式的、带有一定商业模式的应用设计，区块链技术的内在机理与新型智慧城市建设的需求是一致的。

### 4.5 符合新型智慧城市未来发展的方向

从需求端来看，在金融、医疗、公证、通信、供应链、域名、投票等领域的区块链技术将与现实社会对接而产生众多应用场景。从投资端来看，与区块链相关的项目得到了众多投资者的青睐，投资密度加大带来了研发、人才、政策等众多资源的投入。从市场应用来看，区块链创新应用使得商业模式在规模化应用的同时整体降低成本并提升了效能。从底层技术来看，区块链多技术融合突破性创新未来甚至可能在数据记录、数据传播及数据存储管理方式等方面颠覆互联网的底层基础协议。从社会结构来看，区块链技术给城市建设带来较大的创新变化和应用。

## 5 区块链技术在智慧城市建设中的未来发展与不足

“数字中国”和“智慧社会”是智慧城市建设两大主要方向，技术只是手段，但最终建设目标是以满足人类美好生活为己任的。区块链的出现更多的作用是它的社会性，从嵌入性角度考虑，区块链技术对自组织、自治理以及共享层面等方面的贡献，有望更好地解决复杂环境下的经济与社会问题，能够整合各项资源并符合城市管理及治理的规律以推进新型智慧城市的建设，体系化地提供集约统筹智能化的信息基础设施、公共资源共享与汇聚融合及无处不在的惠民服务、透明高效的数字政府、智慧高效的城市管理、精细精准的社会治理以及融合创新的数字经济和自主可控的安全体系等一系列的与城市内在发展需求一致的信息服务，这与新型智慧城市发展的方向和目标是一致的。

区块链技术存在很多不足与不确定性。在技术层面，区块链技术面临高技术门槛，产品化存在障碍，尚需突破性进展。同时，区块链技术也存在高能耗问题、数据的存储空间问题、大规模交易环境下抗压能力问题。对此，我们需要包容、审慎以及坚持不断地投入开展研究，针对区块链技术我们需要持续改进迭代升级或创新，把握区块链即平台和区块链即服务的定位，明确智慧城市运作的过程与面临的条件，使新技术能更好地为智慧城市建设服务。同时，我们还要始终坚持以需求为中心，以服务及场景应用为导向，以安全为前提，助力建成信息开放共享、信息资源价值被充分挖掘的数字政府与新 ICT 技术产业融合，为经济社会转型升级及社会管理和治理水平的提升提供技术支撑，最终形成资源开放共享的智慧城市生态系统。

# 区块链在金融领域的应用

且　昂　吴小伟

**摘　要：**本文探讨了区块链的由来和本质，分析了区块链在金融领域的应用发展现状与未来趋势。与此同时，本文还提出需要辩证看待区块链的未来发展。

**关键词：**区块链；支付结算；证券交易

## 1　区块链的基础概念及特征

从狭义上讲，区块链是一种按照时间顺序将数据区块以顺序相连的方式组合成的一种链式数据结构；从广义上讲，区块链技术是利用块链式数据结构来验证与存储数据，利用分布式节点共识算法来生成和更新数据，利用密码学的方式保证数据传输和访问的安全，利用由自动化脚本代码组成的智能合约来编程和操作数据的一种全新的分布式基础架构与计算范式。

区块链技术具有以下四大特征：一是区块链数据的验证、记账、存储、维护和运输等过程均是基于分布式系统结构的，它不依赖第三方管理机构；二是系统是开放的，区块链的数据对所有人公开，任何人都可以通过公开的接口查询区块链数据和开发的相关应用，因此整个系统的信息高度透明；三是集体维护，区块链通过特定的奖励机制来确保分布式系统中所有节点均可参与数据区块的验证过程，并采用共识算法保证特定的节点将新区块添加到区块链；四是不可篡改性，一旦信息经过验证并添加至区块链，就会永久被存储起来，除非能够同时控制住系统中超过51%的节点，否则单个节点上的修改对数据库是无效的，因此区块链的数据稳定性和可靠性极高。

## 2　区块链技术在金融领域的应用现状与未来趋势

从目前来看，全世界对区块链技术的应用仍以探索性实验为主，而在金融领域，区块链技术则主要应用于支付结算和证券交易等场景。

（1）支付结算

区块链技术的出现对传统的以银行为媒介的支付结算系统带来了一定的影响。如果我们采用区块链技术，使用分布式核算，而不是以第三方为管理中心，所有的交易都记录在全球共享的平台上，且数据无法被破译和篡改，这样就会大大提升资金清算的效率。

经过近几年的持续探索，银行业在支付结算业务方面逐步找到与区块链技术融合的思路。他们的主要做法是：在一定范围内构建私有链体系，旨在让支付和跨国结算成为便利，以降低运营成本，提升效率，进一步提升自身的竞争力。此外，基于区块链的跨境结算支付模式具有以下优势：一是效率更高，基于区块链的支付接近于实时，并且是自动的，它可以不间断服务，从而了解用户支付是否出现了延迟或者其他问题；二是成本更低，基于区块链的跨境支付能大幅度降低处理成本，通过更少的流动性成本和更低的交易降低运营成本；三是降低了参与方的门槛，无论大小银行，金融机构都能成为平等交易的主体，而这种平等对接的实现所依赖的是所有使用区块链技术的机构对区块链技术的信任。

（2）证券交易

在现如今信息技术快速发展的环境下，传统中心体系的抗网络攻击性较低，监管系统风险的压力逐渐增大，检查资本合规性的费用较高。区块链系统在解决传统问题方面存在明显的优势。区块链的分布式账本可以有效抵制网络侵袭，在规避系统技术风险方面具有独特的优势。在区块链系统中，所有交易数据都在同一个账本上进行，并且完全公开，不可被修改，通过这种方式可以完全避免资本合规性检查的支出，节省大量开支，有效地提升服务能力。资金和证券只在同一个账本登记，可以保证钱货同时交付。与此同时，区块链可实施全额结算，实现一次结算一笔交易。

然而，证券区块链应用目前尚处于发展初期，在具有一定发展空间的同时，也存在问题与风险。

## 3 结束语

区块链的基础理论和技术研究仍处于起步阶段，且多数场景存在落地难的现实窘境。因此，我们需要辩证地看待区块链的价值和未来发展。一方面，需要加大在区块链技术研究和应用探索方面的投入；另一方面，也应该谨慎地看待区块链应用落地的可行性。

## 参考文献

[1] 蒋润祥，魏长江 . 区块链的应用进展与价值探讨 [J]. 甘肃金融，2016（2）：19–21.
[2] 袁勇，王飞跃 . 区块链技术发展现状与展望 [J]. 自动化学报，2016，42（4）：481–494.

# 基于量子保密通信技术的经典网络加密方案

彭　鹏　丁晓光

**摘　要：**本文针对经典网络的特点，引入量子保密通信的概念，将量子保密通信技术应用于经典网络，从接入、传输和存储三个角度，分别提出基于量子保密通信技术的经典网络加密方案，有效保护经典网络的数据安全。

**关键词：**量子保密通信；经典网络；加密方案

## 1　量子保密通信的概念

量子通信包括两个主要分支：量子隐形传态和量子保密通信。量子隐形传态目前已由我国2016年发射的“墨子号”科学实验卫星证明，但是产生机理和工作原理目前尚未得到解释和证明。量子保密通信主要是指基于QKD（量子密钥分发）技术产生真随机的对称量子密钥，该密钥能对数据进行加解密，保证数据的安全。本文后续内容全部围绕量子保密通信展开。

量子通信的概念自从提出以来，全球的科学家们围绕其理论和实际应用开展了长久的研究，量子通信发展的主要时间节点如下。

Bennett和Brassard在1984年提出经典的BB84协议，其“无条件安全”或者“绝对安全”的严格数学证明由Mayers，Lo，Shor-Preskill等人完成。

2002年韩国科学家提出诱骗态脉冲克服光子数分离攻击的方法。2004年马雄峰等对实用诱骗态协议开展了研究。同年，王向斌提出了可以有效工作于实际系统的诱骗态量子密钥分发协议，该协议解决了现实条件下光子数分离攻击的问题。2012年罗广开等提出了“测量无关（MDI）”量子密钥分发方案，彻底解决了量子密钥分发过程中针对光源、探测器等光学器件的攻击问题。

近10年，我国量子保密通信的产业化发展较为迅速，以量子“京沪干线”和“墨子号”科学实验卫星为代表的量子密钥分发网络得到了实际应用，合肥—武汉城际干线、合肥城域网、南京江北城域网均大力加快了量子保密通信的产业化进程。

美国方面，2009年DARPA和LA国家实验室各自成功建设多借点量子通信互联网络，2016年NASA（美国航空航天局）

用城市光纤网络实现了量子远距离传输。欧盟在2006—2008年成立了包含英国、法国、德国等在内的SECOQC组织。2016年欧盟宣布启动10亿欧元的量子技术旗舰项目，力图实现欧洲范围内的量子通信技术产业化。日本于2007年实现了信息经光纤的安全传输，2011年成功将量子通信技术应用于电视会议系统，2016年结合量子噪声保密和量子密钥分发技术开发了隐秘性高、大容量的光通信系统。

## 2 经典通信网络面临的信息安全风险

随着无线网络和有线网络的不断发展，使用网络的人越来越多、频次也越来越高，在线购物、聊天以及旅游等日常操作使得个人信息和隐私不断被曝光在网络上，不法分子利用网络漏洞，非法窃取机密信息或私人财产，给个人和社会造成负面影响。网络攻击的设备主要集中在终端设备（手机、电脑等）、服务器、网络设备、边界设备、信息系统、线路、无线信号、工业设备及其他硬件设备等，包含了网络接入、传输和存储的所有过程。

自诞生之日起，针对网络的各种攻击和窃听手段层出不穷，且方法和手段不断提升。2018年8月，我国华住酒店集团多达5亿条用户信息遭到泄露，包含用户的用户名、登录密码、身份证号、手机号、家庭住址及住宿记录等，这在社会上造成了一定的负面影响。根据初步推断，此次信息泄露是由于黑客利用代码攻击导致。

目前经典网络攻击的方式不断变化、具体见表1。

表1 经典网络攻击的方式

| 序号 | 攻击类型 | 攻击方式 |
|---|---|---|
| 1 | 假冒威胁 | 在同一台机器上假冒一个进程或文件；假冒一台机器；人员假冒 |
| 2 | 篡改威胁 | 篡改文件、篡改内存、篡改网络 |
| 3 | 否认威胁 | 攻击日志、否认一种行为 |
| 4 | 信息泄露威胁 | 进程信息泄露、数据存储信息泄露 |
| 5 | 拒绝服务威胁 | — |
| 6 | 权限提升威胁 | 通过崩溃进程提升权限、通过授权失效提升权限 |

在我国，经过电信运营商多年的基础网络设施建设以及“宽带中国”和“光进铜退”的政策激励，我国已经建成了覆盖全国所有城市的主干网络，光纤网络基本覆盖所有乡镇。同时在无线通信技术的推动下，2G、3G、4G网络已经覆盖全国所有行政村，5G已经商用。在网络覆盖不断完善、网络用户数量不断攀升、网络使用频率不断增加的情况下，社会对网络安全的重视程度也越来越高，各大高校纷纷开设信息安全类课程，我国于2016年11月正式发布我国网络安全领域的基础性法律——《中华人民共和国网络安全法》。

## 3 有效融合方法

目前得到广泛应用的量子保密通信技术主要基于BB84协议开展，基于量子不可复制、不可克隆的基本原理在信源和信宿两端借助光纤链路产生物理上随机的量子随机数，再利用DES、AES及SM4等国密算法对数据进行加密和解密，保证数据的安全性和完整性。量子密钥生成简要示意如图1所示。

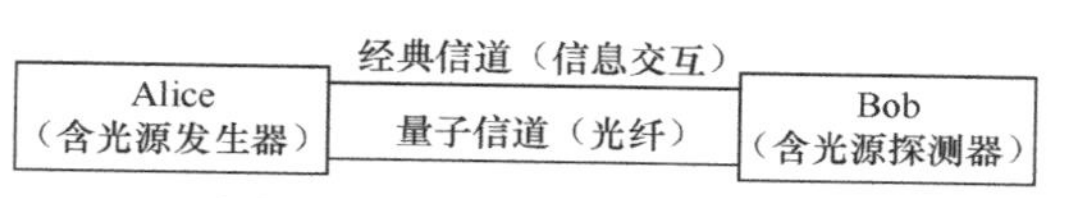


**图1 量子密钥生成简要示意**

量子保密通信技术给经典网络提供理论上绝对安全的保障，实际部署时，我们仅需在现有网络上部署量子密钥分发网络，不用改动现有的网络拓扑，因此工程实施方面较为方便和快捷。

图2由经典网络和量子保密通信网络两部分组成，明文（未加密的数据）在信源端通过特定算法形成密文后在公网上传输，信宿端利用相同的量子密钥和约定算法解密密文，信息恢复为明文。

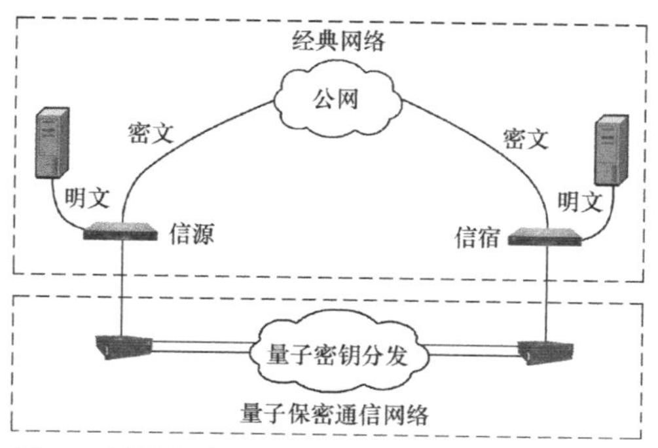


**图2 量子保密通信技术和现有经典网络融合部署示意**

### 3.1 接入层

日常生活中，数据很多是从智能手机、笔记本等移动终端产生的，下文以智能手机为例说明量子保密通信技术在接入层设备上的应用，如图3所示。

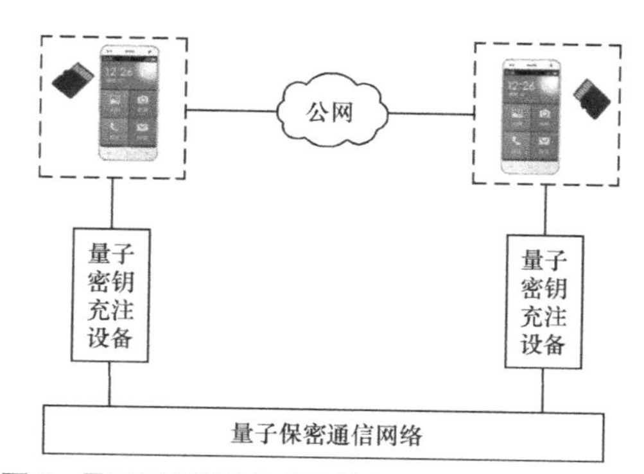


**图3 量子保密通信技术在接入层设备上的应用示例**

图3中，量子安全TF卡内置在智能手机内。量子保密通信网络生成真随机的量子密钥，量子安全TF卡（或其他安全存储介质）利用量子密钥充注设备获取量子密钥并存储在卡内。智能手机产生的语音、短信等信息在编码后以明文的状态进入TF卡，在卡内完成加密变成密文后通过公网传输，接收端在利用相同的密钥和算法完成解密。

### 3.2 传输层

无论电信运营商的公网还是大型国企的专网，传输层使用的设备大多为PTN或OTN，这些设备具有高带宽、低时延的优点，海量数据通过PTN/OTN设备进行传输，因此对传输层的数据进行加密，防止中间人攻击具有十分重要的意义。

各种终端设备通过IPRAN等被汇聚至

PTN 设备，PTN 设备从量子保密通信网络获取量子密钥并完成数据的加密，以此保证数据在此过程中的安全性和完整性，防止数据被窃取和恶意篡改，如图 4 所示。

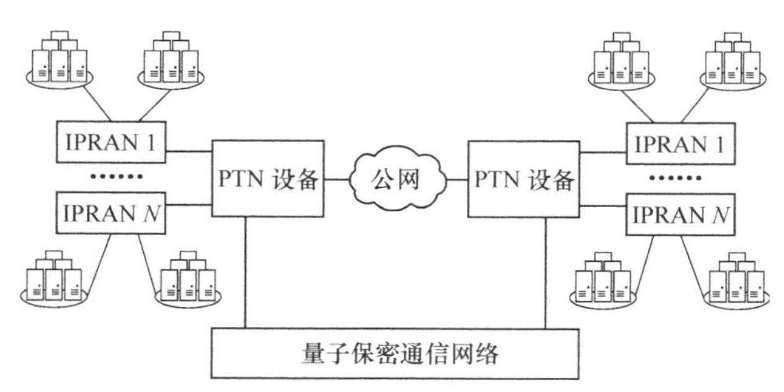


**图 4　量子保密通信技术在传输层设备上的应用示例**

### 3.3　数据存储

上文描述的方法可以实现数据在接入和传输过程中的安全。安全性时效需求长久的场景（譬如重要人物或组织活动档案）可以利用量子密钥加密数据库。

利用量子密钥对传统数据库实现全表级别的逐行、逐列加密，可极大地提升系统的安全性，数据的保持时效性可以根据重要程度实现个性化设置，且对数据库管理员和操作员进行不同级别的授权，防止恶意的人为数据泄露。

## 4　结束语

本文首先介绍了量子保密通信的基本概念和量子保密通信的发展过程，随后介绍了经典通信网络面临的信息风险安全并简要归纳了网络攻击类型，最后从接入、传输和存储三个角度分别探讨了经典网络利用量子保密通信技术进行加密的可行性方案，从而实现数据从产生到存储的全过程的安全性和完整性。

## 参考文献

[1] 胡鑫磊，李强，马蕊 . 量子通信网络组网方式及标准化研究展望 [J]. 通信技术，2019（1）.

[2] 王健全，马彰超，李新中，等 . 量子保密通信网络架构及移动化应用方案 [J]. 电信科学，2018（9）.

[3] 赵海龙 . 量子通信技术及发展 [J]. 自然杂志，2018（3）.

# 北斗卫星导航增强技术在交通行业的应用分析

杨一鸣

**摘　要：** 本文分析了卫星导航增强技术的发展，结合现代综合交通运输体系的要求，还分析研究了北斗卫星高精度定位导航及增强服务性能监测技术在交通运输行业的应用。

**关键词：** 北斗卫星；GNSS 增强；高精度导航；交通运输行业

## 1　引言

交通运输业具有“点多、线长、面广、移动”的特点，是卫星导航系统最大的应用领域。卫星导航系统已被广泛应用于公路、水路、民航、铁路的监管、指挥、调度等领域，并取得了显著的经济社会效益。

随着新一代信息技术的快速发展，交通运输业正向自动化、智能化的方向发展，对时间、空间提出了更高的要求。现有的卫星导航增强技术具备将卫星导航系统提供的 10m 精度提升到米级、分米级、厘米级，甚至事后毫米级精度的能力。

为更好地发挥高精度定位导航技术对交通运输信息化的基础支撑作用，加快北斗卫星导航系统的行业应用，本文充分结合交通运输领域高精度应用发展需求和当前卫星导航增强技术的现状，进行全面合理的技术应用研究。

## 2　卫星导航增强技术现状分析

目前的卫星导航系统已经无法在精度、完好性、可用性和连续性等方面满足现有以及未来的应用需求，因此业界出现了多种卫星导航增强技术，以提高卫星导航系统的服务性能。按不同服务性能的增强效果，卫星导航增强技术可分为精度增强技术、完好性增强技术、辅助增强技术。

### 2.1　精度增强技术发展现状

定位精度是卫星导航系统的重要性能指标之一，是大多数卫星导航用户最关心的问题。精度增强主要采用差分定位技术，包括广域差分和区域差分等，目的是计算和消除卫星轨道误差、卫星钟差和大气延迟等公共误差，以提高卫星导航的定位精度。公共误差具有时空相关性，是指利用已知精确位置的基准站获得误差，并通过一定的通信手段将其发给其他用户以修正误差。差分定位技术从最初简单的位置差分和伪距差分，到载波相位差分，再发展到目前基于多基准站的载波相位实时差分（RTK），其定位精度可达到动态厘米级。近年来广域单频伪距增强技术快速发展，理论上可实现数千千米半径内低成本接收机米级定位精度。

目前我国已基本掌握了广域和区域增强信息处理的关键技术，增强信息处理软件已经在北斗天基增强系统、北斗地基增强系统和各区域增强系统得到了验证应用，信息处理功能和主要技术指标接近国外同类产品。结合精度增强技术现状，不同类型精度增强技术现状见表 1。当前的差分技术能够满足交通运输行业不同领域对定位精度的差异化需求。

**表 1　不同类型精度增强技术现状**

| 项目 | 广域差分技术 | 广域精密定位技术 | 区域差分技术 | 区域精密定位技术 |
| --- | --- | --- | --- | --- |
| 观测值 | 伪距 | 载波、伪距 | 伪距 | 载波、伪距 |
| 终端算法 | 伪距单点定位 | 精密单点定位 | 伪距差分 | 相位双差 |
| 差分信息 | 精密轨道改正数、精密钟差改正数、电离层格网 | 精密轨道改正数、精密钟差改正数、电离层格网 | 伪距差分改正数 | 载波相位和伪距差分改正数 |
| 精度 | 1 ～ 3m | 分米级 | 米级 | 厘米级 |
| 初始化时间 | 无 | 20 ～ 30min | 无 | 1 ～ 2min |
| 现有系统 | WAAS EGNOS | OmniSTAR-StarFire | NDGPS RBN-DGPS | CORS |
| 优点 | 无须初始化，覆盖范围广 | 覆盖范围广、精度较高 | 成本低，有效改善定位精度 | 精度高 |
| 缺点 | 精度较低 | 初始化时间长 | 覆盖范围小 | 覆盖范围小 |

## 2.2　完好性增强技术发展现状

完好性是指卫星导航系统的定位精度不能满足应用需求时及时发出告警的能力。与生命安全有关的导航应用中，只依靠卫星导航系统本身无法及时发出告警，完好性增强技术是保障卫星导航服务性能的重要手段。完好性增强技术主要包括广域完好性监测技术和局域完好性监测技术：广域完好性监测技术通过广泛分布的监测站监测卫星和电离层的异常，并通过卫星广播链路及时将告警信息播发给用户，但广域完好性监测技术无法监测用户周边环境变化引起的性能恶化；局域完好性监测技术通过用户附近监测站监测周边环境的异常，然后通过地面通信链路广播给用户。卫星端和用户端还可以进行卫星自主完好性监测和接收机自主完好性监测。

### 2.3 辅助增强技术发展现状

连续性和可用性辅助增强技术主要是通过增加导航信号源、地面基站辅助通信、播发长期预报星历或者采用其他辅助手段，以保证卫星导航系统在复杂环境下连续可用。目前，我们可通过地球同步卫星播发与导航信号类似的信号来提高卫星导航系统的可用性，也可通过地面布设伪卫星，利用地面通信链路播发增强信号，弥补地球同步卫星播发增强信号易受遮挡的不足。除此之外，提高卫星导航可用性和连续性，还可以通过组合导航技术和辅助 GNSS ( A-GNSS ) 技术来实现。

## 3 交通行业高精度应用分析

### 3.1 道路运输应用分析

道路运输是卫星导航高精度应用最广泛的领域之一，道路运输领域的卫星导航应用正逐步由道路级应用向车道级应用发展。

（1）车辆精细化监管

车辆精细化监管应用主要是针对车辆逆向行驶、违章掉头、连续并线和长期占用应急车道等违章行为的精细化监控。《公路工程技术标准》规定车道宽度为 3m ～ 3.75m，综合考虑车道和车辆宽度，为区分车辆及所在车道，车辆精细化监管应用至少需要 1.5m 的水平定位精度，如图 1 所示。

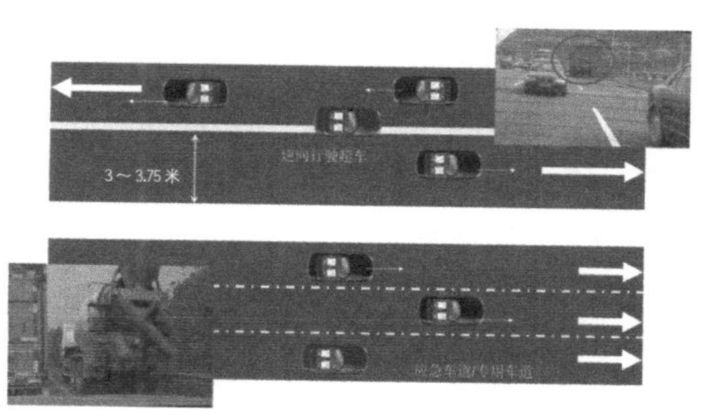


图 1　车辆精细化监管应用

（2）车辆辅助驾驶

车辆辅助驾驶应用对于道路运输的车辆行车安全具有重要意义。为保证行驶车辆在规定车道线内行驶，且前后车辆保持在安全行车距离内，并能够自动调整行驶车速，保证车辆行驶安全，防止车辆偏离车道、车辆追尾碰撞，车辆辅助驾驶至少需要 0.1m ～ 1.5m 的定位精度，如图 2 所示。

图 2　车辆辅助驾驶应用

（3）车辆碰撞预警

车辆碰撞预警应用是通过精确定位行驶车辆，在前后车安全距离和相对速度达到或超过碰撞告警门限时，发出预警避免车辆碰撞。根据美国相关文件中的结论，车辆碰撞预警应用要求0.1m的水平定位精度。

（4）车辆事故调查

车辆事故调查应用是指将车辆事故发生前后短时间内的车辆状态信息作为责任认定依据，以此调查分析事故原因并进行事故责任认定。为了识别和判断事故中的逆向行驶、危险并线和违章掉头等违章行为，车辆事故调查应用要求0.1m～0.4m的定位精度。

（5）机动车驾驶员培训

机动车驾驶员培训采用高精度卫星导航定位的方式判断驾驶员培训时车轮是否压线。根据《道路交通标志和标线》国家标准（GB 5768—2009）的规定，道路指示标线宽为10m～20cm，为了判断车轮和车身是否碾压车道指示标线，要求定位精度至少为5m～10cm，且保证定位结果的高可信性，如图3所示。

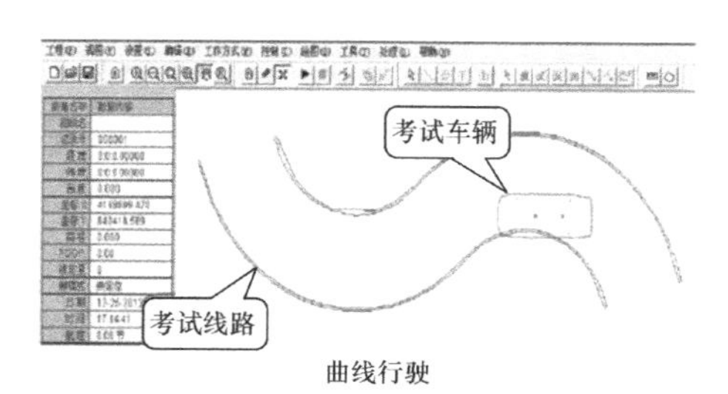

曲线行驶

图3　机动车驾驶员培训应用

### 3.2　公路基础设施建设及管理应用分析

低成本、高精度的卫星导航定位手段在公路工程测量、公路施工机械控制、基础设施监测、公路养护和公路收费等领域存在巨大的应用潜力。

（1）公路工程测量

公路工程建设前和建设过程中均需要进行大量的精密测量工作，包括道路勘测、设计和施工放样等。

（2）公路施工机械控制

高精度卫星导航定位应用于公路施工机械精密控制，主要是指对推土机、挖掘机、施工材料运输车辆、摊铺机和压路机的精细化控制。为了确保公路施工质量，公路施工机械控制应用需对施工材料运输车辆进行精确控制调度，保证施工材料在合适的温度下被运送至摊铺机，并控制压路机合理分配碾压次数，保证路面平整程度以达到标准要求。公路施工机械控制实现道路施工质量全过程的控制，要求至少厘米级的定位精度，而且保证定位结果具有高可信性，如图4所示。

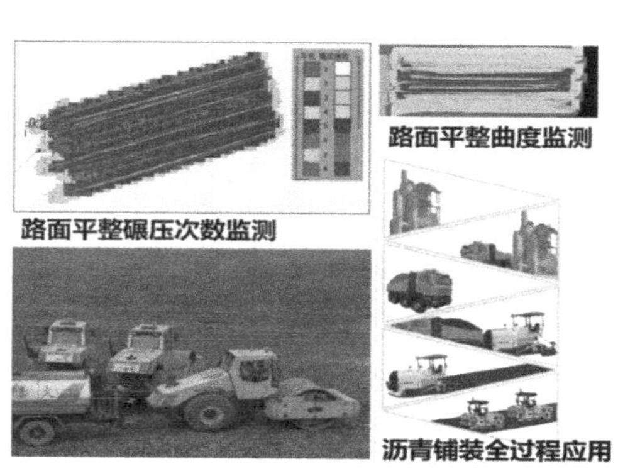


图4　公路施工机械控制应用

（3）基础设施监测

为了监测细微变化积累引起的公路桥梁和边坡形变，工路在施工建设中需要厘米级至毫米级的定位精度。全国公路桥梁、高危边坡数量众多，通过高精度卫星定位手段可以实现公路桥梁、边坡形变的自动监测及告警发布，避免因人工巡查不及时和漏报引起的恶性事故，如图 5 所示。

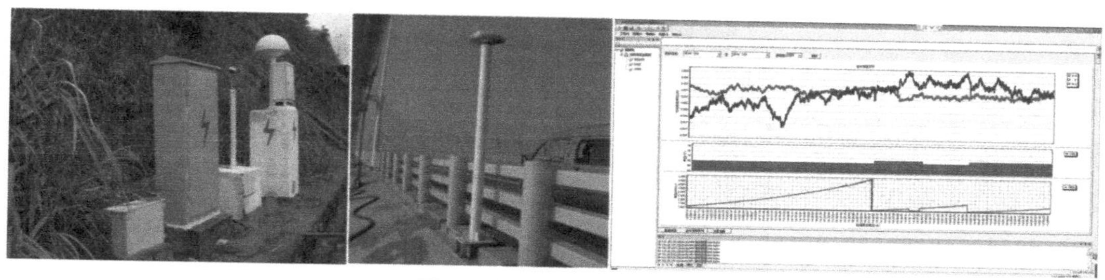

**图 5　基础设施监测应用**

（4）公路养护

公路养护应用需要采集公路路面的平整度、车辙和裂缝等信息，同时还需要确保采集的路面病害数据覆盖所有车道和路面，并尽量降低路面数据采集的重复率。公路养护应用至少需要 1m ～ 1.5m 的水平定位精度。

（5）公路收费

公路收费方面，当前一些欧洲国家基于卫星导航终端采集的位置信息计算车辆通行里程，采取的是灵活的收费策略，对提高公路的通行效率有积极的作用。我国高速公路与市政道路、国省道存在较多并行情况，需要准确区分收费与非收费道路，公路收费定位精度需要优于 3m。

### 3.3　水路运输应用分析

随着水上运输行业的不断发展，船舶安全导航、航道工程建设、港口精细化管理以及海洋工程等方面具有大量的高精度应用需求。

（1）船舶安全导航

在船舶安全导航领域，高精度应用主要分为船舶端的助航应用和航道端的助航应用这些高精度应用确保以航行安全，这些均需要全航道覆盖的导航定位服务，要求精度优于 5m（RMS）。

（2）航道工程

航道工程建设中，航道勘测、施工和疏浚等过程均需要精确测量航道地形图，测量精度要求达到厘米级。相较于传统的航道测量手段，卫星导航测量技术在航道建设中具有成本低、效率高等特点。我国内河电子航道图和沿海电子海图制作所需的地图数据，主要通过 GNSS 高精度测量手段获得。

（3）港口精细化管理

在港口精细化管理应用方面，集装箱吊装作业效率的高低是影响港口运输供应链是否畅通的关键，集装箱轮胎吊作为集装箱吊装的重要作业工具，提高其效率是解决问题的关键。集装箱调度管理要求是使轮胎吊精确地按最优轨迹行驶，快速到达指定集装箱位置开展集装箱吊装自动作业，还要求 GNSS 将集装箱位置和轮胎吊位置精确至厘米级。

（4）海洋工程

沿海及海上应用领域的应用模式为船舶引航、进出港及特种船舶的海上作业（海上测量船、勘探船舶、科考船、钻井平台等），需要米级至厘米级的定位精度，且需覆盖我国大部分海域。

### 3.4 民航及铁路应用分析

根据国际民航组织对于卫星导航在飞机精密、着陆等飞行阶段的性能要求，民航应用需达到米级的精度，以及较高的完好性、连续性和可用性要求。民航应用领域预期未来的用户总量在 1 000 左右，年更新率达到 15%，其直接效益和间接效益都非常可观。随着我国逐渐开放部分区域的航空空域，预计通用航空飞机能达到 2 万～ 3 万架，航空领域将成为卫星导航高精度应用的一个新的增长点。

铁路运输系统是关系国计民生的重要部门，直接关系我国国防和经济的稳定安全运行。铁路运输系统利用高精度卫星导航手段及其他传感器信息可以确定列车的精确位置，开展车辆完整性监控、后车接近预警等运行安全监控，实现列车安全运行控制与高效调度管理。铁路运输系统普遍要求水平精度小于 1m（95%），可用性大于 99.98%，具有较高的完好性，还需保证服务的连续性、稳定性与可靠性。基于高精度、高可靠的卫星导航定位可以为铁路运输提供导航位置服务，在减少事故，保证安全，提高铁路运行效率等方面具有重要意义。此外，基于高精度毫米级卫星导航手段可以开展铁路测绘、基础设施形变监测等应用。

### 3.5 公众应用分析

公众高性能卫星导航应用需求主要包括网约车、共享单车服务管理、车道级导航与辅助驾驶等。

高精度应用可以有效管理网约车、共享单车并提高公众的服务体验。目前市场上安装卫星定位装置的网约车、共享单车占比 50% 以上，具备定位功能的共享单车大多使用支持 GPS 的定位芯片，GPS 提供的标准定位服务精度一般为 10m 左右，定位不太精确，加之车辆停放的环境很复杂，卫星信号时常会被立交桥、树荫、楼宇遮挡和反射，甚至有可能出现上百米的“定位漂移”现象，导致智能手机终端显示的位置和实际位置相差甚大。同时网约车、共享单车市场由于资本的助力发展，车辆数量急剧增加，暴露的不按规定线路和车道行驶、乱停车等问题日益严重，急需 1.5m ～ 5m 的高精度定位手段，以实现网约车、共享单车的有效监管。共享单车管理可以通过“高精度应用 + 电子围栏”技术，有效地管理共享单车。

车道级导航与辅助驾驶的需求主要是通过卫星导航系统提供的车道级车辆定位信息，为驾驶员提供主辅路区分、转弯掉头、进出路口提前并线和合适车道提醒等服务，车道级导航应用的定位精度需求与车道级监控基本一致，即水平定位精度为 1.5m。

### 3.6 综合应用分析

交通运输行业不同领域高精度导航定位应用见表 2。

**表 2 交通运输行业高精度导航定位应用**

| 应用领域 | | 精度需求 | 可用性 | 覆盖范围 |
|---|---|---|---|---|
| 道路运输应用 | 车辆精细化监控 | 1.5m | 99.7% | 全国路网 |
| | 车辆辅助驾驶 | 0.1m ～ 1.5m | 99.9% | 全国路网 |
| | 车辆碰撞预警 | 0.1m | 99.9% | 全国路网 |
| | 车辆事故调查 | 0.1m ～ 0.4m | 99.7% | 全国路网 |
| | 机动车驾驶员培训 | 0.05m ～ 0.1m | 99.5% | 区域 |
| 公路应用 | 公路工程测量 | 0.025m | 99% | 全国路网 |
| | 公路施工机械控制 | 0.05m ～ 0.1m | 99% | 全国路网 |
| | 基础设施监测 | 0.005m | 99.7% | 具有边坡、桥梁地区 |
| | 公路养护 | 1.0m ～ 1.5m | 99% | 全国路网 |
| | 公路收费 | <3.0m | 99.7% | 收费路网 |
| 水路运输应用 | 船舶安全导航 | 2m ～ 5m | 99.7% | 全国内河航道 |
| | 航道工程 | 0.1m ～ 3m | 99.9% | 全国内河航道及沿海航道 |
| | 港口精细化管理 | 0.01m ～ 0.1m | 99.9% | 全国主要港口 |
| | 海洋工程 | 0.05m ～ 5m | 99% | 沿海航道 |
| 航空应用 | 航路 | 4000m | 99% ～ 99.999% | 航空空域 |
| | 非精密进近 | 220m | 99% ～ 99.999% | 航空空域 |
| | 精密进近 | 1m | 99% ～ 99.999% | 航空空域 |
| 铁路应用 | 列车精确调度 | <1m | 99.98% | 全国铁路沿线 |
| | 车辆完整性监控 | <1m | 99.98% | 全国铁路沿线 |
| | 后车接近预警 | <1m | 99.98% | 全国铁路沿线 |
| 公众应用 | 网约车监管 | 1.5m ～ 5m | 99.7% | 全国路网 |
| | 共享单车监管 | 1.5m ～ 5m | 99.7% | 全国路网 |
| | 手机导航 | 1m ～ 20m | 95% | 全国路网 |

交通运输行业用户与社会公众用户的应用主要包括以下三类。

（1）1m～2m级高精度导航位置服务应用

道路运输应用中车辆监控、车辆辅助导航、内河助航、铁路运输、民航空管、公众应用均需提供高可靠性、高连续性的1～2m级的高精度导航服务，且这种服务强调覆盖范围广，实时性高，具备一定的完好性增强需求。根据目前初步估计，1～2m级高精度导航位置服务用户规模将达到亿级。

（2）分米级高精度导航位置服务应用

驾校考试、机场、港口的车辆监控、导航、施工机械控制、飞机进近、铁路列车调度等均需提供分米级的高精度导航位置服务，应用的范围有广域和区域覆盖的不同要求，且需要具备一定的实时性。分米级高精度导航位置服务涉及行业众多，估计规模将达到百万级。

（3）厘米级、毫米级精密定位服务应用

厘米级、毫米级的精密定位服务主要面向梁工程测量、隧道工程测量、大型建筑物形变监测、道路边坡形变监测、大型施工机械精密控制等应用领域，普遍对实时性和可用性均有严格要求。厘米级实时精密定位服务当前已形成了初步固定用户群，随着相关行业应用的快速发展，估计将达到十万级。

## 4 交通行业增强服务性能监测应用分析

面向涉及交通运输监管服务以及安全应急等方面的应用，如运输车辆精细化监管、船舶避碰预警、基础设施监测等，要求对其提供的增强数据服务具备高可靠性。因此，除高精度导航定位增强服务以外，同时还应辅助配合增强服务性能监测评估功能，以保证增强服务质量。

当增强系统所提供的增强服务存在问题时，本功能应具备对增强服务进行连续不间断地性能监测功能，确保行业用户安全使用增强服务。交通行业增强服务性能监测应用可包括以下几点。

（1）基准站网运行状态监控功能

监控并维持基准站框架，保证交通卫星导航基准站网的基准；监测基准站数据质量，包括分析基准站数据的完整性、分析多路径影响、分析电离层和对流层变化等；远程管控基准站包括监控基准站硬件运行状态以及远程配置管理基准站，如关闭、重启、网络配置、输出频度配置、输出数据配置等。

（2）增强服务性能监测评估功能

该功能通过核心基准站采集的原始观测数据、广域增强信息和差分定位结果等信息，监测评估增强服务的可用性和定位精度等性能。

（3）系统运行状态监控功能

该功能对支撑整个系统运行的软件硬件支撑平台，包括服务器，网络设备等进行监控。

## 5 结束语

经过二十几年的发展，卫星导航在我国交通运输行业得到了广泛的应用，并取得了良好的经济和社会效益，高精度定位导航技术的发展为交通运输带来了新的服务和管理手段。随着国家支持力度的加大，国内交通运输领域高精度导航与位置应用得到了一定的发展。近几年，新兴的交通运输组织形式如共享单车、辅助驾驶、网约车等已将高精度定位导航作为重要的支撑技术之一，进一步推广北斗卫星导航增强技术在现代综合交通运输体系中的应用，对做好行业北斗系统应用工作、落实国家北斗系统相关政策都具有重要意义。

## 参考文献

[1] 张炳奇，李作虎，吴晓东，等 . 交通运输卫星导航增强系统及应用总体研究 [J]. 第六届中国卫星导航学术年会论文集—S01 北斗 / GNSS 导航应用，2015.

[2] 北京卫星导航工程中心、中国航天标准化研究所 . 北斗卫星导航术语（征求意见稿），2018.

[3] 北京卫星导航工程中心，中国航天标准化研究所 . 北斗卫星导航系统公开服务性能规范（征求意见稿），2018.

[4] 交通运输部、中央军委装备发展部 . 北斗卫星导航系统交通运输行业应用专项规划（公开版），2018.

# 新型智慧城市建设的对比分析及创新研究

周　斌　朱晨鸣

**摘　要**：新型智慧城市建设是重大技术革命与人类城市化进程融合的城市建设及管理的重要方式，给城市、社会以及人们的生活带来了较大冲击，全球将之视为国家战略予以推广。我国各大城市也竞相开展建设新型智慧城市，然而因其内在的系统复杂性，需要科技与城市内在成长及发展规律相契合，这样才能使智慧城市的建设过程局部创新不断。本文结合实际应用，探讨了未来智慧城市的建设发展及创新应用。

**关键词**：新型智慧城市；过程分析；创新研究

## 1　引言

以计算机技术与现代通信技术有机结合为标志的第五次信息技术革命将人类社会推进了数字化的信息时代。随着物联网、云计算、互联网、传感网、广电网等信息技术的快速发展，全球出现了新的城市建设形态，城市信息化从单纯的手段转变为城市发展的高级形态，这是信息化与工业化、城镇化的深度融合，城市转型发展的转换器，城市治理模式创新的着力点，人们生活方式变革的突破口。随着我国对智慧城市认识的不断深入，我国智慧城市建设有了长足的发展，全国越来越多的城市提出建设智慧城市。2014 年 8 月，经国务院批准，国家发展和改革委员会等八部委联合印发了《关于促进智慧城市健康发展的指导意见》。然而在现实中，由于认识、体制、技术等因素的影响，智慧城市建设存在一哄而上、城市面貌千城一面、自主创新能力较弱、资源整合难度大、信息安全面临严重挑战等问题，这些问题阻碍了城市智慧化的进程。在此背景下，我国在以往智慧城市理论和实践的基础上，进一步提出建设新型智慧城市。

## 2　文献综述

作为智慧地球的提出者，IBM 认为智慧城市是充分利用物质基础设施、IT 基础设施、社会基础设施和商业基础设施等的集体智慧的城市。它认为智慧城市强调的重点是“三融合、三实现”，即虚拟网络与四大基础设施深度融合，以实现全面感知；四大基础设施之间深度融合，以实现互联互通；实时数据之间深度融合，以实现智慧化。欧洲智慧城市组织在智慧城市领域更关注自然禀赋、自我决定活动、公民意识的融合。自然资源保护协会（NRDC）强调以信息通信技术与城市基础设施融合为手段，促进经济发展，实现城市环境的可持续发展。Hollands认为在城市背景下，智慧城市不仅仅是基于信息通信技术的创新活动，同时也可以包括“电子治理”“社区学习”“社会和环境可持续发展”，甚至指代“知识经济”“创意城市”等。陈涛、马敏、徐晓林（2018）以智慧城市信息资源共享概念为基础，将智慧城市的本质抽象为人、技术和组织三种要素的有机结合体，在此基础上探讨了区块链在改善信任、明确产权、提升政府智慧化水平等方面的应用，同时分析了区块链在共识机制、加密算法、智能合约、匿名性和权限控制等方面对信息共享的安全保障作用。他们研究认为，区块链技术能有效促进智慧城市的信息共享与利用。同时，区块链技术在保障智慧城市信息共享安全性方面具有诸多优势。

## 3 智慧城市建设过程分析

党的十九大提出了“数字中国”和“智慧社会”，作为数字中国的重要内容以及智慧社会的终极体现，新型智慧城市承载了科教兴国、创新驱动发展、人才强国、乡村振兴、区域协调发展、可持续发展等众多战略要素。智慧城市建设在快速发展的同时也出现了很多问题，城市是人类生活的重要载体，也是多种资源集中汇聚的重要结合体，并且处于动态环境中，所以如果建设出了问题，则负面影响会带来乘数级的扩散。目前的智慧城市建设缺乏体系化，存在重技术轻管理、重大而全轻特色可用、重表面效果轻基础打造等多种问题，因此给城市建设带来了新的挑战。各地政府陆续成立智慧办、大数据局以及智慧城市投资公司等，华为、中兴、中通服、IBM、埃森哲等众多知名企业将智慧城市建设作为重要业务推进，新型智慧城市已经初步形成了国家引导、市场化全面推广的初步态势，体系化、规范化以及高效化建设和科学发展更加需要引起各方重视。传统智慧城市与新型智慧城市的对比见表1。

**表1 传统智慧城市与新型智慧城市的对比分析**

| 序号 | 对比内容 | 传统智慧城市 | | 新型智慧城市 | |
|---|---|---|---|---|---|
| | | 特征 | 原因 | 特征 | 面临的挑战 |
| 1 | 目标 | 以大数据、物联网、云计算等技术手段助力城市建设，以管理与发展为方向 | 以“技术”驱动，完善传统信息化的不足 | 以智慧社会、城市治理以及人民未来美好生活为目标 | 方向正确的前提下如何逐步有效落地 |

（续表）

| 序号 | 对比内容 | 传统智慧城市 | | 新型智慧城市 | |
|---|---|---|---|---|---|
| | | 特征 | 原因 | 特征 | 面临的挑战 |
| 2 | 基础设施层：网络信息传输及感知程度 | 网络无所不在、无时不在快速地传输数据 | 较多考虑通信网，对于物联感知网、智能化基础设施等较少考虑 | 高效便捷、安全可控、智能的信息基础设施和感知体系 | 投资较大，如何做到全覆盖或重点覆盖 |
| 3 | 数据层：数据共享及节约程度 | 规划或方案研究方面的思想：①存在“信息孤岛”：具体实施中存在资源割裂、“数据烟囱”等问题；②存在“信息荒岛”：有“大”数据，但使用率较低或没有使用；③存在“现代防火墙”：部分政府部门仍将数据作为部门利益来源，不愿提供 | ①技术标准不统一，数据采集、存储、交换、共享等标准有待进一步完善；②各地尝试制订数据共享及汇聚规范，但全国层面缺乏规范要求，推进较慢；③体制机制和实质性创新改革严重滞后 | 政府上下强调信息化和数据基于“云”的应用，但鉴于政府数据的特殊，尚未解决一体化云体系与政府建设、市场化提供服务的良性环境，资源的有效配置和分配规范性制度或普遍做法未达成一致 | 如何有效解决数据的开放与隐私安全；数据割裂现状与共享要求矛盾 |
| 4 | 平台层：数据整合与智能程度 | 提出了城市运营中心的概念和实施方案，但目前大多数运营中心多以展示为主，底层数据整合和共享缺乏 | 数据及信息整合缺乏，城市级平台没有底层数据支撑以及强大的基础保障 | 提出城市级通用平台建设，“城市大脑”除了概念更有较多的具体实施 | 城市大脑或超脑如何真正具有自主意识 |
| 5 | 应用层：扁平化 | 目前，智慧城市的建设大多在传统城市信息化的基础上开展，涉及终端制造、传输服务、软件开发等环节。系统多独立部署、行业或部门垂直管理、内部使用，成本高、周期长、实施路径差异大，无运营和迭代创新考虑 | | 新型智慧城市建设以城市治理和数据开放为重要方向，同时以打造智能的共享与汇聚的信息基础为要点，应用多为内生力带来的融合应用，尤其在城市普惠应用、治理能力、管理模式方面能不断持续创新 | 开放应用深入体现数字中国和智慧社会的内在要求 |
| 6 | 国家或行业内容规范要求程度 | 我们以 2013 年住房和城乡建设部推进全国试点为例，其重点包括城市建筑信息采集、公共信息平台建设等内容。科学技术部、工业和信息化部也推进部分试点工作，但多以创新为主 | 行业性的积极推广与城市级的建设存在冲突且资金投入保证性不足 | 一个开放的体系架构、共性基础“一张网”、一个通用功能平台、一个数据体系、一个高效的运行指挥中心、一套统一的标准体系 | “六个一”为终极目标，如果逐步完成一个或全部目标，关键在于体制、机制创新以及市场驱动 |

（续表）

| 序号 | 对比内容 | 传统智慧城市 | | 新型智慧城市 | |
|---|---|---|---|---|---|
| | | 特征 | 原因 | 特征 | 面临的挑战 |
| 7 | 国家或行业主要代表性制度或规章 | 2014年，国家发展和改革委员会联合八部委发文《关于促进智慧城市健康发展的指导意见》 | 为了解决各个部委在试点推进工作中存在的重复建设、概念多于实际以及对房地产等产业负面影响而颁布 | 2016年，中共中央网络安全和信息化委员会办公室联合多个部门推出关于新型智慧城市推进的意见 | 从无标准到有规范为重要进步，但智慧城市相对复杂，实际可指导性有待提高 |
| 8 | 主要技术 | 通信、云计算、大数据、物联网等 | | 通信、云计算、大数据、物联网、人工智能、机器学习、区块链等 | 新技术层出不穷，需要逐步加强由概念向实际应用转化的程度 |

## 4 新型智慧城市建设的创新研究

新型智慧城市是在传统智慧城市不断探索、总结经验和教训的基础上提出的，其更深层次地将智慧城市建设与城市发展、社会治理以及人类未来发展等结合，智慧城市有了更远大和深层次的发展目标，但同时也带来了较大挑战。首先，新型智慧城市建设覆盖领域逐步完善，范围的扩大对“统一”“共享”“标准”及“开放”的要求越来越高，也是目前智慧城市推进的最大障碍。其次，新型智慧城市全方位多层级地重构传统智慧城市，将技术与城市长远建设有效结合，较长时期内众多参与对象的有序管理以及资源的有效配置使得智慧城市建设路径还需进一步探索。再次，新型智慧城市的关键“数据”（即资产）、“城市或大众”（即客户）等众多服务、管理以及运营涉及的对象，如何在整个智慧城市链接中实现各要素科学投入和价值合理分配是个难题。最后，技术的先进和实用、模式的创新和有效如何在智慧城市建设总体目标发挥有效性，个性和共性的匹配性难度较大。

## 参考文献

[1] HARRISON C, ECKMAN B, HAMILTON R, et al. Foundations for smarter cities [J]. IBM Journal of Research and Development, 2010, 54 (4): 1–16.

[2] HOLLANDS R G. Will the real smart city please stand up[J]. City, 2008, 12(3): 303–320.

[3] 陈涛，马敏，徐晓林．区块链在智慧城市信息共享与使用中的应用研究 [J]. 电子政务，2018（7）：28–37.

# 智慧园区总体规划初探

戴 源

**摘 要：**经济发展新常态下，开发区（园区）的建设与发展要想成功实现从高速度向高质量的转变，一项重要举措是建设智慧园区。本文简要阐述了智慧园区总体规划的概念、总体要求、工作目标、与相关规划的关系、成果要素、建设步骤等，重点阐述了智慧园区总体规划的主要内容，具体包括园区规划管理信息化、信息网络宽带化、基础设施智能化、公共服务便捷化、产业发展现代化和社会治理精细化，以期对智慧园区建设提供有益指导。

**关键词：**智慧园区；总体规划；总体要求；主要步骤；主要内容

## 1 引言

随着知识经济、数字经济的发展，我国许多城市都在创造有利于科技创新的环境，而建设各种高科技园区（含各种经济技术开发区、高新技术产业开发区、高新技术产业园、工业园、科技园等，以下简称开发区或园区）是促进高科技产业发展、实现创新驱动的重要举措。开发区（园区）建设是我国改革开放的成功实践，对促进经济体制改革、改善投资环境、引导产业集聚、发展开放型经济发挥了重要作用。

2019 年 2 月 18 日，中共中央、国务院印发了《粤港澳大湾区发展规划纲要》，其中提出，充分发挥国家级新区、国家自主创新示范区、国家高新区等高端要素集聚平台的作用；还提到粤港产业深度合作园、粤澳合作葡语国家产业园、粤港合作产业园、科技创新合作园、大广海湾经济区等各类合作园区。

毫无疑问，开发区（园区）建设已成为推动我国区域经济与社会发展，新型工业化、城镇化快速发展，促进高科技产业发展，实现创新驱动发展和对外开放的重要举措和重要平台。我国经济发展已经进入新常态，正在经历从高速度向高质量的转变。开发区（园区）的建设与发展也必须从追求高速度转向高质量的建设与发展。要想成功实现这一转变，一项重要举措是：开发区（园区）规划、建设与发展必须走智慧化的道路，即建设智慧园区。

智慧园区建设，首先要制订总体规划，然后进行顶层设计。相关人员要对智慧园区的总体规划、顶层设计进行理论研究，以有效指导、支撑智慧园区总体规划和顶层设计。但是，目前对于智慧园区总体规划的理论研究还远远不够，公开发表的著作、文章非常有限，尚处于初始阶段，也不能有效指导、支撑智慧园区的建设。鉴于此，本文开展智慧园区总体规划的初步研究，尝试提出智慧园区的概念、总体要求、建设步骤等，提出应关注智慧园区总体规划与相关规划的关系，重点提出了智慧园区总体规划的主要内容。

## 2 智慧园区的概念

智慧园区与智慧城市有密切关系。智慧园区建设从理论到实践均应借鉴、参考智慧城市建设的理论研究与实践成果。智慧园区目前尚无统一的标准定义。有的地方政府比较关注，如江苏省商务厅在《江苏省智慧园区认定和管理暂行规定》中提出了省级智慧园区的概念。产业界、学术界对此研究、定义尚不多见，远远不及对智慧城市的研究与定义。

经过近几年的实践，特别是党的十九大召开以来，我国智慧园区的理论与实践有了初步发展。笔者认为，智慧园区是在开发区（园区）的空间区域内，按照科学发展的理念，融合应用物联网、云计算、大数据、空间地理信息等新一代信息通信技术，通过检测、分析、集成和智慧响应等方式全面集成运用园区内外资源，实现园区规划管理的信息化、信息网络宽带化、基础设施智能化、公共服务便捷化、产业发展现代化、社会治理精细化等，是促进开发区（园区）规划、建设、管理和服务实现智慧化的新理念和新模式。

## 3 总体要求与工作目标

智慧园区建设要以邓小平理论、“三个代表”重要思想、科学发展观和习近平新时代中国特色社会主义思想为指导，贯彻创新、协调、绿色、开放、共享的发展理念，在开发区（园区）的空间区域内，以新一代信息通信技术为支撑，在信息全面感知和互联互通的基础上，全面整合园区内外资源，实现人流、物流、信息流等智慧感知与协同联动，对园区生产经营、商务活动、民生环保、公共安全、基础设施、物业服务等各种需求做出智能响应，形成便捷、高效、安全、绿色的园区生态，实现规划管理信息化、信息网络宽带化、基础设施智能化、公共服务便捷化、产业发展现代化和社会治理精细化。

## 4 智慧园区总体规划与相关规划的关系

智慧园区总体规划与国民经济和社会发展规划、城市总体规划以及其他相关规划有密切联系。我们要做好智慧园区总体规划，必须研究并明确其与经济社会发展规划、城市总体规划、产业发展规划以及其他相关规划的关系。总体来说，智慧园区总体规划编制应依据国民经济和社会发展规划，以城市总体规划为上位规划，且需要与8个方面的相关规划有效衔接、统筹规划：①市域城镇体系规划；②中心城区规划或城市分区规划；③土地利用总体规划；④产业发展规划；⑤综合交通体系规划；⑥城市环境规划；⑦居住与公共服务空间规划；⑧信息通信基础设施空间规划和网络发展规划。

编制与实施智慧园区总体规划应贯彻“多规合一”的理念，科学规划，谋定而动。编制智慧园区总体规划不能随意更改规划，更不应在没有总体规划、缺少顶层设计的情况下进行建设。规划期限应当与城市总体规划保持一致，宜为 20 年；还应因地制宜、一园一策，依据上位规划、统筹衔接相关规划，根据本园区的空间区位、产业类型、地域特点、发展定位、现状条件、制约因素等，科学制订智慧园区总体规划，突出重点、统一规划、分步实施。我们还应分期制订智慧园区近期的建设规划，建设规划期限应同经济社会发展规划保持一致，宜为 5 年。我们应保证智慧园区总体规划的严肃性、稳定性、长期性。

## 5 智慧园区总体规划成果要素

智慧园区总体规划成果应体现以下 6 个要素。

① 建立一个智慧园区运营管理中心。实施应由园区政府或园区管委会（以下简称“政府”）主导。

② 建设一套宽带、融合、安全、泛在的信息通信基础网络。实施应在各地省级通信管理局的领导下，由电信、移动、联通、铁塔、广电等通信运营商共同建设，并实现互联互通、共建共享。

③ 构建一个开放的体系架构。实施应由政府主导、购买服务，咨询机构或技术服务提供商提供架构方案。

④ 建设一个智慧园区公共平台。实施应由政府主导、多种方式建设。

⑤ 建立一个大数据库。政府主导，可以多方参与。

⑥ 建立一套统一的标准体系。

## 6 智慧园区建设的主要步骤

按照项目管理的理念，特别是全过程咨询的理念，智慧园区应按以下步骤进行建设。

① 制订智慧园区总体规划；分期编制智慧园区近期建设规划。

② 依据智慧园区总体规划和近期建设规划，相关人员编制智慧园区顶层设计。

③ 依据智慧园区总体规划、近期建设规划和顶层设计，相关人员要初步拟定近期需要进行的建设项目，编制智慧园区建设项目可行性研究报告。

④ 相关人员要对可行性研究报告进行评审，进行项目决策，确定建设、融资、运营模式。

⑤ 分期分阶段进行智慧园区建设。每期建设项目包括设计、采购、安装施工、系统集成等阶段。

⑥ 项目竣工、初步验收，智慧园区试运行。

⑦ 项目正式验收，智慧园区正式运行。

⑧ 每期项目运行一年后，相关人员要进行项目后期评估，并总结经验，为后期项目提供借鉴和参考。

## 7 智慧园区总体规划的主要内容

智慧园区总体规划应包括规划管理信息化、信息网络宽带化、基础设施智能化、公共服务便捷化、产业发展现代化和社会治理精细化 6 项内容。

（1）规划管理信息化

智慧园区建设首先要实现园区规划管理的信息化，具体内容包括：发展数字化园区管理，推动智慧园区公共平台（一级平台）的建设和功能拓展，建立园区统一的地理空间信息平台，建立园区统一的建筑物和构筑物数据库，统筹推进园区的总体规划、近期建设规划、国土利用规划、市政基础设施规划、绿化规划、环境规划等规划管理的数字化和精准化。

（2）信息网络宽带化

智慧园区依托电信、移动、联通、铁塔、广电等信息通信运营商，建设园区宽带、融合、安全、泛在的下一代信息通信基础设施。

智慧园区实现光纤到楼（FTTB）、光纤到办公室（FTTO）和光纤到户（FTTH），实现光纤网络覆盖办公楼宇和园区家庭，园区的宽带接入能力达 100Mbit/s、发达城市园区的写字楼的宽带接入能力达 1Gbit/s、家庭的宽带接入能力达 100Mbit/s。

智慧园区实现 4G 网络全覆盖，并推动 5G 网络建设、实现重点区域覆盖，实现园区热点区域和重点区域无线局域网全覆盖；全面布局基于 IPv6 的下一代互联网，保证 IPv4 网络与 IPv6 网络并存的有序过渡、平稳发展；建成下一代广播电视网（NGB），建设超高清（4K，发达城市园区 8K）互动数字广电网络；提升网络和信息安全保障水平，保障园区网络与信息安全。

（3）基础设施智能化

智慧园区大幅提升交通、电力、燃气、水务、物流等公用基础设施的智能化水平，实现园区基础设施运行管理的精准化、协同化、一体化。

发展智慧交通能实现调度管理、指挥控制、交通诱导、应急处理等智能化，保障园区交通运输安全、高效、有序、畅通。

发展智能电网能支持分布式能源特别是可再生能源（太阳能发电、风能发电等）的接入、企业和居民用电的智能管理。

发展智能水务能构建覆盖供水（输水与配水）全过程、保障供水数量、质量与安全的智能供排水系统和污水处理系统（含合流制排水系统和分流制排水系统）。

发展智能管网能积极推进城市地下综合管廊的智慧建设，实现园区地下空间、地下管网、地下管廊的信息化管理和运行监控智能化。

发展智能建筑能实现园区建筑设施、楼宇设备、节能降耗、安全管理的智慧化管控。

（4）公共服务便捷化

园区建立跨部门、跨行业共建共享和

业务协同的公共服务信息平台体系，实现园区公共服务便捷化。园区利用信息化技术，创新发展海关税务、劳动就业、社会保障、教育文化、医疗卫生、交通出行、防灾减灾、物业管理服务等公共服务与公共事业的便捷服务模式。

（5）产业发展现代化

智慧园区推动物联网、云计算、大数据、移动互联网、人工智能、工业互联网等新一代信息技术与现代制造业和服务业的融合创新，加快传统产业信息化改造，推进制造模式向数字化、网络化、智能化转变，实现智能制造；促进产业集聚和创新集聚、实体经济和虚拟经济的协同发展，积极发展信息服务业，大力推动电子商务和物流信息化集成发展，创新、培育新型业态，培育发展新的经济增长点，推进园区的提质转型、创新发展，促进大众创业、万众创新。

（6）社会治理精细化

相关部门要改进市政城管、人口管理、市场监管、信用服务、交通管理、环境监管、应急保障、治安防控、公共安全、检验检疫、食药安全、饮用水安全等社会治理领域的创新治理方式，深化信息应用，建立、完善相关信息化监管和服务体系，真正实现园区社会治理的疏而不漏，推动园区政府行政效能，城市管理水平大幅提升。

## 8 结束语

智慧园区建设在我国尚处于起步阶段，发展之路任重而道远。智慧园区建设的首要环节是智慧园区的总体规划，目前对它的理论研究还远远不够，本文仅为初步研究，意在抛砖引玉。智慧园区的建设需要各界的共同努力，推动智慧园区建设的科学发展、健康发展、可持续发展，走出有中国特色的智慧园区发展道路。

## 参考文献

[1] 中共中央，国务院 . 粤港澳大湾区发展规划纲要 [N]. 人民日报，2019.

[2] 江苏省商务厅 . 江苏省智慧园区认定和管理暂行规定 [EB/OL].2017.

[3] 中共中央，国务院 . 国家新型城镇化规划（2014—2020）[N]. 人民日报，2014.

[4] 戴源 . 对新型城镇化背景下智慧城市建设之再认识 [J]. 中国工程咨询，2015（11）：13–15.

[5] 李林 . 新型智慧城市总体规划导则 [M]. 江苏：凤凰科学技术出版社，2017.

# 超大型智慧场馆顶层设计与总包实践

张敏锋　汪立鹤　陈　乔

**摘　要：**多个行业建设项目证明，智慧场馆蕴含的数字化技术正给展会行业带来巨大的价值，并对传统场馆运营服务模式进行了创新发展乃至价值重构。本文主要针对超大型场馆的智慧化需求，分析“顶设＋总包”模式在会展行业的独特优势，并结合深圳国际会展中心项目分析了融合实施的若干关键要素。

**关键词：**超大型智慧场馆；顶层设计；总包模式

深圳国际会展中心由深圳市政府投资新建，招商蛇口和华侨城组建的合资公司——深圳市招华国际会展发展有限公司代建代运营，场馆一期建筑面积为1 500 000m²，包含展厅、会议、餐饮、仓储、停车场等功能区域，场馆周边配套有城市商业中心、国际酒店群、产业场馆、生态公园、交通枢纽等多种业态。深圳国际会展中心项目用地面积为148万平方米，一期及周边配套设施总投资达867亿元。一期项目建成后，将成为净展示面积仅次于德国汉诺威会展中心的全球第二大、国内第一大的会展中心。项目整体建成后，将成为全球第一大会展中心。

中通服咨询设计研究院承担了深圳国际会展中心一期智能化工程建设工作，并全面参与了智慧展馆的顶层设计工作。本文分析了大型场馆进行智慧化建设的背景与需求、智慧场馆选择的建设模式以及“顶设＋总包”模式在具体项目实践的关键控制要素。

## 1　场馆的大型化与智慧化是会展行业的必然发展趋势

中国经济由高速增长阶段向高质量发展阶段转变，高速推动展览业的持续发展。近年来，中国经济结构调整步伐加快，将为我国展览业的发展注入更强的增长动力，我国展览业将继续保持健康、稳定发展态势。我国展览业将逐渐形成以京津冀、长三角、珠三角三大经济圈为主，二线、三线内陆城市共同发展的展会格局。据《2018年度中国展览数据统计报告》，截至 2018年年底，全国展览场馆数量共有355个，其中报告统计的有明确接展记录的场馆有243个。从展馆面积看，我国展馆室内总展览面积从 2013 年的 742 万平方米激增至 1 281 万平方米，总增量达到 539 万平方米，年均增长面积超过 100 万平方米，平均增速为 11.5%，室内展览面积供给总量几乎翻倍。

大型或超大型场馆将成为区域中心城市持续发展的核心要素。会展行业向好预期的背后是场馆数量、展览面积的稳步增长，这也造成了越发激烈的展览业市场竞争。依据中国会展研究中心发布的最新数据，规模以上展会中 5 万平方米以上（含）的展会被划列为大型展会，10 万平方米以上（含）为超大型展会。在展会总数量与展馆总面积持续双增长的今天，拥有一座达到 5 万平方米展位面积的大型场馆或者 10 万平方米的超大型场馆将是国内城市创立会展服务品牌的核心竞争力。一些会展中心城市，如上海市、广州市、天津市、北京市、成都市等，都已经拥有或即将拥有至少两个大型场馆，大型展览中心的建设已经成为这些城市发展会展业的龙头抓手。

场馆的大型化引起展览形式和管理模式的变革，大型场馆被打造成“智慧场馆”成为建设必选项。会展行业一般将场馆实际可租用面积的利用率视为重要指标，具体见公式（1）。

$$\text{场馆出租率} = \frac{\text{展览项目面积} \times \text{租馆天数}}{\text{地上室内可租用展览面积} \times 365\text{天}} \times 100\% \quad (1)$$

我们从行业研究中发现，在城市区位、场馆硬件设施、场地价格等因素接近趋同的前提下，越来越多的大型场馆已经把“智慧场馆”作为差异化竞争的有效手段。换言之，新技术在会展业的融合应用将为市场销售、展览管理与服务支撑等会展业务提供全面提升的抓手。

深圳福田会展中心打造统一的“事件营销云平台”，实现数字化展会，支持现场快速决策，如根据后台实时人数决定开场时间，支撑客户个性化行程定制，提升参会体验，支撑会后洞察和总结，如场馆热力图。香港国际会展中心正在加强自身的软实力 IT 平台建设，提供无处不在的网络服务，Wi-Fi 上网速度可以在高峰期达到 10Mbit/s，承载更多的应用场景并提升用户观展体验。上海国家会展中心在举办 2018 年进博会时考虑与会客户的结构复杂，活动从单一的展厅展示向传播国家文化理念等领域不断纵向延伸，对场馆的可服务性提出新需求（如会议室、翻译、餐饮的随时预约，场馆空间的组装复用）。

新趋势下场馆运营的演进发展，不仅是外观、设计、功能的变化，更体现在如何实现更为高效的管理、个性化服务和创新的运营模式。在这样的发展背景下，建设“智慧场馆”以提供最优的客户体验，实现运营的降本增效，以及驱动新的业务增长点是目前每个大型场馆运营方必须思考和探索的命题。

## 2 “顶层设计＋总包”是超大型场馆在智慧化建设的模式创新

### 2.1 会展业务主要参与者与业务活动

一般来说，会展行业主要包括场馆运营方（或称场馆运营商，简称场馆方）、主办单位（指策划、运营展览会，拥有并对展览活动承担主要责任的组织）及主场服务商（指由主办单位指定并委托，为参展商提供现场服务的组织）、参展商（指签订参展合同，履行合同义务，拥有展台使用权，展示产品、技术和服务的组织）、观众（指参观展览会的人员）以及政府（主要指涉及场馆运营的各级政府和上级单位）五类参与对象。

本文中，智慧场馆的投资建设方是指场馆所有者，即场馆运营方。我们考虑国内大多数场馆运营方的经营业务以场地租赁为主，一般并不具备主办角色，因此场馆运营方主要进行展览管理，服务主办、市场销售、服务支撑与财务管理等活动。展馆运营核心业务流示意如图 1 所示。

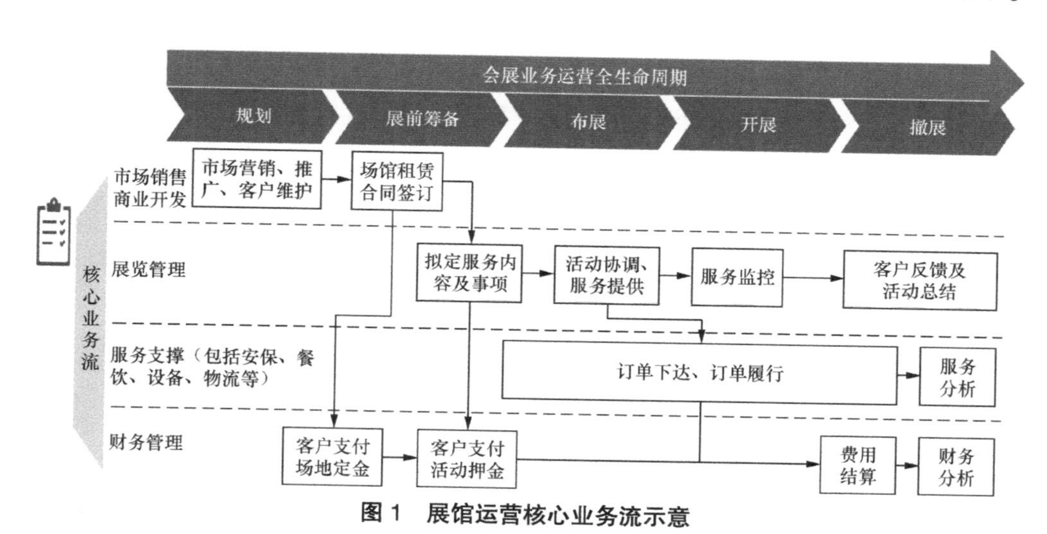


图 1　展馆运营核心业务流示意

场馆运营方最主要和最根本的服务对象是主办方，但在规划、筹展、布展、开展和撤展的全周期服务过程中，其业务必须连接主场、展商、观众以及其他相关组织。也正因为如此，与主办方的“智慧展览”服务内容相比，智慧场馆的服务内容缺乏统一性、规范性和明确指向性，且在行业内缺乏统一共识。

### 2.2 国内场馆智慧化建设现状分析

我们从行业调研情况来看，投资体量小、整体定位低、分散建设仍然是目前国内场馆智慧化建设的主要问题。

第一，投资体量小。目前，国内多数场馆（尤其是中小型场馆）运营方受制于总体规模体量和效益回报比，总体建设投资规模体量偏小。有的场馆运营方把智慧场馆建设定义为场馆智能化，如局限于安全视频监控等传统智能化领域，有的场馆运营方将其定义为业务在线化，如购置成熟展览管理软件来实现核心业务的网上流转，取代四联单等纸质文件进行信息流转的方式。

第二，整体定位低。多数场馆运营方不设置专职信息化部门，而依靠运营部、网络部或者安全部进行对口业务的智慧化建设。这样的组织模式无法持续推进智慧业务的持续发展，尤其是很难在决策、管理与执行三个层面达成共识。智慧场馆的建设成果往往变成“单点信息化”，在某些业务上实现了条线突破却不能形成全局的质变。

第三，分散建设。会展业务复杂，涉及主体众多，涉及专业众多。会展业务的通信、电气、暖通、建筑、信息化、智能化等十几个专业并行，牵一发而动全身，是一个非常典型的系统工程。一些中小场馆运营方即使有想法、有预算，往往也受限于建设周期与自身人才的储备，又回到重建设轻运营，依靠外部产品的更新换代来推动自身发展的道路上。

### 2.3　场馆运营方常见的智慧场馆建设模式

从近年会展发展趋势来看，越来越多的场馆运营方认识到智慧场馆的核心目标是在提升展会商贸服务效率、扩大展会规模的基础上建立自己的差异化品牌。相比中小场馆，大型乃至超大型场馆的运营方能够突破中小型场馆运营方在智慧化建设中遇到的瓶颈，比如配套充裕建设资金、成立专职信息官网以及招揽专业的信息化管理人才等。

在建设模式的选取上，国内场馆各不相同，这也折射了各家场馆在智慧场馆的定位、建设过程与效果上各不相同。

从深圳国际会展中心项目来看，“顶层设计 + 总包”是超大型场馆在智慧化建设中的创新模式，也是国内大型场馆采取该建设模式的首例，并在实际项目运作中收到良好效益。从管理视角来看，这种创新模式的成败关键在于顶层设计与总包实施两个阶段能否真正实现无缝融合，也在于业主单位、顶设单位、工程实施单位及监理等相关单位之间能否实现统一目标、通力配合。国内智慧展馆建设模式对比见表 1。

**表 1　国内智慧展馆建设模式比较**

| 建设模式 | 展馆名称 | 备注 |
| --- | --- | --- |
| 模式 A：<br>场馆建设 EPC；智慧化设计工程由总包方再分包 | 国内一些小型场馆，如演艺场馆、体育赛事馆 | 投资较低，基本为视频安防等传统智能化领域 |
| 模式 B：<br>设计总包、工程拆为多个包 | 国家会展中心（天津）场馆、深圳会展中心、上海新国际博览中心等 | 智能化设计（智慧场馆）由建筑设计总包单位进行分包或自行设计，内容以采购成熟软件产品及智能化集成为主，缺乏专门的信息化部门牵头组织 |
| 模式 C：<br>土建 EPC、智慧化单列项目 | 深圳国际会展中心 | 单列智慧场馆（包括智能化、软件等）规划包、工程包，明确的组织分工，内容包括成熟产品采购集成与定制化软件开发 |

## 3 “顶设 + 总包”模式在深圳国际会展中心项目的融合实践

深圳国际会展中心项目建立了较为完备的项目管理体系，对范围、质量、成本、进度、安全等各个方面进行了规范管理和体系化运作，本文不做详细阐述。针对如何保障顶设与总包充分融合、一体化运作的问题，本文立足公司视角，从以下三个方面进行简要示例说明。

### 3.1 组织团队融合

本项目在实际过程中，因一些客观原因，顶设工作与总包建设有相当长一段时间并行开展，为解决这一矛盾，项目组建立了创新的组织形式，同时设立智能化团队与智慧化团队，由智慧化团队介入更多的顶设工作，并负责向智能化团队输出需求，如图 2 所示。

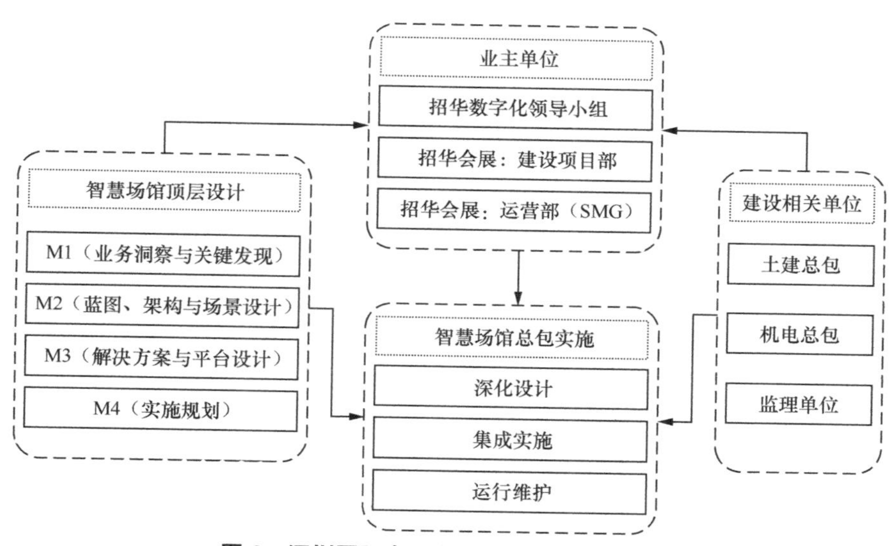


**图 2　深圳国际会展中心项目参与单位示意**

项目前期通过顶层设计统一目标、统一思路，将先进的信息技术与场馆运营痛点进行细致分析，融合构筑整体框架，建立创新、合理的技术路线，进行科学的规划设计；同时聚焦场馆的持续发展，结合业主自身的组织架构和业务思路，规划形成可落地、可持续运营的若干应用场景和运营模式，构筑全新的服务集合。

项目后期通过总包工程实施统一推进、统一部署，对外全程管控协作的土建总包、机电总包、监理等单位，达到建设集约，资源共享的目标，对内承接顶设成果，有的放矢进行各分项建设，确保按照一流目标蓝图进行交付，最终达到高效建设、平滑运营的目标。

### 3.2 技术需求融合

业主高层、管理层与执行层对项目建设需求的理解差异非常大，为了更好地统一认识，我们需要在技术层面充分沟通并达成共识，即如何将顶设确立的宏大战略目标尽快落地为具体的工程实施成果，这是一项长期而艰巨的工作。项目组经过技术推进和反复沟通，完成“战略目标→应用场景→业务需求→工程实施”的全过程信息传导，保证需求的实现效果不失真，较好地满足了业主组织的各个层面的技术需求。比如近期上线的微信小程序经历了以下过程。

（顶设）确立战略目标：以用户体验为核心，根据主办方、主场搭建方、主运方、参展商、搭建商、参展公众等不同服务对象的不同诉求，提供差异化、定制化的舒适体验服务。

（顶设）描绘应用场景：针对公众需求，通过用户旅程场景的勾画，模拟场馆提供的智慧预订、智慧餐饮、无现金支付等一系列智慧服务，确定服务清单。

（深化设计）进一步确定功能需求，构建展馆与城市的融合服务集合，提供一站式全景服务体验，以创新的服务平台打通线上与线下的信息渠道，解决或缓解行业内普遍存在的“难吃饭、难停车、难找路”等痛点问题；并对涉及的子系统进行技术规格书编制，如公众服务小程序、停车子系统、导航子系统等。

（工程实施）集成开发并逐步调优。

特别强调的是，由于智慧展馆的建设涉及海量前端设备。项目组技术团队通过专门文档定义了 12 类设备，并梳理了每类设备的数量、类型、数据接口与承载功能，确保软件后端与智能化前端设备的统一规划和实施。

### 3.3　项目管理融合

项目团队通过规范的施工组织设计明确了统一的工期目标、质量目标、安全目标等；同时，充分考虑软件实施与智能化施工的差异性，在工期计划、需求承接和方案论证上进行了全面融合。

（1）科学合理制订实施计划

项目进度控制以实现施工合同约定的竣工日期为最终目标。项目经理部分解项目进度控制总目标，按单位工程分解为交工分目标，按承包的专业或施工阶段分解为完工分目标，按每星期计划期分解为时间分目标。项目进度控制建立以项目经理为责任主体，由技术负责人、执行经理及班组长参加的项目进度控制体系。项目主要施工步骤如图 3 所示。

（2）健全安全施工体系

展馆施工过程中多工种并行流水作业，如何做到忙而不乱，杂而不混，科学有序地组织施工，确保施工人员的人身安全和生产设备、工程建设的安全尤为重要。项目组成立以项目经理为组长，安全主任、技术负责人为副组长，班组组长为组员的项目安全生产领导小组，在项目形成纵横网络管理体制，并通过“签署安全责任书、安全与技术交底、循环教育检查与总结预防”的闭环机制进行落地贯彻。安全施工体系如图 4 所示。

（3）规范高效推进二次招标与采购

为加强智慧展馆分项采购工作的管

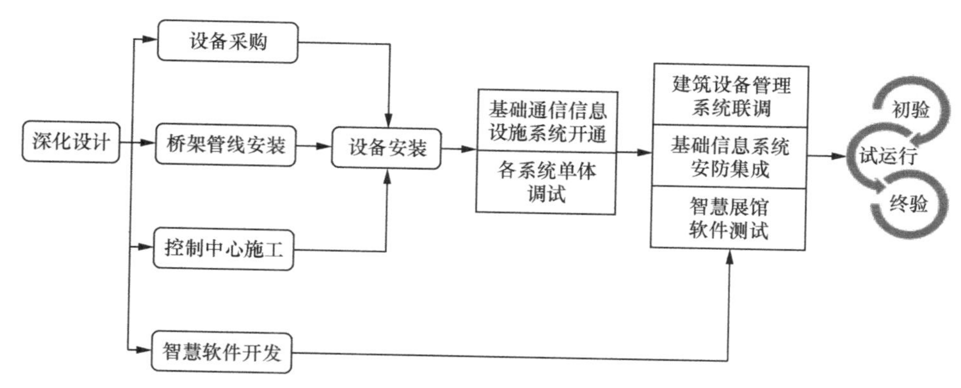


图 3　项目主要施工步骤

理，提高采购工作的效率及规范管控，项目组建立了专门的技术评审与商务采购团队，并发布一系列二次招标与采购制度流程，在严格贯彻公司《采购及业务分包合作廉洁规定》的同时，通过有策划、讲技巧的商务谈判工作，高效支撑现场实施工作并行推进。

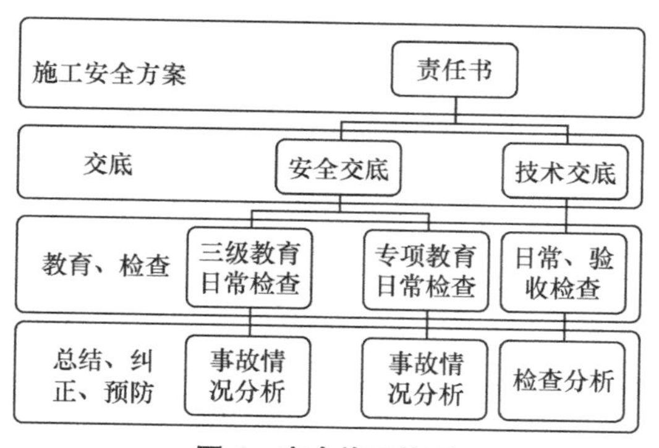


图 4　安全施工体系

## 4　结束语

智慧场馆本质作用是提高各场馆运营企业的管理水平和创新能力，加强企业的核心竞争力。“顶设 + 总包”模式的生命力，在于能否通过科学方法和创新建设形成可落地、可持续运营的会展智慧运营模式；尤其对于超大型智慧场馆，其工作绝非一蹴而就，需要基于行业需求进行持续研究探索与自我迭代创新。

## 参考文献

[1] 孙梅 . 大数据时代传统会展业的变革与创新 [J]. 中国会展，2019（1）：126-128.

[2] 裴向军 . 会展企业信息化运作对策研究 [J]. 商场现代化，2008（36）：59-61.

[3] 杨晓毅 . BIM+ 智慧工地在深圳国际会展中心的信息化应用实践 [N]. 建筑时报，2018（7）.

[4] 贺刚，金蓓 . 会展管理信息系统 [M]. 北京：中国商务出版社，2004.

[5] 戴聚岭 . 会展管理信息系统研究 [J]. 商场现代化，2007（1）：270-271.

# 基于水质微型站的水环境管控系统开发与应用

马奉先　林　珂　赵海洋　徐啸峰

**摘　要：**本文以江苏省盐城市盐渎街道水环境管控项目为例，探讨了在水系较为复杂的街道应用水质微型站进行水质监测的实施方案。该方案综合考虑河流间流向汇聚情况、河道的地理条件、两岸植被等，给出了具体的岸边站安装部署位置、数据传输条件以及水质数据的汇聚应用。盐渎街道水环境监控项目是当地河长制管理的有机组成部分，为“一河一档”“一河一策”管理提供了数据基础，同时也为当地智慧水务和智慧城市建设提供了有力的支撑。

**关键词：**水环境监控；水质微型站

## 1　引言

水环境管控是以水环境为对象，运用物理的、化学的及生物的技术手段，对其中的污染物及其有关的组成成分进行定性、定量和系统的综合分析，以研究水环境质量的变化规律。水环境监测为水环境管控提供可靠的基础数据，并为治理评价措施效果提供科学依据。为了使监测数据能准确反映水环境的质量现况，预测水环境污染的发展趋势，我们要求水环境监测数据应具有代表性、准确性、精密性、平行性、重复性、完整性及可比性。

盐渎街道位于盐城市区西南片区，总面积约61平方千米，下辖15个社区、村居，户籍人口为5.57万人，常住人口约12.5万人。目前，街道辖区内的3条省级河道、14条乡级河道以及3条村级河道全面建立河长制，实现河道河长制全覆盖。目前，街道重点水功能区水质达标率为82%，国考断面水质优Ⅲ类比例达到77.8%，地表水丧失使用功能（劣于Ⅴ类）的水体、黑臭水体基本消除，河道水域面积稳步增加，河道防洪、供水、生态功能明显提升，群众满意度和获得感明显提高。

## 2　建设目标

本项目的建设目标是实现盐渎街道水环境信息化管理，完成水环境管控综合项目前端信息采集设备的安装调试、综合数据库及综合管控平台的开发，实现水环境管控顶层设计，推进水环境数据共享与资源整合，提高多级管理部门协同工作能力，增强数据时效性，为职能部门的科学管理和系统决策提供准确依据，同时结合街道河道管理机制，为保护水资源、防治水污染、治理水环境、修复水生态等工作，切实提供科学、有效及准确的管理依据。

## 3 建设内容

### 3.1 水质微型站

水质微型站以自动在线分析仪器为核心，运用现代传感器技术、自动测量技术、自动控制技术、计算机应用技术、室外机柜以及相关的专用分析软件和通信网络组成的一套综合性的水质在线自动监测体系。

微型站的测量原理应符合相关标准，即整体性能可靠，仪器分析精度高；人机界面好、操作简单；维护方便、运行费用相对较低，自动化、数字化程度高，控制能力强，性能可靠，适合于长期运行；软件功能强，易于系统的扩展、升级，数据采集速度快，传输可靠，抗干扰能力强。

微型水质在线自动监测系统主要由室外机柜、采配水单元、数据采集与传输单元、供电单元、辅助设备及监测仪器六大部分组成，如图 1 所示。

系统主要由多参数水质分析仪、数据采集系统、供电系统、监控管理软件、门禁防盗系统等组成。多参数水质分析仪等水质监测设备实时或按触发模式采集各项水质参数，通过遥测单元，将数据实时报送给监控中心或移动监控终端。组站上有地面站和浮标站等多种灵活的组站方式，在安全性及维护方便性上综合考虑，我们建议采用以地面站为主的监测方式，通信方式支持 GSM/GPRS、4G、光纤等多种模式。

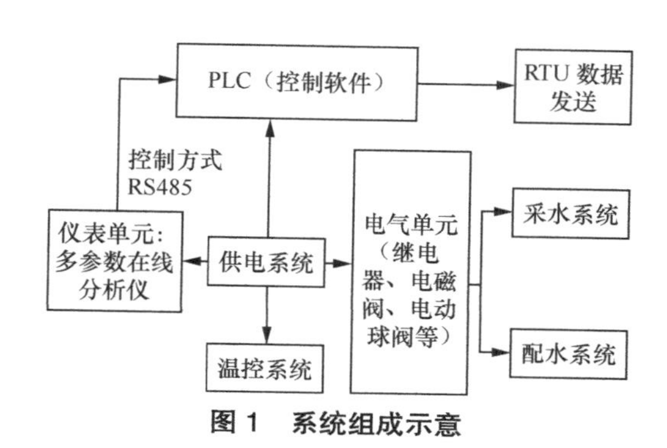


**图 1 系统组成示意**

### 3.2 水质微型站选址与安装

#### 3.2.1 选址

水环境综合管控系统的信息采集主要针对盐渎街道城市板块 3 条省级河道、14 条乡级河道以及 3 条村级河道，共计 20 条河道。

水质微型站的安装位置应遵循以下原则：

① 三条省级河道的考核断面处都需要安装水质监测设备；

② 河道水系交汇处须重点监控，一般在交汇处下游 50 ～ 80m 处安装水质监测设备；

③ 设备安装地点须有市电基础。

#### 3.2.2 设备安装

（1）采水单元

采水单元包括水泵、管路及供电部

分。采水单元适合在水位落差不大、水流缓慢的位置，采用不锈钢过滤网及浮球等安装，以保证所采水样具有代表性。采水单元的设计能够适应各种气候、地形及泥沙等问题，并采取相应的解决措施连续、自动地与整个系统同步工作，向系统提供可靠、有效的水样，如图2所示。

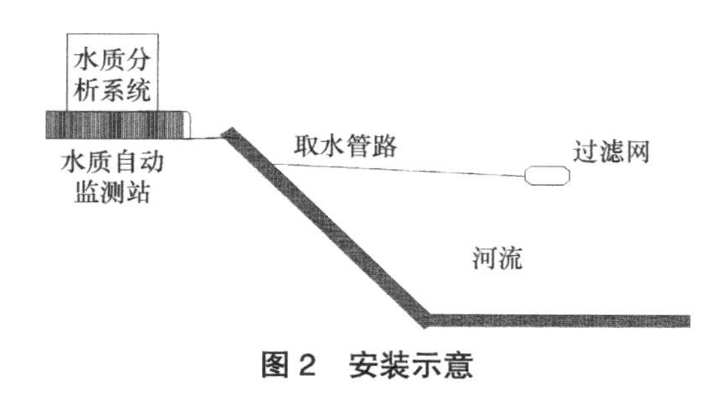


**图2　安装示意**

（2）配水单元

配水单元包括水样预处理装置、流通池、自动清洗装置。配水单元直接向自动监测仪供水，具备泥沙沉淀和过滤功能，以保证水质、水量满足自动分析仪的需求。为了保证各探头的清洁，配水单元采用曝气清洗的方式保证了数据的准确性。

（3）供电单元

太阳能风能综合供电系统包括太阳能电池板、风机、铅蓄电池组及太阳能控制器；太阳能电池板全方位吸收太阳能，将太阳能转换为电能，同时风机将风能转化为电能送往铅蓄电池中存储，蓄电池位于防水蓄电池仓内。太阳能控制器用来控制供电系统，对蓄电池起到过充电保护作用，有效延长蓄电池的使用寿命。

#### 3.2.3　数据采集传输

GSM/GPRS/4G、光纤等多种通信方式实现数据传输和远程控制。数据通信模块可采用 SMS 短信传输，直接将短信发送到相关服务器和监控中心，数据传输模块具备向多点进行 SMS 报警的功能。数据传输采用二进制加密协议，以保证数据的安全性。数据传输可通过服务器中继被转发至多个监控中心。数据传输模块能自动定时重启，保证长时间不掉线。多种数据通信方式包括多种监控手段，例如，浮标和仪表通过 RS232、RS485 通信接口通信。数据通信模板也可通过4G登录以太网，将数据通过 HTTP/FTP 发送到指定的网络服务器。服务器自动解析加密数据，并将数据导入数据库中，同时一旦有报警信息，还可以直接发送短信到指定手机，这样 4G 与短信结合，保证数据不丢失。

### 3.3　水环境监控管理平台

水环境监控管理平台是水环境信息的监视、控制、报警、联动、指挥等众多功能的集中监控平台。平台将从技术、设计、开发、维护等各个方面保证其先进性，为本项目提供了完整、全面的综合监控管理实践，包括视频、监测点、监控点、气象、环境、水质、水情、设备运行状态等多方面的综合信息的管理和集成，并预置相关系统的联动和应急管理预案，并可以动态添加相关监管模型。

水环境监控管理平台将基于区域三维模拟图，提供直观的空间、属性、监测、预警等水生态综合信息的查询、监控与展示。该系统利用三维模拟技术显示信息集成，使用者可以直观方便地看到相关设备、工程、监控点的分布，同时可以看到视频、数据、组态画面等不同形态的信息；同时针对水环境预警信息，系统提供蓝、橙、红三级预警机制，并根据相应预警级别基于三维模拟界面利用声、光等多种展示形式进行动态预警，提示相关管控人员及时处理异常信息。

（1）实时信息监控

区域三维模拟图展示水质、水文、水利工程、巡查养护等水生态实时的监测信息及相关统计信息，实时反映区域水环境状况及相应的管理状态。

（2）监测信息报警

系统提供报警分级管理，对不同程度的报警有不同的显示和处理流程。报警的种类可分为超限报警、保护动作、触发报警、异常报警等类别，报警的判断可分为下位系统报警和监控软件自身报警两类。报警依据其影响程度进行分类、分级。类别包括影响安全、影响功能、普通报警或故障。

报警发生时，系统第一时间出现报警提示，提示的方式可以为弹出窗、闪烁指示灯、滚动字条等方式，并具备声音报警功能，通过配置的音箱输出预录的报警语音提示操作人员注意。

（3）数据曲线分析

工作人员可通过系统查看某日期某测点历史数据的曲线，在曲线的值坐标上可以自定义时间刻度，并能方便地进行放大、缩小、平移等操作。

趋势功能可实时显示数据动态，用户可灵活组合相关趋势参数，方便对数据进行对比分析。

趋势功能画面包括趋势数据采集周期设定窗口或设定栏。

用户在线可以任意组合相关趋势数据，并能分别设置纵轴坐标，以方便对有关联的数据进行对比分析。

### 3.4 水环境业务管理系统

水环境业务管理系统建设实现相关河湖的基本信息、河湖整治信息、河湖排污口基本信息及“一河一策”等信息的统一管理，为水环境保护提供基础数据支撑。

（1）河湖基本信息管理

河湖基本信息管理包括河湖属性信息及生态管理信息等。河湖属性信息包括河道名称、起止地点、长度、河底宽度、河底高程等；管理信息包括断面名称、断面属性、功能类别、责任单位、联系方式等。生态养护管理的组织管理、运行管理、标识标牌管理、档案管理等资料被统一建立了电子化管理台账。

（2）河湖整治管理

河湖整治管理是进一步改善了河湖水质，是切实解决河湖水质污染问题的重要举措。河湖整治信息管理包括河湖整治计划、河湖整治工作责任、评估标准以及河湖整治信息，如疏竣、岸坡整治、水系连通、生态修复等河湖整治工作涉及的名称、所属乡镇、整治内容、整治时间、整治长度、现场图片等信息。

（3）“一河一策”管理

根据河湖的不同特征，系统为每一条河流量身定制管理方案，提供电子化的河长手册。电子化的河长手册是“一河一策”资料文档，河长可以通过基础信息系统Web 端和移动端查看手册。手册内容包括河湖岸线管理、河湖工程管理、河湖水资源管理、河湖水环境治理、河湖水污染防治、河湖生态修复等具体方案。用户可通过该模块进行河长手册的上传、删除、修改、下载、打印等操作。

（4）“一河一档”管理

“一河一档”管理包括水资源动态台账、水域岸线动态台账、水环境动态台账、水生态动态台账等。

（5）河道巡查管理

河道巡查管理由巡查人员发起巡查，当巡查人员在巡查过程中发现问题时，如果能自己解决问题则自行处理，如问题不能自行解决则上报河长协调，河长判断问题的解决难度，能自行解决就下发任务给下级巡查人员进行处理，不能自行解决则上报上级河长或者通过河长办协调相关职能部门，相关人员接到处理任务进行处理，然后形成相应的处理、反馈结果，并形成台账，最后归档。

项目优势与特色具体包括以下几点。

① 本项目选用的水质微型站操作简单，维护方便，运行费用相对较低，既能满足街道级别用户水质监测的需求，又避免了较大的投资压力和运维压力。

② 本项目密切结合街道现状，满足业务需求。项目确定了监测目标为“4+16”，即重点监测4条主要河道，一般监测其余16条河道。因此，布设监测设备时我们充分考虑了对重点河道的监测，以及河道交汇处的监测，既满足监测数据要求又使得设备投入量达到最少。

## 4 结束语

水质微型站是近几年快速发展的一种水质在线检测设备，具有安装简便、精度较高、价格低廉、维护方便的优点。本文以盐渎街道水环境管控项目为例，通过应用水质微型站实现了主要河道断面的水质信息监测。盐渎街道的水环境管控项目的实施为街道、社区级别的水环境监控治理提供了参考，具有一定的示范意义。

## 参考文献

[1] 刘劲松，戴小琳，吴苏舒 . 基于河长制网格化管理的湖泊管护模式研究 [J]. 水利发展研究，2017（5）：9-11.

[2] 何蘅，陈德春，魏文白 . 生态护坡及其在城市河道治理中的应用 [J]. 水资源保护，2005，21（6）：56-58.

[3] 卢卫，李红石，王明琼 . 浙江省“智慧流域”建设思路探讨 [J]. 人民长江，2014（18）：104-106.

[4] 李臣明，曾焱，王慧斌，等 . 全国水利信息化“十三五”建设构想与关键技术 [J]. 水利信息化，2015（1）：9-13.

# 省域广电“智慧城市”顶层设计

陈　益　林宝成　魏贤虎　杨龙祥　彭凤强

**摘　要：**本文以目前广电“智慧城市”建设过程中的普遍问题为切入点，研究了以“自顶而下”方式设计的省域广电“智慧城市”，提出了广电“智慧城市”发展的思路，在此基础上尝试建立包括业务体系、技术体系和分级部署模式等在内的省域广电“智慧城市”整体发展框架，为以省为单位进行广电“智慧城市”建设与发展提供了一种规划参考。

**关键词：**省级广电网络；智慧城市；规划

## 1　引言

我国广播电视网络历经半个多世纪的发展，已经逐步形成了全方位覆盖、双向化接入、宽带化承载、立体化管控的现代公共信息服务体系。当前，在以物联网、云计算、大数据等为代表的新一代信息技术的不断作用下，广播电视网络在不断提升信息传播多样性、普遍性、精准性、智能性的同时，有机会也有能力承担更多的社会责任，主动参与以信息基础设施建设、基层政务治理、公共民生服务、产业转型发展等为要义的各地“智慧城市”的建设。

以各地有线电视运营服务机构为主体，广电网络在参与“智慧城市”建设方面进行了大量卓有成效的探索，开拓了政务信息、文化教育、交通出行、健康养老等形态各样的“智慧广电”业务，在智慧社区、智慧乡镇、智慧城市等不同实施层级开展了独具广电特色的建设实践，取得了较好的经济效益与社会效益。但与此同时，随着各地广电网络后整合时代规模化运营进程的不断推进，前期以“自下而上”模式发展起来的各地“智慧城市”建设也逐步显现缺乏顶层设计、技术体系混杂、信息资源割裂等弊端，以省域为单位进行广电“智慧城市”建设整体规划的重要性日益显现。本文以目前广电“智慧城市”建设存在的主要问题为切入，通过分析广电“智慧城市”建设的业务体系、技术体系和分级部署模式，尝试建立省域广电“智慧城市”建设的总体框架。

## 2　广电“智慧城市”建设现状与存在问题

当前，国内“智慧城市”建设发展的

主力是以移动、电信、联通为代表的三大电信运营商和以 BAT（百度、阿里巴巴、腾讯）为代表的大型互联网企业。其中，电信运营商承建的“智慧城市”项目侧重于凭借固移融合的基础网络和数据资源整合提升城市治理、民生服务和行业发展的信息化水平；而由互联网企业承建的“智慧城市”项目则多侧重于利用网络社交、云计算和大数据方面的技术及运营优势，提供“智慧城市”的大数据运营支撑和基于移动互联网“杀手级”应用（如支付宝、微信等）的城市公共服务入口。

广电“智慧城市”发展方面在没有顶层布局的状况下，各地广电网络公司基于本地特点和业务发展需要，充分发挥自身内容和覆盖优势，结合当地政务、民生服务特点，开展了大量有益的尝试。如东方有线以 NGB 网络和机顶盒终端为支撑，大力开展“智慧社区”建设，助力上海市推进智慧城市建设行动计划；内蒙古自治区广电网络以“一云一网三平台”为基本框架，大力参与牙克石智慧城市中城市指挥中心、智慧社区、智慧扶贫等板块建设；浙江华数基于 TVOS 智能终端，构筑了集成信息能力、监控能力、通信能力、物联能力和 AI 能力的智慧广电服务平台，提供多样化“家庭＋社区”“民生＋政务”智慧广电服务。

相比于电信企业和互联网企业，基于广电网络开展的“智慧城市”建设，在充分发挥广电综合信息网络提供“智慧城市”基础承载方面，与电信运营商承建的“智慧城市”有异曲同工之处。同时，独特的内容资源优势、终端服务特点，又使广电“智慧城市”发展呈现特殊的差异化优势：一是贴近各级党委政府、体现各地文化特点的本地化内容，使得广电“智慧城市”更接地气、更符合当地党委政府和民生服务需求；二是有线电视终端的覆盖广度、应用呈现和交互特点，更加适合“智慧城市”面向各类用户群体的均等化信息服务要求。

在具体实施方式上，目前各地广电“智慧城市”建设主要依托现有的广电双向网络和高清互动机顶盒，在充分利用现有传统广播电视内容集成和播发平台的基础上，新建或复用面向政务服务、民生服务的信息服务平台，提供跨网、跨终端的综合信息服务。在业务应用上，广电“智慧城市”的典型业务包括智慧政务、智慧教育、平安城市、智慧交通、智慧文化、智慧医疗、智慧健康、智慧养老、智慧社区、智慧家居等。

但从省域广电“智慧城市”的规模化、体系化、科学化发展角度，目前广电“智慧城市”建设还存在以下问题。

（1）省域层面缺乏统筹规划指引

广电“智慧城市”建设基本都由各地出于业务发展需求自发设计、建设，缺乏更高层面的统筹规划设计指引，表现为业务规格各异，技术平台不能有效互联，数据信息不能有效互通，信息基础资源不能充分共享，相关成果难以在更大范围内统筹发展、规模推进。

（2）业务部署流程庞杂，共性业务规模化部署和各地个性化业务支撑效率低下

目前主流的以“互动电视系统＋中间件”机顶盒为核心的业务支撑体系，在进行业务引入和部署时，需完成自UI调整、应用对接、终端适配等在内的一整套端到端部署更新，流程较为冗长。现有的运营支撑体系在本地化、个性化运营管理方面支撑能力不足。在各地技术体系各异、终端能力参差不齐的现状下，现有的技术支撑体系在进行省域范围内共性业务规模化部署和各地个性化业务的快速引入将面临巨大的工程技术难度。

（3）数据应用能力偏弱，不符合以信息共享、交换和应用为核心的智慧城市发展要求

现阶段的广电智慧业务主要以上层应用系统为切入，对作为基础的城市公共数据平台的建设以及各类应用数据的挖掘、分析尚涉猎不足。数据资源作为未来智慧城市发展的战略资源，以及培育未来智慧生态的核心资源，是构建广电智慧业务技术支撑体系的关键环节。

## 3 省域广电“智慧城市”建设的主要思路

根据当前广电“智慧城市”发展过程中的现状与问题，以“统分结合、统筹兼顾”为总体原则，进行省域广电“智慧城市”顶层设计，主要规划思路包括以下3点。

（1）统筹规划、兼容并蓄，保证省域范围内“智慧城市”发展体系统一

我们结合宏观政策文件要求、技术发展趋势和城市发展特点，统筹规划省域广电“智慧城市”的业务模型、支撑平台、承载网络、用户终端和安全防护，力求省域范围内广电“智慧城市”体系规格统一、架构统一、体验统一。

（2）整合重构、统分结合，实现“智慧城市”各类业务灵活支撑

我们在整合广电网络现有业务能力系统的基础上，构建逻辑统一、物理分布的智慧服务云平台，并在业务部署模式上按照共性与个性两类进行聚类设计，在平台部署模式上按照省/市两级部署、省/市/县（区）/镇（乡）/社区（村）五级管理进行设计，实现全省共性业务应用统一部署、统一支撑，各地个性业务应用按需部署、灵活支撑。

（3）数据为基、提升价值，盘活广电“智慧城市”信息资源

我们将省域范围内“智慧城市”数据资源的整合与应用作为关键设计要素，通过构建全省统一、分级部署的公共信息平台和大数据分析平台，促进全省政务、基础、公共及行业数据的交换共享和挖掘应用，围绕“智慧城市”数据资源的整合提升构建广电“智慧城市”生态体系。

## 4 省域广电“智慧城市”建设的总体定位与发展目标

广电“智慧城市”类业务除定位于广电现有主营业务外，还面向政府、公众和行业用户提供信息化和智能化服务集。

省域广电“智慧城市”建设应充分发挥建立在广电网络普遍覆盖基础上的服务均等化优势，以及文化内容宣传本地化优势，推动广电信息基础设施建设和新一代信息技术的创新应用，围绕建设“宜居城市、美丽乡镇、和谐社区、幸福家庭”四大主题，面向政务服务、综合治理、公共民生、产业发展四大领域，扮演好信息基础设施提供者、“智慧广电”服务承载平台运营者、开放“广电 +”生态引领者三大角色，提供融合新闻资讯、视听节目、社会服务、医疗健康、数字娱乐、智能家居等多功能于一体的多样化、全方位、专业化、个性化“智慧广电”服务，实现广电融合媒体服务与公共信息服务双轨运营。

在具体发展目标上，省域广电“智慧城市”发展体系应广泛引入云计算、物联网、移动互联网、大数据等先进技术，逐步构建统一、完备、分级的技术支撑体系，重点建设广电智慧服务云平台、有线无线融合的智慧业务融合承载网、以智能电视操作系统（Television Operating System，TVOS）为核心的系列化智能终端体系和综合信息安全防护体系；并以之为基础，在全省范围内快速化、规模化部署包括智慧政务、智慧党建、宣传发布、雪亮工程、智慧文化、智慧教育、智慧医疗、智慧农业、居家养老、智能家居等特色的广电“智慧城市”应用。

## 5 省域广电“智慧城市”建设的业务规划

结合相关政策文件要求及广电网络既有优势和基础，将省域广电“智慧城市”的应用体系分为政务服务、综合治理、民生服务、产业发展四大业务领域，见表 1。业务应用的部署要求可以分为共性与个性两大类，部署模式按照省、市、县（区）、镇（乡）、村（社区）不同要求分级部署。其中，全省部署的共性业务由全省统一建设实施，市以下（含市级）共性业务由各地按照全省统一要求建设实施，个性业务由各地按需自选实施。

表 1 省域广电“智慧城市”业务应用体系

| 应用类别 | 应用名称 | 部署要求 | 部署模式 | | | | |
|---|---|---|---|---|---|---|---|
| | | | 省 | 市 | 县（区） | 镇（乡） | 村（社区） |
| 政务服务 | 智慧政务 | 共性 | √ | √ | √ | √ | √ |
| | 智慧党建 | 共性 | √ | √ | √ | √ | √ |
| | 智慧城市体验中心 | 个性 | | √ | √ | | |
| 综合治理 | 宣传发布 | 共性 | √ | √ | √ | √ | √ |
| | 雪亮工程 | 共性 | | √ | √ | √ | √ |

（续表）

| 应用类别 | 应用名称 | 部署要求 | 部署模式 | | | | |
|---|---|---|---|---|---|---|---|
| | | | 省 | 市 | 县（区） | 镇（乡） | 村（社区） |
| 综合治理 | 民生管理 | 个性 | | √ | √ | √ | √ |
| | 综合指挥调度中心 | 个性 | | √ | √ | √ | |
| | 智慧环保 | 个性 | √ | √ | √ | √ | |
| | 智慧水务 | 个性 | | √ | √ | √ | |
| | 数字小区 | 个性 | | | | | √ |
| 公共民生 | 智慧文化 | 共性 | | √ | √ | √ | |
| | 民生信息 | 共性 | √ | √ | √ | | |
| | 智慧教育 | 共性 | √ | √ | √ | | |
| | 交通出行 | 共性 | | √ | √ | | |
| | 法律援助 | 共性 | | √ | √ | | |
| | 居家养老 | 个性 | | √ | √ | √ | |
| | 健康医疗 | 共性 | | √ | √ | | |
| | 智能家居 | 个性 | √ | | | | |
| | 智慧物业 | 个性 | | | | | √ |
| 产业发展 | 智慧农业 | 共性 | √ | √ | √ | √ | √ |
| | 智慧校园 | 个性 | | √ | √ | √ | |
| | 智慧旅游 | 个性 | | √ | √ | √ | |
| | 智慧酒店 | 个性 | | √ | √ | √ | |
| | 智慧园区 | 个性 | | √ | √ | √ | |
| | 中小企业云 | 个性 | | √ | √ | | |
| | 电子商务 | 共性 | √ | | | | |

政务服务域重点推进智慧政务和智慧党建应用，帮助各级组织和各级政府实现党建、政务信息化，并利用网络覆盖优势提升党政信息宣贯到达能力。

综合治理域重点推进宣传发布、平安城市、民生管理等应用，发挥广电网络和安全传输优势，充分整合资源，提升社会治理效能。

公共民生域重点推进智慧文化、民生信息、智慧教育、交通出行、居家养老、健康医疗、智慧家居等应用，借助广电终端和本地内容优势，增强民生服务体验。

产业发展域重点推进智慧农业、智慧酒店、智慧校园、智慧旅游等应用，并结合各地特点有针对、有选择地实施各类行业应用。

## 6 省域广电“智慧城市”建设的技术规划

针对省域广电“智慧城市”业务体系的技术支撑需求，我们在构建技术支撑体系时，充分引入云计算、无线网、物联网、大数据、TVOS等行业新兴技术，实现基础资源集约共享、智慧业务敏捷部署、应用服务无缝覆盖、数据资源整合提升。省域广电“智慧城市”技术支撑体系的构建要点包括建设全省统一、分级部署的智慧服务云平台，构建有线无线融合的智慧业务融合承载网，部署以TVOS为核心的系列化智能终端体系，打造统一管控、分级防范的信息安全防护体系等。

### （1）智慧服务云平台

智慧服务云平台采用分层思想，由智慧应用云、协同管理云、基础资源云构成，如图1所示。各层之间以松耦合方式实现应用与承载分离、控制和感知分离。

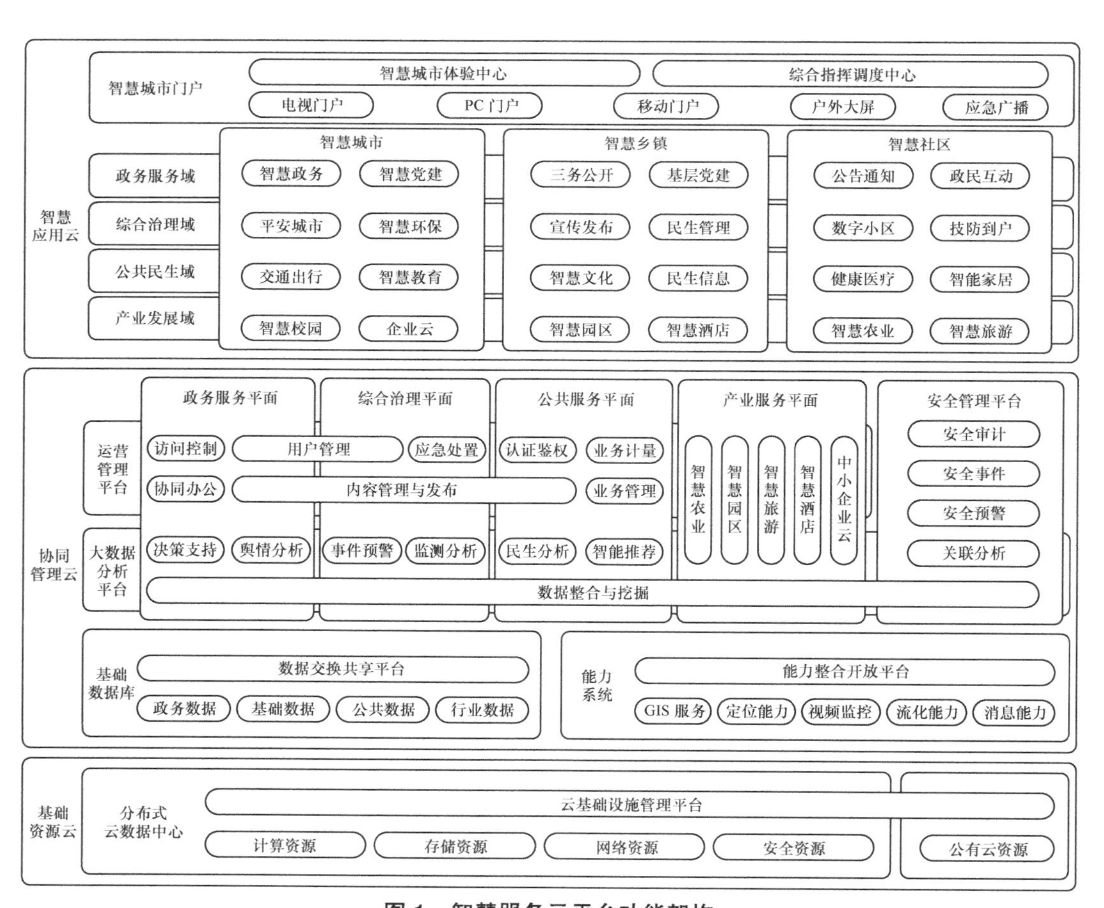


图1 智慧服务云平台功能架构

① 智慧应用云

智慧应用云由智慧城市门户和各类智慧应用构成。其中，按照服务层级的不同，智慧应用包括智慧城市、智慧乡镇和智慧社区三大类；按照服务对象和服务内容的不同，智慧应用可以分为政务服务、综合治理、公共民生、产业发展四大类。

② 协同管理云

协同管理云以平台即服务技术（PaaS）为基础，面向各类智慧业务，提供数据资源、能力资源的整合、处理和应用，主要包括基础数据库、数据共享交换平台、各能力系统、能力整合开放平台、大数据分析平台、运营管理平台和安全管理平台等。

③ 基础资源云

基础资源云围绕云计算基础设施即服务（IaaS）技术，通过虚拟化技术和资源管理技术，将服务器、存储、网络、安全设备抽象为逻辑资源池，为智慧服务云平台和各类智慧应用提供硬件资源支撑。按照业务跨网、跨终端承载的需要，基础资源云由自建私有云资源和互联网公有云资源有机组成。

（2）智慧业务融合承载网

智慧业务融合承载网现有的有线电视网、无线网和物联网，构建天地一体、万物互联、智能协同的融合网络承载，覆盖个域、局域和广域范围，支持广播、组播、单播、交互相结合，实现任何时间、任何地点、任何终端为受众提供便捷、高速、智能的智慧业务接入服务。

在网络类型上，智慧业务融合的承载网由有线网、无线网和物联网组成。在网络层级上，智慧业务融合的承载网由骨干网、城域网、接入网、家庭网和网络支撑系统组成，如图 2 所示。

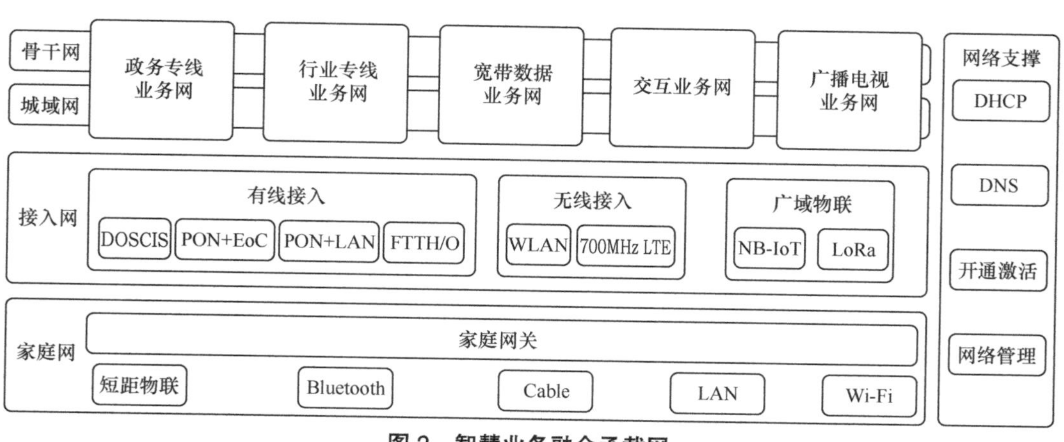


**图 2 智慧业务融合承载网**

在无线网和物联网建设路线上，具备条件的地区逐步开展基于 700MHz LTE 技术的广播电视无线宽带网试点建设，并同时部署 NB-IoT。暂不具备条件的地区，前期可根据业务发展需求，基于 WLAN 进行无线网建设，并根据具体业务场景探索

LoRa 物联技术的应用。各类网络采用的技术标准见表 2。

表 2 智慧业务融合承载网技术标准

| 序号 | 网络名称 | 技术标准 |
| --- | --- | --- |
| 1 | 有线接入网 | DOCSIS/C-DOCSIS、EPON+EOC、FTTH |
| 2 | 无线 Wi-Fi | IEEE 802.11a/b/g/n/ac |
| 3 | U 频段无线 | 470 ～ 566MHz：低频优选频段。702 ～ 798MHz：授权频段，无线广播电视双向交互网技术，采用广电总局有线无线卫星融合网技术标准 |
| 4 | 广域物联网 | NB-IoT、LoRa |

（3）智能终端体系

智能终端体系在建设方面，需要发展包括物联感知与业务体验两大类终端。物联感知终端方面需要部署满足城市感知、家居控制、行为采集等多种业务场景的各类短距或广域物联终端设备，重点发展广电智能家庭网关，实现各类短距物联终端的接入和智能家居设备的控制。业务体验终端需要大力发展基于 TVOS 的广电系列终端，将各地现有基于机顶盒中间件的电视终端承载架构逐步向 TVOS 智能终端架构过渡；同时，根据各类智慧业务面向移动互联网的访问场景，部署面向移动智能终端的统一客户端软件，并充分借助现有移动互联网社交软件提供智慧业务访问入口，通过内容协同和多屏协同，实现跨终端业务体验的一致性。智能终端体系如图 3 所示。

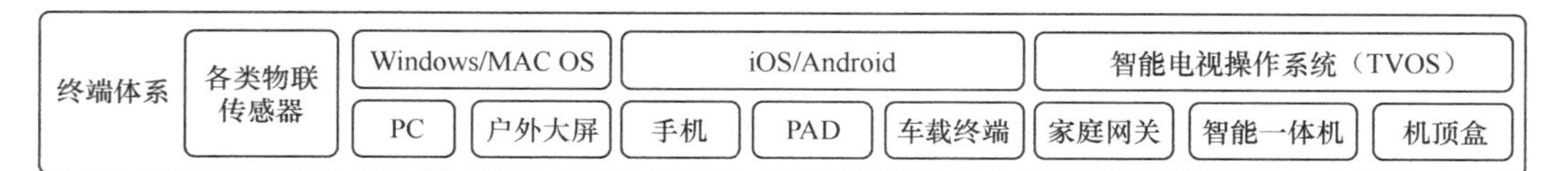


图 3 智能终端体系

（4）信息安全防护体系

信息安全防护体系包括安全管理平台和各类安全设备。其中，安全管理平台以安全风险管理为核心，实现安全事件管理、安全审计管理、知识库管理、维护作业管理、安全响应管理、安全预警管理、安全告警管理、系统管理等功能。安全设备包括各类安全网元中进行信息安全防护的功能实体，包括但不限于防火墙、IDS（入侵检测系统）、IPS（入侵防御系统）、WAF（应用防火墙）、SSL 网关、病毒防护软件等。

## 7 省域广电“智慧城市”建设的部署模式

为支撑省域范围内共性业务规模部署和各地个性化业务的灵活部署，按照“统一架构、分级部署、分级运营、能力下沉”的总体部署实施思路，省域广电“智慧城市”技术支撑体系原则上按省、市两级部署，省、市、县（区）、镇（乡）、社区（村）五级管理进行设计，覆盖用户规模较大或本地个性化需求较多的县（区）、县（区）可比照市级模式进行平台部署。

（1）省平台

资源部署上，省平台按“异地双活”方式承载，主要负责全省集中部署和垂直应用的统一支撑和统一管理。省平台通过部署统一云管理平台，对接与协同各地云数据中心管理系统，实现对全省已建和待建云数据中心基础设施资源的统一监控、统一调度、统一管理和统一灾备。

系统部署上，省平台部署数据交换共享平台、能力整合开放平台、大数据分析平台、统一运营管理平台、统一信息发布平台、统一门户系统、政务服务支撑平台、公共服务支撑平台、行业服务支撑平台和安全管理平台。

（2）市平台

资源部署上，市级平台按需部署云数据中心，原则上市域范围内云数据中心的部署不得超过一个，根据业务部署当量的不同，用户规模较小的地市可由邻市云数据中心或就近省级云数据中心承载业务。本地云资源管理系统实现对本地计算、存储、网络资源的监控、管理和调度，并通过统一的接口封装，向省统一云管理平台开放资源管理接口。

系统部署上，市级平台分为共性系统和个性系统两类。其中，共性部署系统包括视频监控等本地能力系统、本地能力整合开放平台、本地消息发布平台、本地运营管理平台、本地门户系统、公共服务支撑平台和本地安全管理平台等，主要满足以民生资讯发布为主的智慧业务支撑需要；个性部署系统主要包括本地城市基础数据库、数据交换共享平台、政务服务支撑平台、综合治理支撑平台、行业服务支撑平台等，主要满足以全方位智慧城市发展为主的业务支撑的需要。

在平台协同方面，本地数据交换共享平台通过接口路由转发和调用数据，实现与省级数据交换共享平台和县（区）级数据交换共享平台的数据资源交换和共享。本地能力整合开放平台将本地能力接口进行二次封装，供省级能力整合开放平台跨地域调用，面向第三方应用的能力开放统一由省级能力整合开放平台提供。

（3）县（区）平台

资源部署上，县（区）级平台的业务承载需求原则上统一由所在市级云数据中心提供，根据实际发展情况，可由已建成的县（区）级云数据中心承担市级云数据中心的职能。

系统部署上，根据不同的用户规模和业务需求，县（区）平台包括三种主要的部署模式。对于以全方位“智慧县城”发展为主要特征的县（区），县（区）级平台的建设模式比照市级平台进行；对于以民生资讯发布为主，且覆盖用户较大、个性化需求较为多样的县（区），可在本地部署视频监控等本地能力系统、本地信息发布平台和本地门户系统；对一般覆盖用户规模和业务需求较为单一的县（区），仅在本地部署视频监控等本地化能力系统和户外大屏、应急广播等信息发布渠道，县级及县级以下本地内容上载和智慧业务运营支撑功能由市级平台集中承载，并通过账号和权限进行管理区分。

## 8 省域广电“智慧城市”建设的实施策略

按照“统一规划、分步实施、市场导向、逐步完善”的实施原则，省域广电“智慧城市”建设工程分阶段实施：第一阶段为快速推广期，以实现全省智慧业务快速规模推广、抢占市场先机为工作目标，以提升各地智慧应用支撑能力为重点，促进全省各地智慧应用落地开花；第二阶段为巩固提升期，以实现全省智慧业务支撑体系功能完善，促进智慧应用“提质降本”为工作目标，以提升全省数据资源整合、共享、应用为重点，逐步探索和培育以数据为核心的广电智慧产业发展新模式。

## 9 结束语

积极参与各地“智慧城市”建设是新兴信息技术发展背景下广电承担社会责任、拓展业务服务、推动转型升级的必然选择，也是提升广电公共服务水平、实现广播电视产业供给侧改革的必然要求。本文以省域广电“智慧城市”体系化、科学化发展为研究目标，尝试建立包括业务体系、技术体系和分级部署模式等在内的省域广电“智慧城市”整体发展框架，相关内容可以为广电“智慧城市”建设与实践提供一定的规划参考。

## 参考文献

[1] 聂辰席．打造智慧广电畅想数字生活 [J]. 中国有线电视，2015（4）：455-456.

[2] 万乾荣，邓勇．东方有线智慧社区服务建设探索 [J]. 有线电视技术，2018（4）：61-65.

[3] 邱春凤，肇慧茹．建设智慧小城，打造宜居环境 [J]. 有线电视技术，2018（3）：83-84.

[4] 沈子强，张卫．浙江华数基于 TVOS 开展智慧广电建设的运营实践 [J]. 广播电视信息，2018（10）：57-60.

[5] 顾磊，王艺．基于政府数据开放的智慧城市构建 [J]. 电信科学，2014，30（11）：38-43.

[6] 林曙光，郭燕辉，张云勇，等．构建以用户为中心的智慧城市信息服务系统 [J]. 电信科学，2013，29（3）：136-140.

[7] 陈益，林宝成，李鑫，等．广电网络“智慧城市”总体技术规划研究 [J]. 广播与电视技术，2016，43（1）：61-66.

# 智慧城市云端互联网络的安全研究

王　昊　王小鹏

**摘　要：**物联网是智慧城市的基础设施，云计算技术的应用给智慧城市带来了重大的改变，同时也带来了新的安全挑战。本文针对智慧城市场景下的云端互联网环境，分析了智慧城市相关系统面临的网络安全和隐私问题，调研了这些问题的相应解决方案，明确需重点解决的事项并提出未来的研究方向。

**关键词：**智慧城市；云计算；物联网；云端互联

## 1　引言

据预测，2020 年全球互联网终端将超过 500 亿个，包括传感终端、执行终端、GPS、移动设备以及新型智能终端等。这些设备将通过云计算集成，并形成基于物联网（IoT）、智能电网、传感器网络等概念的混合网络形式——智慧城市。支撑此类网络形式的重要技术将是“云计算”技术，用户通过该技术可实现对可配置计算资源池的便捷、按需和可扩展的网络访问。这种可远程访问的计算能力和存储能力弥补了物联网设备的缺憾，可以完美地配合物联网设备的低功耗、低存储特性，形成一个一体化的计算环境。

云计算技术进一步优化了 IT 资源，提高了网络运行效率和组织调度能力以缩减资本支出（CAPEX）与运营支出（OPEX）等。但是为实现这种投资回报，各类组织需要了解云计算技术以推动其战略，特别是围绕安全和隐私的问题。本文先讨论云计算技术，然后再讨论物联网的安全和认证问题及物联网的隐私保护等问题。

在讨论相关问题之前，我们先解释本文涉及的一个新概念——云端互联网（IoC）。云端互联利用云计算技术使得物联网设备集成在云上。云计算提供低成本的 IT 资源和无处不在的访问使得这些设备可以低功耗运行，低计算性能和低存储容量的物联网设备可以通过云计算服务来弥补自身的不足，形成智慧城市的基石，为智慧城市的使用和发展提供了技术支持。

## 2　智慧城市下的 IoC

在智慧城市场景下，云与物联网之间

的协同作用主要体现在云计算技术可以直接运用在物联网上，可以使其持续扩展功能和性能。在物联网发展的初期，物联网设备要么自身具有本地计算和存储能力，要么将它们的数据发送到具有较高算力的大型设备上。这两种方法都有缺点，大型设备的缺点是维护成本高昂并且存在中心故障点；传感器自身的计算和通信能力为一些侧重本地计算的高度分布式应用提供了较好的故障恢复能力，但却大幅增加了网络中每个物联网终端的成本。物联网产生了海量的数据，对这些海量数据的计算和存储需求也与日俱增。物联网的传统模式很难满足这些需求，传感器将会变得更加昂贵和复杂，并且受到种种算力的限制。云计算提供了一种可以满足这些需求的解决方案。

云计算的兴起为物联网提供了无限的计算能力，具有更好的弹性，成本远低于利用大型机或在物联网设备上集成计算资源。云计算使得物联网开发人员摆脱了有限计算资源的限制，能够以更低的成本实现万物互联。事实上，物联网设备只需要很少的算力进行感知某事、启动某动作等操作，并与云通信，云负责执行所有的计算并将结果传回物联网设备。

云计算设施不仅对承担繁重的数据计算和存储任务很有价值，而且在构建所谓的传感器也非常有价值。传统的传感器网络为一个目标提供数据，以满足购买者的需求。但是这会导致资源浪费，因为收集的数据可能对其他目标也是有用的，但其他组织或第三方开发人员无法轻易访问。例如，如果某公司部署传感器来测量市中心的交通流量，则第三方公司可能希望访问传感器数据以改进其卫星导航系统并使旅行者远离拥挤的道路。云服务商可把传感器的数据共享给云中的多个用户，这种模式也被称为云即服务。这带来了许多好处：首先，它让许多物联网应用程序的开发人员减轻了手动部署传感器的负担；其次，传感器的所有者可通过向这些第三方公司收取数据使用费用来收回设备部署和维护的部分成本。

传感器云可以划分为三层：在最低层，世界各地的物理传感器将数据以标准格式上传到云服务商，这种数据标准化使得用户在使用数据时不用担心协议和格式等方面的差异；在第二层，云服务商允许用户创建虚拟化传感器组，以便在应用程序中使用，这些虚拟传感器基于传感器所有者定义的服务模板；在顶层，应用程序开发人员可以将这些虚拟传感器嵌入应用程序中。

云计算虽然为物联网带来了技术上的变革，但它并不是解决所有物联网问题的完美解决方案。事实上，云的使用也带来一些新的挑战，具体如下。

安全性和隐私性：云自身的安全性是一个挑战，云与物联网之间的结合也带来了新的安全风险。例如，我们在考虑某些场景（如智慧城市）的数据敏感性时，必须特别关注数据的保密性、完整性和可用性。保密性丧失可能导致公众数据被盗，如果数据被篡改或缺乏可用性则可能无法及时警告一些危及生命的情况，完整性的破坏可能是致命的。

时延和带宽：云能够提供海量的计算资源，但它不一定能确保网络的低时延和高带宽，因为这依赖于云提供商无法控制的公共互联网提供商。这一挑战导致了“雾计算”的兴起，其思路是使一些计算资源尽可能接近设备以充当中间人，该中间人可快速处理对时延敏感的关键数据，同时将那些对时延不敏感的数据转发给云处理。

## 3 IoC 中的安全问题

物联网生态系统创造了一个新的万物互联的世界，涵盖了丰富多彩的各类应用和系统，如智慧城市、智能家居、车载网络、工业控制系统等。云计算已成为物联网的重要组成部分，它为物联网提供了管理系统、服务器和各种应用，并执行必要的数据聚合和分析。物联网为我们的日常生活和生产提供了巨大便利，然而值得注意的是许多物联网组件（例如低成本数字设备和工业系统组件）的研制几乎没有考虑太多安全性的需求。这些设备在物联网生态系统中的广泛应用可能导致敏感信息的丢失、业务功能的中断以及对关键基础设施的破坏。我们已经意识到云服务所存在的一些安全问题，包括但不限于恶意软件注入（注入云中并作为 SaaS 运行的恶意代码）、易受攻击的应用程序接口（API）、数据滥用、内部威胁以及新出现的中间人攻击等。云计算涉及云服务提供商和云租户，因此云安全是两者的共同责任，云计算的诸多安全问题仍有待解决，而采用云服务的物联网可能会使这种情况更加复杂化并引发更多的安全问题。本节将重点介绍采用云服务的物联网出现的安全问题，并在下节提出解决这些问题的建议。这些问题主要分为隐私问题、技术问题及合规性问题三类。

### （1）IoC 带来的隐私问题

物联网云的数据共享 / 管理问题：在云环境中，无论是公共云、私有云还是混合云，数据安全管理都涉及数据的安全存储、安全传输以及对数据的安全访问。在数据传输过程中，传输层安全（TLS）加密技术被广泛应用于防范安全威胁。在数据处理过程中，云服务在不同的租户之间的隔离有不同的级别，如操作系统级、虚拟机级和硬件级等。用户对数据的安全访问有时取决于隔离级别，有时依赖于访问控制策略的共享基础架构和软件。在物联网环境中，不同的设备之间需进行开放式的数据共享，如果数据是按照当前在云服务中提供的方式隔离，那么开放式的数据聚合和分析将变得不可能。我们需要在数据保护和共享之间找到平衡点。现有的思路是隔离信息流控制（IFC）和管理数据。人们可以指定他们想要分享或保护的数据，在上传到云之前就对数据进行加密，但这将限制其他用户访问这些数据，再次影响了物联网的数据共享和分析能力。现阶段有一些分享加密数据的解决方案，然而这些方法在现阶段尚未落地。

访问控制和身份管理：在云环境中，严格按照行访问控制规则执行。服务提供商使用身份验证方式授予租户访问存储或文件的权限。在物联网环境中，不同设备之间存在数据交互，这些设备由不同的人拥有，访问控制通常通过设备身份管理和配置来实现。现有的身份管理包括身份编码和加密等。当物联网使用云服务时，访问控制涉及应用程序和云资源之间的交互。访问控制策略和机制需要灵活地定义以满足两者的需求并解决不同用户间的访问冲突。现有的思路是对物联网设备进行分组以实现通用策略，但是需要注意确保灵活定义的访问控制策略不会给系统带来新的安全漏洞。

（2）IoC 带来的技术漏洞

复杂性（物联网规模）：采用云服务的一个好处是通过弹性资源扩展机制降低成本。物联网设备数据量和种类的增加已经成为云的重要负担，如不能及时扩展物联网设备将直接影响数据的可用性。另外，安全机制也可能影响物联网云的性能，日志记录是安全性的一个重要方面，因为它提供了系统任一时间状态的视图。云服务一般采用集中的方式进行日志记录，而物联网的日志记录则倾向将其分散到不同的组件中，关于日志记录集中化和分散化也需要找到平衡点。

租户验证：云服务提供商通常应用访问控制来保护数据和资源，现在物联网设备可以直接与用户互动，终端用户可通过物联网设备轻松发起网络攻击。我们已经看到了许多通过智能家居应用进行攻击的现实案例，这些应用的安全性设计较差，从云租户的角度来看，物联网设备需要在连接之前进行验证。

云分散化：目前新兴的趋势是云分散化，用以适应物联网和大数据分析。典型的案例是分散计算，例如雾计算和边缘计算。云分散有助于减少典型的云攻击，例如拒绝服务（DoS）攻击，但它也引发了新的安全问题。这些攻击将不再针对云服务，而是针对各个服务提供商和租户。一种防护思路是通过协调设备与设备的通信联动，协调另一个云的资源来保护被攻击的云，云计算需要提供更灵活的管理和调度。遵循分散式云部署的趋势，为 IoC 开发的安全机制也必须是分散的。

（3）IoC 带来的合规性问题

合规和法律问题：云计算通过服务级别协议（SLA）体现合规性。评估合规性的典型方法是通过审计，云计算领域已经有一些明确的框架，可以生成审计日志，证明他们符合相关的政策 / 法规，然而物联网领域目前还没有定论。因物联网往往是孤立的、分散的，而云的数据集中化使得数据可以跨境访问，这引起了跨国数据流动相关的法律问题。这些法律和管理规范应用于 IoC 数据的管理上，将对物联网和云的数据共享能力产生负面影响。

## 4 IoC 中的安全解决建议

针对上一节提出的智慧城市场景下云

端互联中存在的安全问题，我们给出如下解决建议。

（1）隐私问题解决建议

基于我们的调研，IoC 的隐私保护方案可以根据网络模型和隐私模型进行分类，主要包括如下几种方案。

Zhou 等人提出了一种自控和多级隐私保护协作认证方案，称为 PSMPA，实现分布式云计算系统的安全，主要包括以下五个步骤：设置密钥、密钥提取、签名、验证和抄写模拟。这是基于指定属性的签名方案，PSMPA 在数据计算、通信、存储方面是有效的，但是没有考虑用户私人信息的认证。因此，Liu 等人提出了一种基于共享权限的隐私保护认证协议，名为 SAPA，用于云数据存储，实现了认证和授权，而不会损害用户的私人信息。SAPA 应用基于密文策略属性的访问控制来实现，用户可以可靠地访问自己的数据。此外，SAPA 采用代理重加密来提供多个用户之间的临时授权数据共享功能。

（2）技术漏洞的解决建议

目前，云计算基础架构的安全技术聚焦在计算资源池、网络资源池和云管理平台三个层面。由于云计算引入了虚拟化技术、云计算引擎和云计算管理平台，所以为主机和网络带来新的安全挑战。

云资源池的安全保障建议：围绕物理服务器、虚拟机及 虚拟机监视器三个维度开展安全防护工作。首先解决基于主机层的恶意代码防范；其次需要关注上述三个维度的漏洞检测及防护，避免发生类似虚拟机逃逸攻击等恶性安全事件；同时，还应该基于操作系统层面通过安全基线加固、安全漏洞修复、防暴力破解、防弱口令等各类安全手段实现防护加固。

网络资源池安全保障：首先需要围绕物理网络和虚拟网络防范恶意代码；其次需要关注在东西向流量和南北向流量的安全防护，即保障入云业务或租户私有计算资源内部（东西向流量）及外部（南北向流量）的安全隔离、访问控制、业务安全等，还需要在虚拟化环境下的安全策略进行同步。

云管理平台安全保障：更多的是关注平台安全，将云管理平台作为平台应用进行安全防护，也就是做好云平台的访问认证及授权控制，并对平台设置安全基线。通过漏洞的检测和防护技术，从多维度对云平台进行日志收集及审计操作，保障云平台本身的安全。

## 5 结束语

智慧城市场景下云与物联网之间的协同作用主要体现在云具有直接受益于物联网并使其持续增长的属性，但采用云服务的物联网同时带来了新的安全挑战。我们已经确定了数据管理、访问控制和身份管理中所存在的一些关键安全问题，包括复杂性和规模、多层次的保护、合规性和法律问题、新兴的云分散化趋势等。现有的工作正在着手解决这些问题，但未来的工作应主要集中在集中化和权力下放、数据安全和共享以及相关政策问题之间的平衡等方面。关于隐私保护，从系统性考量这不是一个可以孤立处理的问题，必须分析不同用户和平台之间的相互依赖性。此外，隐私度量的组合可以通过结合不同方法帮助提高隐私级别，同时在存储、计算和延迟方面保持相对较低的总成本。

## 参考文献

[1] AmyNordrum. Popularinternet of things forecast of 50billiondevicesby2020isoutdated. IEEESpectrum.

[2] PeterMell, TimGrance, etal. TheNISTdenitionofcloudcomputing. 2011.

[3] JiongJin, JayavardhanaGubbi, SlavenMarusic, andMarimuthuPalaniswami. Aninformationframeworkforcreatingasmartcitythroughinternetofthings.IEEEInternetofThingsJournal, 1(2): 112 - 121, 2014.

[4] XinDong, JiadiYu, YuanLuo, YingyingChen, GuangtaoXue, andMingluLi. Achievinganeective, scalableandprivacy–preservingdatasharingserviceincloudcomputing.Comput. Secur., 42:151–164, may2014.74.

[5] JunZhou, XiaodongLin, XiaoleiDong, andZhenfuCao. PSMPA:PatientSelfControllableandMulti–LevelPrivacy–PreservingCooperativeAuthenticationinDistributedm–HealthcareCloudComputingSystem. IEEETrans. ParallelDistrib. Syst., 26(6):1693 - 1703, jun2015.78.

# 新型智慧城市环境下信息安全体系架构浅析

杨天开　鲁　洁

**摘　要：**本文根据新型智慧城市中涉及的网络与信息安全保障的实际需求，从技术和管理两个方面，设计横纵交错的信息安全体系，打造安全可控的信息安全环境，保护信息与信息交互安全，构建健康有序的网络秩序，为新型智慧城市建设提供安全保障。

**关键词：**新型智慧城市；信息安全；体系架构

## 1　引言

近年来，随着社会经济的不断发展和新型智慧城市建设工作的推进，网络规模以及数据量急剧增加，政府信息安全管理方面也面临巨大的考验，这使得信息安全监测管控工作的任务更为艰巨。安全是第一责任，在大力推进数字中国和新型智慧城市建设的同时，我们必须充分认识网络信息安全方面的严峻形势，提前进行有针对性的研究，努力构建符合实际情况的网络与信息安全管控平台，以便积极应对来自各方的信息安全威胁。

## 2　信息安全体系的顶层架构

信息安全体系的设计应从安全理论、安全模型、安全技术、安全政策和实践经验等方面考虑，利用现有的城市信息化资源，以“安全技术防护、安全空间治理、信息安全管理、法律法规”框架为核心，重点覆盖城市云数据中心安全、物联网安全、城市工控系统安全、政务网安全、网络空间治理等领域，具体如图 1 所示。

## 3　信息安全体系技术设计

### 3.1　信息安全技术防护

信息安全技术防护可由以下 5 个部分组成。

① 物理环境安全。物理安全是整个网络系统安全的前提，它主要包括数据中心机房环境安全、物联感知设备安全、用户终端安全三个方面。

② 基础网络安全。网络安全主要体现在网络接入、网络负载能力、网络结构、防干扰、防窃听、防入侵等方面的安全。

③ 技术软件安全。基础软件包括操作系统、数据库系统、虚拟化系统、中间件四类。

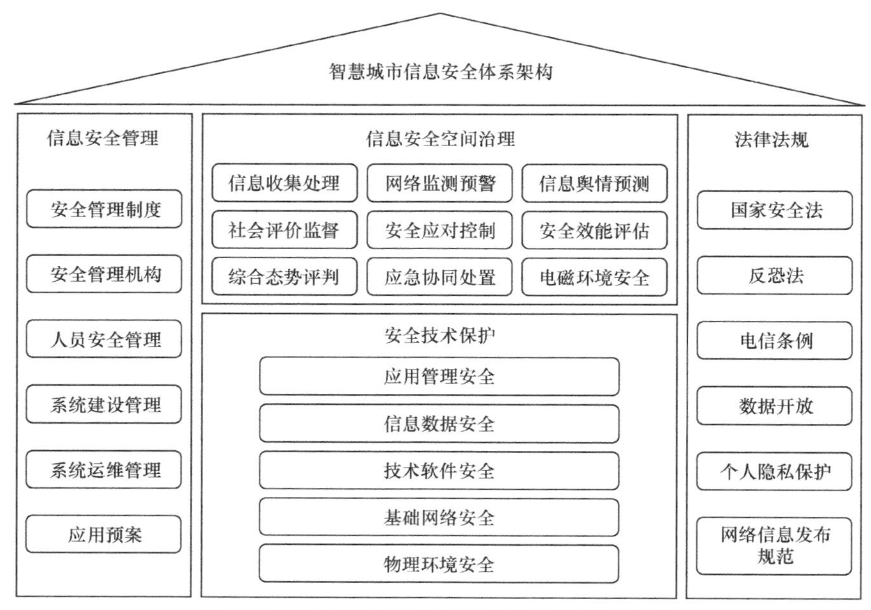


**图 1　新型智慧城市信息安全体系的顶层架构**

④ 数据信息安全。数据安全防护从数据存储、输入 / 输出保护、数据汇集及使用、敏感内容及隐私保护、数据权利安全监管、数据安全评估、数据加密等方面保障数据安全。

⑤ 应用管理安全。应用安全防护可以依托通用功能平台，集中统一管理用户身份信息，为每个用户分配全网唯一的实名身份标识，关联其在城市网络实体的所有经过授权的电子身份与经过验证的相关信息，并按角色进行管理、认证、授权。

### 3.2　信息安全综合治理

我们主动收集设备运行数据、承载的内容信息，通过大数据分析、预测等技术手段，识别城市网络空间中的非法或涉恐内容、病毒扩散风险，构建城市信息安全信息综合呈现系统，提供全天候、全方位的感知网络安全态势功能，并联合有关部门共同做出响应，提升政府、公安等部门对网络安全事件的反应能力，以及对涉事人员和企业做出协同处置的能力。

① 信息收集处理。该功能通过本地网络采集数据（网络数据和物联感知数据）、第三方推送数据和元搜索等手段，汇集网络数据，并对采集的数据进行安全等级和内容分类等预处理，实现网络态势的感知。

② 网络监测预警。该功能通过已采集及预处理的数据，对指定数据进行智能调度、识别应用协议和内容还原，实现反病毒检测、入侵检测、信誉库检测、DDoS 攻击检测和高级逃逸检测等静态检测方式。

③ 信息发布舆情预测。该功能通过已有的主流信息发布平台（覆盖网站、微博、微信等）进行信息发布，实现对社会

热点信息的舆论引导；利用采集的反馈信息，通过大数据分析算法，实现对舆情走向的预见性分析。

④ 社会评价监督。该功能可将公众对网络中的各种信息、行为给予的意见、举报或评价等信息，统一反映给政府部门，政府部门的相关人员对其进一步地分析和处理。这样能实时有效地监督网络空间内的各种信息和行为。

⑤ 安全应对控制。该功能归一化处理各类安全设备、各种信息（时间、日志），并对其中离散独立的安全事件进行集中处理和分析，实现包括脆弱性监控、事件监控、风险管理、安全态势呈现及运维管理等功能。

⑥ 安全效能评估。该功能通过建立城市统一的安全决策评估体系评估城市网络空间、物理空间的安全防护等级，实现对安全决策评估的可视化。

⑦ 综合态势研判。该功能通过对城市网络空间安全信息数据进行可视化处理，采用电子地图与 2D、3D 呈现相结合的形式，实时将信息安全态势可视化，对可能产生的异常情况告警，并提供相关信息查询、统计功能。

⑧ 应急协同处置。该功能基于信息分析和态势综合分析，协同处理预警报警的网络综合治理事件；基于预先规划应急情况下各部门之间的协同方式和流程，完成应急协同调度的相关工作。

⑨ 电磁环境安全。该功能通过电磁环境频谱监测、电磁环境污染分析等技术手段，并结合频谱地图实时测绘技术，实现对电磁环境污染的监测治理和对电磁频谱的规划管控，为政府、企业、行业和个人等电磁环境的掌握和治理决策提供支撑。

## 4 信息安全体系管理设计

### 4.1 信息安全管理

根据国家相关规定和标准，结合新型智慧城市各个领域在网络安全方面的需要，本文从以下 6 个方面制订相关管理标准和规范。

（1）网络安全管理机构

城市网络空间安全管理专职部门负责新型智慧城市核心技术服务的安全技术防护工作，制订明确的管理制度，并对网络空间进行监测和治理。

（2）网络安全管理制度

城市网络空间安全管理科室负责建立安全管理活动中的安全管理制度，建立管理人员或操作人员日常执行的管理操作规程，使之形成由安全策略、管理制度、操作规程等构成的全面的信息安全管理制度体系。

（3）人员安全管理

涉及敏感信息的工作人员要增强管理意识，提高安全保密意识，严格规范相关岗位人员的应聘、在岗、离职工作流程。科室本身的工作人员以及相关涉密人员，要定期进行培训和考核。

（4）系统建设管理

新建的系统和应用需经过相关部门公

证过的第三方单位进行安全性测试，并给出安全性测试报告；设备采购优先选择国产产品，核心设备、技术、软件等必须采用本国产品，如本国无该产品，则经过专业机构评审合格后方可采购，并做好相应的安全防护措施。

（5）系统运维管理

建立系统运维管理制度，工作人员对机房环境、信息系统、安全介质等进行统一的规范管理和维护，对升级替换的存储设备要进行统一的消磁、销毁；建立密码管理制度、系统登录制度、系统变更制度、备份与恢复制度、安全事件处置条例等。

（6）应急预案

根据信息安全突发事件的性质、机理和发生过程进行分类，根据安全突发事件的可控性、严重程度和影响范围进行分级，加强对有关信息的收集、分析判断和持续监测；要明确应急处置方法、应急联动、后期处置措施等具体内容，并做好相应保障工作。

### 4.2 法规规章

在国家法律规章框架下，我们制定符合城市特点的地方法规规章，保障网络空间安全有序，推进新型智慧城市网络空间安全管理、网络空间安全运营等层面的法规规章建设。

① 建设智慧城市数据开放应用与隐私保护的法规规章，支持智慧城市大数据的开放创新应用，保护社会组织业务数据的安全及公众隐私。

② 建设智慧城市的运营模式与安全管理制度的法规规章，支持新型智慧城市的安全运营和健康管理。

③ 规范网站、社交媒体、交易平台、广告平台等内容发布行为，在处理纠纷时做到有法可依。

## 5 结束语

伴随着信息化的发展，信息安全也需要不断演进，信息化程度越高，信息安全的影响就越深刻。建立新型智慧城市的信息安全体系架构将有助于明确智慧城市信息安全体系中的各类角色及其职责，增强各系统间的协调管理，及时查找梳理信息安全风险，最终实现智慧城市信息安全目标，保证新型智慧城市的健康和可持续发展。

## 参考文献

[1] 李洋，谢晴，邱菁萍，等．智慧城市信息安全保障体系研究 [J]. 信息技术与网络安全，2018（7）：18-21.

[2] 刘志诚．智慧城市网络信息安全体系建设浅析 [J]. 网络空间安全，2018（6）：74-79.

[3] 王青娥，柴玄玄，张譞．智慧城市信息安全风险及保障体系构建 [J]. 科技进步与对策，2018（24）：20-23.

[4] 张大江，毕晓宇，吕欣，等．智慧城市信息安全体系研究 [J]. 信息安全研究，2017（8）：710-717.

[5] 丁波涛．智慧城市视野下的新型信息安全体系建构 [J]. 上海城市管理，2012（4）：17-20.

# 智慧物流园区总包业务新体系的研究

朱　亮　刘　李　王天雨　尹秋懿

**摘　要**：本文分析了智慧物流园区总包业务，提出基于“PEO”模式下智慧物流园区总包业务的新体系，为相关智慧园区的建设发展提供经验。

**关键词**：智慧物流；总包；顶层规划；运营公司

## 1　引言

近年来，随着移动互联网、电子商务的快速发展和普及，物流业务迎来了新一轮的发展浪潮。物流园区作为物流业务环节中最重要的载体，其信息化发展水平直接影响物流运转效率，加强智慧园区的建设已然成为物流园区和物流企业实现创新转型的必由之路。因此，本文以智慧物流园区顶层规划为引领，通过总包业务开展智慧物流园区的建设规划，突出信息化项目的可持续性运营，探索更加科学、高效的智慧物流园区建设新路径。

## 2　智慧物流园区的建设模式分析

智慧物流园区是指利用物联网、大数据、云计算、人工智能等技术实现平台的智能化，包括园区的可视化、大数据决策、全流程信息感知、数据挖掘与分析等。智慧物流园区建设是一项庞大、系统且多专业、综合性的工程，而众多物流园区管理者在信息化专业性、人才储备、项目管理经验等方面严重缺失。因此，选择在通信、信息化等方面具有较强综合实力的单位以总包的方式承接智慧物流园区建设，统筹负责园区信息化整体的设计、采购、建设等工作，将是智慧物流园区建设的重要途径。

总包（General Contract）也被称为工程总承包，通常是指总包商被工程项目业主委托，根据总包合同规定，对项目进行设计、采购、实施等操作流程。一般来说，总包业务被分成设计采购施工总承包（EPC）、交钥匙工程总承包（Turnkey）、设计施工总承包（DB）三种形式。其中EPC是最受工程项目管理者推崇的形式，被广泛运用在各类项目中，具体包括以下优势。

① 有利于划分物流园区项目中的各方责任。在EPC下，传统状态下的工作内容混杂、合同体系不明确的情况得到遏制，业主与总包方、分包方之间责任权利明确且有规可循。

② 有利于简化物流园区项目中的合同关系。在EPC下，业主不需要分别与设计方、采购方和实施方签署合同，只需与总包方签署合同，极大地简化了智慧物流园区项目的合同框架。

③ 有利于减少业主的时间消耗成本。传统模式下，业主需要跟进所有阶段的项目进度和品质，而在EPC下，业主无须跟进琐碎事务，转而只需监督总包方的工作，节约了时间成本。

④ 有利于提高物流园区建设质量。EPC下的智慧物流园区总包业务的设计发挥主导决定作用，将智慧物流园区的规划和设计方案贯穿整个总包项目中，提升了园区建设的质量。

但是，EPC也不是完美的。智慧物流园区建设不同于传统的园区信息化建设。首先，智慧物流园区更加强调站在园区的顶层视角，统筹考虑园区的信息化发展需求和推进路径，而不是孤立狭隘的建设一个子项目；其次，园区的信息化建设仅仅是智慧物流园区建设工作的一部分，建设完成后不等于能够利用好，让智慧物流园区可持续地运转，建设的项目能够产生预期以及持续的效益，是智慧物流园区发展的最终目标。

## 3 基于PEO模式下智慧物流园区总包业务体系的构建

我们延伸拓展了智慧物流园区EPC，构建基于“PEO”模式的智慧物流园区总包业物体系。“PEO”模式即项目规划（Project Plan）+EPC总包（General Contract）+运营（Opera-tion），本质是面向园区管理者的一种全流程管理体系，具体如图1所示。该体系通过明确项目范围和建设时序，缩短项目建设工期，增强项目可持续性运营能力，提高智慧园区整个工程的最大收益。

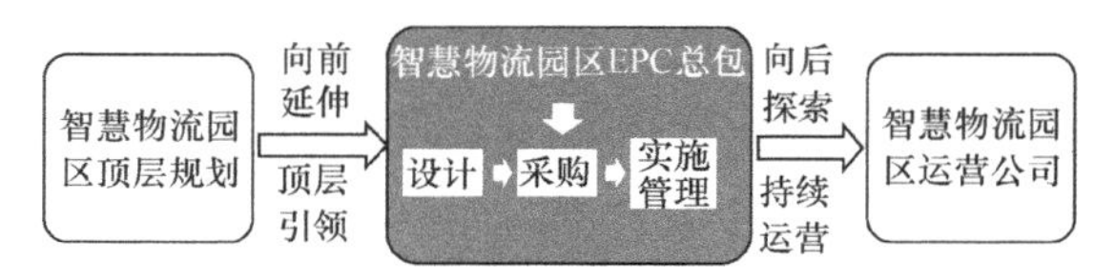


**图1 “PEO”模式下智慧物流园区总包业务体系**

（1）向前延伸：顶层规划+EPC总包

EPC总包业务向前延伸，实现“顶层规划+EPC总包”的项目路径，健全了智慧物流园区项目建设过程的管理体系。智慧物流园区顶层规划是建设智慧物流园区的首要工作，以园区信息化顶层视角，全面回答智慧物流园区为什么建、建成什么样、如何建、给谁建等一系列重点问题。我们坚持“一园一策、突出特色”，通过搭建智慧物流园区的顶层框架，制订智慧物流园区发展目标，梳理建设任务和重点工程，制订具有可操作性的实施路径、运营模式和保障机制。在这条新的路径中，顶层规划始终贯穿园区建设，为智慧物流园区EPC总包工作的开展提供科学的规划引领和指导作用。

（2）向后探索：EPC总包＋项目运营

传统的EPC总包建设实施完成后，项目移交给管理者，工作就结束了。但对于园区管理者来讲，信息化项目的后期管理、运维、运营等方面还是面临专业人员缺失、管理经验不足等诸多问题。已经建设好的信息化项目能够不断地吸引资金流、人流和物流等，壮大项目辐射范围和增强平台的影响力，使项目可持续运营是智慧物流园区建设发展的最终目标。因此在EPC的基础上我们向后进行思考，可以由物流园区主管部门与社会第三方企业或者EPC总包单位按照一定的比例共同出资成立独立的智慧物流园区运营公司，该公司负责智慧物流园区建设项目的移交、融资、维护和运营等事项，充分挖掘运营公司的潜能，不断拓展园区建设各方之间的战略合作深度。

### 3.1 智慧物流园区顶层规划体系

智慧物流园区顶层规划是智慧物流园区建设的首要工作，具体包括以下内容。

（1）物流园区信息基础设施规划

物流园区信息基础设施规划主要包括通信基础设施和公共数据资源两大部分。一是完善园区通信基础设施建设，为企业提供高速、安全、便捷的通信网络接入服务；二是通过建设物流园区数据中心和大数据平台，为园区管理者、企业提供安全集约的数据存储、计算、共享等服务，该平台还汇聚区域物流信息资源，为开展物流大数据的分析、挖掘和运营提供支撑。

（2）物流业务智慧化应用规划

物流业务智慧化应用规划以支撑园区物流业务开展和服务园区企业为目标，开展多式联运、仓储管理、物流金融、电子商务等专业化平台的建设，打造云上物流生态体系，吸引社会相关物流主体参与大生态体系中，通过发展虚拟物流经济，转变传统物流产业经济增长方式，构建持续高速发展的增长态势。

（3）物流园区管理和服务智慧化应用规划

物流园区管理和服务智慧化应用规划是借助现代信息技术和管理理念，打破传统业务管理的运营模式，通过开展智慧交通、智慧安防、智慧建筑等项目建设，实现园区运行管理的智能化、精细化和可视化，提高园区管理的运营效率；通过开发园区生活服务平台，对接园区内的停车场、餐饮、住宿、购物、娱乐等场所，提供包括停车、餐饮、住宿、购物、修理、娱乐等服务，打造一个融合、互动、共赢的惠民综合移动服务平台。

### 3.2 智慧物流园区EPC总包体系

智慧物流园区的EPC总包业务主要包括设计阶段、采购阶段、实施和管理阶段。

（1）设计阶段

该阶段包括智慧物流园区重点项目的方案设计、各分模块的设计计划和功能实现、时间进度安排，还包括智慧物流园区信息化设备的选型、设计图和综合布置详细施工图，以及包含后续采购和实施过程的所有设计选择方案。

（2）采购阶段

该阶段包含智慧物流园区设备采购、信息化服务采购以及安装施工等工作安排。采购环节囊括了大部分分包招标、合同签署、分包合同执行等事务工作。智慧物流园区涉及的采购资材和服务包括数据库、系统软件、人工智能化设备、人机交互系统、可视化系统、云服务等。采购要求更为复杂。

（3）实施和管理阶段

园区的总包方除了控制项目总进度、园区建设质量、物流园区建设技术、安全、环保，还需要维护和展示整个智慧物流园区信息平台的服务体系的运行，并进行相关的人员培训，做好移交前的所有工作。

### 3.3 智慧物流园区运营公司体系

该体系以加强智慧物流园区可持续化运营能力为目的，结合智慧物流园区项目建设特点，运营公司确定相应的管理职能，明确各职能部门的责、权、利，充分发挥各职能部门的作用，分工负责开展项目运营过程中的行政管理、投融资管理、运营管理、风险控制、建设运营等工作。

（1）运营组织机构

根据项目的特点和需求，运营公司下设调度服务中心、资源管理中心、维护管理中心三个协调管理中心。每个专业运营中心下设产品策划组、业务拓展组、业务开通组、售后服务组。

（2）运营管理方案

运营管理方案是合理规划智慧物流园区产品功能，高效率、高质量地做好项目的运营维护工作，达到良好客户感知的关键。基于本项目的平台建设、运营维护需求，我们制订项目公司在整个特许期内的连续运营方案。

（3）项目运行维护方案

为了保障智慧物流园区的服务质量，以保证基于ITIL运维管理的最佳实践，运维管理流程包括事件/故障管理流程、变更管理流程、资源管理流程、监控与告警管理流程、备份与恢复管理流程和运维报告管理，这些流程要做到规范、高效、可控。

## 4 结束语

以“PEO”模式为主导的智慧物流园区总包业务新体系打破了传统的物流园区信息化建设模式，解决了物流园区信息化建设成效慢、效果不佳、不可持续等诸多问题，从顶层规划到落地实施再到持续运营，能够让园区管理者充分参与智慧物流园区规划、建设、运营的全过程，做到规划符合需求、建设高效可控、运营持久发展，这种创新性新体系必将成为未来智慧物流园区等领域项目建设的典范。

## 参考文献

[1] 王思强 . 浅谈国际EPC工程项目的组织结构[J]. 项目管理技术，2012（12）.

# 通信总包项目设计任务实施与实践
## ——以基站接入专业工程为例

宋 源 刘增祥

**摘 要：**本文阐述了基站总包项目的相关管理措施及方法，并将其应用于实际案例中。根据项目总体的实施情况，该管理办法可以有效提升项目的实施效率，加强各环节的衔接。

**关键词：**通信总包；设计；管理措施；应用方法

## 1 基站总包项目设计工作意义

基站总包项目的设计是指按照总承包项目的合同规定，遵守国家法律法规，吸收国内外先进的科学技术成果和生产实践经验，选择最佳建设方案进行设计，为总包项目提供建设依据的设计文件和图纸，并为项目建设提供施工安装、试运行服务的整个活动过程。

通信总包项目设计成果的质量与项目投资、质量、装置技术水平有着密切的关系，直接影响项目的经济效益、环境效益和社会效益。因此，总包项目设计是工程建设的灵魂，工程质量、进度、成本、安全等控制都必须从设计开始。

## 2 基站总包项目设计工作的主要内容

### 2.1 资料准备及现场勘查

对于设计而言，建设站点相关的资料和现场查勘是设计的前提，只有充分了解所需设计站点的要求和具体实际情况，我们才能筛选最优的设计方案。

在设计工作开展前，我们要充分了解建设站点所要达到的要求以及相关的指标，以免在后续的现场查勘过程中出现设计不符合要求的情况。我们在现场查勘首先要制订现场查勘计划，以便通知相关负责人进行协调；其次要根据要求，对建设的站点设计详细的记录和拍照，如前端杆的位置、所需要的链路资源、路由的走向情况等，同时对于特殊的站点需要设计备选方案；然后，根据查勘的具体信息制作查勘记录表，内容包含查勘站点的名称、涉及的各项资源信息、相关现场环境信息、后续实施预案等；最后，汇总查勘的具体站点信息并绘制相关图纸，同时，保存查勘的记录表等资料，以便后续进行项目相关资料归档。

### 2.2 设计图纸绘制

根据前期对项目相关资料的充分了解和现场查勘的实际情况，我们按照相关要求绘制图纸（外场设备安装图、线路施工图、机房施工图等）。图纸的绘制必须遵守相关的设计规范和要求，如《传输工程设计要求》《无线通信工程设计要求》《通信线路工程设计规范》《通信线路工程验收规范》等，尤其要重点关注图纸绘制深度和图纸的完整性。

图纸绘制的设计深度要符合设计规范，如前端设计的外场设备接入光交的接入端口、机房传输的 ODF 端口、PTN（IPRAN）端口等的占用和本次的使用情况在设计图纸中都要予以明确。

图纸必须有完整的信息，如图签、工作量表、材料表、图例、断面图、指南针等。

### 2.3 设计图纸会审

图纸的会审是设计中非常重要的一个环节，是确定设计方案是否可行的重要途径。对于基站总承包项目，由于项目规模比较大，项目建设都是系统性的工程，所以设计会审的内容也较多。会审分为内部评审和外部评审，内部会审通过以后再进行外部会审。

项目各参建部门在收到施工图设计文件后，在设计交底前需要全面熟悉和审查施工图纸。建设单位应及时主持召开图纸会审会议，设计人员、外请专家、施工单位等相关人员根据图纸会审情况整理成会审问题清单，与会各方会签。

会审内容主要包括：选用设备的型号是否满足整体系统的需要；图纸中所需材料表、工作量表是否有遗漏；设计图纸与说明是否齐全；图纸中资源占用情况是否明确；机房设备的安装位置是否合理、取电是否安全、尾纤走向是否合理；图纸中对现场施工可能存在的安全问题有无明显标注提醒等。

我们通过审核图纸要达到以下目的：了解项目工程的整体情况和设计意图，明确技术特点和质量要求；找出图纸上存在的差、错、漏等问题和错误；根据图纸的内容，确定应收集的技术资料、标准、国家规范、实验规程等内容，做好技术保障工作；建立正确的工程数量台账，确定计量内外控制线。

## 3 设计工作的工程实践

某基站总包项目采用远端 BBU+RRU 覆盖方式，RRU 被安装在利旧或新建路灯杆上，布设在人流量较为集中的路口、车站和机场出入口等，实现对重点区域的底层深度覆盖，通过运营商专线网络采集汇总相关信息数据。该项目在设计阶段按照资料准备及现场查勘、设计图纸绘制、设计图纸会审三个阶段进行实施。

资料准备和现场查勘阶段能详细地摸底现场情况：工作人员统计人流量、车流量等因素综合评定，确定杆位的位置；随后查勘线路，杆体到上联基站的路由。除此之外，多个点位应尽量考虑同一个基站。在查勘点位时，除去应建点位，还增加了部分备选点位。

设计图纸绘制阶段，工作人员在设计图纸绘制时，需要明确前端设计的外场设备接入光交的接入端口、机房传输的ODF端口、PTN（IPRAN）端口等的占用和本次的使用情况等，在保证路由通畅的情况下，尽量降低施工难度，减少施工距离，保证施工人员能够按图施工。

设计图纸会审方面，该项目的评审内容主要涉及无线设备接入图纸会审、传输线路图纸会审和机房设备安装图纸会审3个部分，重点做好以下两点。

① 设计可施工性分析主要是分析设计文件或者图纸对工程项目施工的有利程度，可以节约工程成本、减少工程施工周期。基站总包项目实施过程中，施工部门及时与设计部门交流和沟通。

② 设计施工接口控制点。施工部门在图纸会审时，应根据经验主动对不合理或需要优化的节点提出合理化建议，并同设计部门做必要的沟通交流，积极参与施工方案以及施工组织的优化。

对于基站综合接入项目，设计和施工接口的沟通包括以下4点。

① 在充分调查现场的基础上，实施设计的可建造性分析，施工经理参与探讨重大设计方案和关键设备安装方案，向设计经理提出对重大施工方案的构想，力求设计和施工协调一致。

② 认真组织交底或会审并做好记录，保障工程的质量并推动施工的顺利实施。

③ 组织相关设计人员到现场指导施工，及时解决现场出现的与设计相关的问题，同时协助解决施工过程中发生的质量事故。

④ 施工期间因非设计原因出现的设计变更，应经过设计的审核，由设计人员签发变更通知，严格执行变更管理流程，经有关负责人批准后方可实施。

该项目通过以上措施，规范了设计过程，输出了内容明确、设计合理的设计文档，为后续的施工阶段打下坚实的基础，缩短了项目的工期，节约了一定的工程成本。

## 4 结束语

有效的项目设计管理方式和方法可以有效减少以往由于设计图纸不明晰造成的施工困难等问题，提升后续施工的效率并节约了施工成本。基站总包项目设计阶段的流程及相关措施可以推广到其他总包项目中进行应用。

## 参考文献

[1] 孔祥坤，寇准 . EPC工程总承包设计阶段成本控制研究[J]. 经济研究导刊，2010（6）：82–83.

[2] 卢小莉 . 城市轨道交通设计总包管理工作新思路[J]. 中国工程咨询，2017（5）：22–24.

[3] 濮立松 . 移动通信基站工程总承包项目管理的研究[D]. 复旦大学，2009.

[4] 濮立松 . 总承包管理在共建共享通信基站改造中的应用[J]. 建筑设计管理，2011（3）：40–43.

[5] 王进友 . EPC总承包模式下的项目设计管理研究[D]. 天津大学，2008.

[6] 胡海勇，李永妮 . 浅谈海外EPC总承包项目的设计管理[J]. 公路交通科技（应用技术版），2011，7（2）：214–217.

# 通信设计院向通信工程 EPC 方向拓延的必要性及对策研究

刘增祥　王奇珍

**摘　要：** 信息技术的不断发展和同行业竞争的白热化，通信设计院由既有的设计业务向多元化方向拓展变得尤为必要，本文介绍了通信工程实行 EPC 后的优点，分析了通信设计院自身优势，简述了通信设计院实现业务拓展的可行性方向，最后分析和探讨了通信工程 EPC 业务拓展过程中需要关注的几个要点。

**关键词：** 通信设计院；通信工程；EPC；业务拓展

## 1　通信设计院面临现状概述

### （1）传统客户通信运营商利润下滑，投资缩减

从 2000 年开始，国家通过分拆、重组建立了通信行业三大运营商的电信运营主体，自 2007 年至 2015 年，经历了 3G、4G 的网络建设和系统应用的高峰期。随着电信行业人口红利的消失，以及移动互联网技术的冲击，近些年，运营商盈利能力呈现明显的下滑趋势。受此影响，从 2010 年始，运营商的网络建设投资呈现逐年下降的趋势。

### （2）通信设计院传统业务竞争加剧

通信设计院的传统业务依托运营商，十几年来，通信网络建设和技术服务行业参与市场竞争的单位不仅有国有企业、民营企业、上市公司，甚至还有传统意义上的设备供货厂商，通信设计院设计费用与往年对比屡创新低。通信设计院的传统设计业务面临着市场饱和、产能过剩、增量不增收的压力。

### （3）通信项目建设向多专业综合方向发展

社会信息化的发展促使我国通信技术服务的范围不断向政务、企业、广电、交通、电力等行业延伸。与运营商的网络建设相比，这些行业通信项目各专业的界面十分模糊。通信项目的建设不再按照通信线路工程（再划分为线路工程、管道工程）、通信设备工程（再划分为传输设备工程、交换设备工程、基站设备工程、电源设备工程等）、工艺设备工程（再划分

为机械设备工程、监控设备工程）严格区别，而是按照工程或行业的特点划分，并与其他的专业、技术、应用场景相互融合。

（4）信息通信产业迈向技术革新、产业升级的新阶段

以BATJ为代表的互联网企业的发展壮大，以及由异质竞争向同业竞争的不断延伸，基础电信运营商在沦为管道化后，其价值再被持续挤压。以数字化、网络化、智能化为特征的经济新常态，正在促使信息通信产业迈向技术革新、产业升级的新阶段。

## 2 通信工程实施EPC的优点

国家住房和城乡建设部2016年93号文《关于进一步推进工程总承包发展的若干意见》从推动工程总承包行业发展的方面提出了优化建议。

通信工程采用EPC，建设单位仅需和总承包单位签署合同，合同关系简单，工作范围和责任界限清晰。建设单位在建设期间的责任和风险可以最大限度地转移到总承包商，消灭“投资无底洞”，有效控制工程造价。同时，业主可以从具体的管理事务中解放，将精力更多地放在影响项目的重大因素方面。通信工程总承包模式下，EPC总承包商负责整个通信工程项目的统筹规划和运作，这有助于发挥其技术与项目管理的优势，解决施工方案中实用性、技术性、安全性之间的矛盾，减少工程设计、设备采购和现场施工的中间环节，并使之能够有效搭接、有机融合。

## 3 通信设计院实行通信工程EPC的优势

工程建设领域的权威学术杂志ENR曾对国际上著名的200强设计公司进行调查后发现，国际上真正的顶级设计企业几乎全是具有设计和工程总承包功能的工程公司，其占比达30%以上，并且这个比例还在不断增大。

通信设计院实行EPC的优势体现在以下几方面。

① 从通信工程项目建设全生命周期看，通信设计院实施通信工程总承包具有先天优势。

通信工程项目的建设周期包括前期可行性研究阶段、设计阶段、设备采购阶段、施工阶段、试运行阶段和竣工验收阶段。通信设计院在开展可行性研究报告和设计文件工作的过程中，可以较早地介入项目的建设过程，能更早领会工程项目的建设技术要求和意图并且定位准确；同时，通信设计院实施工程总承包能将设计咨询服务的理念贯穿于项目建设的全过程，使设计、采购、施工等工作有机结合，确保项目质量始终处于系统、可控状态。

② 从通信工程建设实施过程的资源配置要素看，通信设计院实施通信工程总承包具有人才和专业技术方面的优势。

通信设计院是技术和人才密集型企业，拥有齐全的各类专业技术人员，了解

并掌握国内外相关行业的技术和标准。当前，国内的大中型通信设计院基本都在通信工程领域进行了多年的耕耘和积累，组建了专业细化、门类齐全的人才队伍，他们虽立足于设计，但已具有长期和通信工程打交道的经验，对工程项目的实施管理有相当多的认知和理解。“有问题找设计”，通信设计院充分发挥人才和专业技术方面的优势，使项目建设始终处于及时、有力的技术支撑之下，实现设计、采购、施工的深度交叉，降低工程实施成本，缩短建设工期，保证工程整体的技术性能最优。

## 4 通信设计院向通信工程 EPC 业务拓延的方向

近些年，国内已有众多的设计院通过不断强化自身的核心优势，积极培育新业态进行行业外延，实现了由纯设计业务向工程公司综合业务发展模式的转变，其年产值实现了由几个亿到几十亿甚至上百亿的爆炸式发展。

在通信工程领域，通信设计院向 EPC 业务的拓展可以从以下几个方向着手。

（1）业务内容向多元化方向发展

通信设计院在原有勘察设计业务的基础上向产业链上下游延伸，除了可以做深做精既有业务，在某些方面或专业形成自有品牌，还可以积极拓展通信行业与企业发展分析与规划、系统应用评估、网络优化、标准与规范制定、通信及 IT 行业软课题研究等相关业务；通过培育通信项目实施和管理能力，介入项目投融资、通信总承包、通信项目管理咨询及系统运营业务。

（2）业务范围向多元化方向发展

利用通信领域的专业技术资源，通信工程 EPC 业务可以开展单一专业通信工程 EPC 或多专业综合型的 EPC，甚至通信工程与机电工程混合型的 EPC 工程建设。同时，通信工程总包业务除基础通信外，可以向电力、冶金、石化、交通、综合管廊、城市治理、环境保护等行业延伸。

（3）业务市场向多元化方向发展

由于历史原因，国内三大运营商在各省基本都有自己的通信设计院，通信工程的 EPC 业务的拓展可以考虑打破既有的区域限制，由单一省份拓展到全国，由大中型城市向县、乡、镇发展。同时，通信设计院利用或组建国际化公司，采用“借船出海”和“自主开拓”并举的模式，积极开拓国际市场，不断提高国内、国际两个市场的开发能力和竞争能力。

## 5 通信设计院向通信工程 EPC 方向拓延需要重点关注的几个方面

通信设计院实现向通信工程 EPC 方向的拓延，由于需要改变以往的工作思维、方式和习惯，牵涉不同的部门和利益群体，因此，形成一套适用本单位的体系与制度，具体应从以下几方面着手。

（1）思想导向方面

通信设计院向通信工程 EPC 方向的转变，首先要解决的是思想意识的统一和转变。是否将总承包业务作为企业未来的发展方向，企业的高层领导团队要有统一的认识，在此基础上，通过宣贯和培训不断地向本企业各部门和员工灌输这种意识，使转型的思想和理念在企业内部被广泛接受和共鸣，在遇到风险和困难时，不推诿、不埋怨、不退缩。

同时，参与通信工程总包的实施人员要沉下心、积极地学习通信专业、系统集成、软件开发、施工与项目管理等方面的知识，即便对于自身所熟悉的设计业务，也要意识到在采用EPC模式后，设计的对象、依据、方案的确定与优化、图纸的表达与审批、对设计人员服务对象、素质和能力的要求等与之前的不同，要能够适应这种改变并具有服务于项目整体计划、费用、进度、施工组织等项目管理的大局意识。

（2）组织机构方面

以传统设计业务为主的通信设计院的生产管理通常采用行政管理的方式，而采用EPC的工程则以项目管理的方式为主，需要由之前的直线式职能管理模式转变为矩阵式项目管理模式，但与之相随的是，不同管理方式的变化将使企业的利益格局发生变化，这种变化往往会引起责权利方面的错位和脱节。

根据EPC项目的规模，企业应当分级管理承建的项目，如可将大、中、小型项目分别设为院、分院、所三级，明确各个项目的责任人和汇报对象，以便在企业内部合理调配资源。企业应当建立能为项目建设提供服务的管理支撑部门，进行组织层面的保障。在项目实施过程时，每个通信EPC工程应当设立项目部，配置管理、技术、施工、物资、商务等各方面的人员，并由项目部根据授权全面主导项目的运作，包括项目建设过程中的合同、计划、工程技术与施工、物资采办与运输、工程成本与支出、项目部人员的调配及考核等各项工作，并对工程项目建设的质量、安全、进度、沟通协调等全面负责。企业的项目管理与服务部门负责对项目的整体控制、监督、考核与评价，不参与项目的具体运作，与EPC工程项目部既有分工又有合作，确保EPC项目的顺利推进和执行。

（3）项目管理队伍建设方面

经过长年积累，通信设计院培养了一大批专业型的技术人才，但能综合通信、机电相关专业，又同时了解系统集成、软件开发等具有相对广泛知识面的综合型、复合型人才甚是缺乏。同时，由于以往业务的特点，设计院也十分缺乏管理类尤其是系统化的项目管理类人才。

EPC通信工程总承包项目的实施需要结合项目的规模、范围、专业特点、工期等方面的因素，组建适合工程项目各项工作开展的项目部。项目部的人员通常包括项目经理、项目总工、项目副经理、施工经理、各系统专业负责人、商务经理以及负责质量、安全、物资等管理的人员。其中，项目经理受所在单位委托，负责项目从开工至竣工验收全面、全过程的管理，对项目执行过程中的项目范围、质量、安全、进度、采购、成本、资源、风险等全面负责。项目总工是 EPC 项目的技术总负责人，负责制定项目的技术标准及不同系统间的接口规范，讨论技术方案，协调各专业软、硬件设计，处理和解决现场安装、调试等技术问题等。项目施工经理主要负责施工过程中的组织和资源调配，协调各方资源根据施工组织设计和施工计划完成现场管线敷设、设备安装、系统调试等工作。由于 EPC 工程通常合同额较大，参与的单位较多，因此，项目应该配置负责与业主方、供货方、联合体合作方、施工方进行洽谈的商务经理，牵头负责合同的谈判、签署、款项收取与支付等。项目部其他人员根据 EPC 项目的工程特点按需配置，并切实担负起应尽的责任，这里不再赘述。

从实际情况看，为了能与通信工程 EPC 的工作任务相适应，通信设计院以特大型、大型、复杂项目为试点，理论与实践相结合，加强项目管理团队的建设显得极为迫切和重要，尤其是需要培养一批具有技术背景且熟悉工程管理、掌握工程商务运作规则、熟悉法律法规和市场环境的复合型人才，以及具有一定商务和法律能力、专业采购和分包管理能力、信息化建设和运用能力等的专业人才。此外，通信设计院还应逐渐在企业职能部门培养一支能适应通信 EPC 工程的采购、财务、风险管控等方面的支撑队伍。

**（4）项目绩效评价与分配机制**

由于通信工程 EPC 项目的建设周期较长，因此，项目在执行过程中和竣工验收后，要及时地对项目的建设情况、项目部成员的工作效果进行绩效评价，绩效评价的结果与收入分配挂钩。

项目的绩效评价可以从企业层面和项目部两个层面开展。企业层面要结合项目的特点、重要性、利润比例，项目执行过程的管控数据、管理要求、经济指标等，从多维度进行综合考核。项目部内部对项目部成员的考核要与工程日常建设活动的项目管理相联系，将项目部内部考核作为对工作成员激励和效率提升的管理工具。

对于通信设计院，企业需要注意要在既有的晋升体制下为工程项目类的实施人员提供职业上升通道，并改变以往单纯由专业院或科室主导的薪酬分配制度。收入分配权要由专业院或科室向项目经理逐步过渡，最终达到项目经理与专业院或科室分配权限基本平衡，确保项目实施经理和专业院或科室在责权利方面的匹配。

另外，通信工程 EPC 项目的实施过程中，项目部还要注重培养项目团队的经济意识和服务意识。在项目竣工验收后的质保期，项目部要定期或不定期地对客户进行回访，这些对积累实施经验、树立企业良好形象等方面都大有裨益。

## 6 结束语

信息技术的不断发展和同行竞争的日益白热化，通信设计院如一味拘泥于传统业务而不做改变，其生存空间必将不断受到挤压。无论从国家层面，抑或是自身条件，通信设计院向通信工程 EPC 模式拓展都有良好的环境和基础。

通信设计院只要秉持坚定的决心和勇气，在实践过程中不断地积累、总结，不断地提升技术和管理水平，逐渐建立较为完善的项目管理体系制度，设计院向通信工程 EPC 业务的拓展就一定能逐步步入正轨，实现由设计型企业向综合型企业发展的战略转变。

## 参考文献

[1] 贺立强 . 论设计院转型 EPC 总承包模式的项目管理 [J]. 中国管理信息化 . 2014（9）：72.

[2] 陈建坤 . 设计院转型的工程公司在 EPC 项目中设计优势的发挥与思考 [J]. 水泥工程 2010（3）：9-16.

[3] 郑志远，吕春祥 . 以设计院为龙头的 EPC 模式在通信工程中的优势 [J]. 中国新通信 . 2017（20）：23.

[4] 涂婷婷 . EPC 总承包项目的接口管理研究 [D]. 宜昌：三峡大学，2012.

[5] 罗梅燕 . 广东电信设计院核心竞争力评价与提升研究 [D]. 桂林：广西师范大学，2014.

[6] 潘鹏程 . 海外 EPC 工程项目部组织机构设置分析 . 国际经济合作 [J]. 2010（6）：65.

# 三、服务美好生活

# BIM 技术在装配式建筑中的一体化集成应用

吴大江

**摘　要**：本文从 BIM 技术的应用特点和装配式建筑一体化集成应用的关键问题出发，探讨了基于 BIM 技术的装配式建筑一体化集成应用的原则和内容，结合盛江花苑项目和济南通信枢纽楼项目，对 BIM 技术在装配式建筑一体化集成应用的生产、施工和运维阶段的应用场景做了介绍。

**关键词**：BIM；装配式建筑；一体化集成应用

## 1　引言

装配式建筑是用预制部品部件在工地装配而成的建筑。装配式建筑在提高建设效率、提升建造品质的同时，也对建设各阶段的一体化集成应用提出了更高的要求，这些应用正在由分散式技术运用向集成式技术运用转变。目前装配式建筑的建设管理信息化水平还比较低，全过程信息化管理平台的应用非常少，阻碍了建造信息的有效传递，影响了建造质量和效率。

建筑信息模型（Building Information Modeling，BIM）是对建筑工程物理特征和功能特性的数字化表达。BIM 有效解决了信息传递的障碍，提供了可进行数据交互的三维可视化管理平台。项目各方通过此平台能参与建设全过程，实现各专业、各环节、各参与方的信息集成，可以提升装配式建筑的信息化水平，发挥装配式建筑工业化集成建造的优势。

住房和城乡建设部要求加强 BIM 技术在装配式建筑中的应用，推进基于 BIM 的建筑工程全生命周期管理，促进工业化建造。本文重点研究基于 BIM 的集成设计系统及协同工作系统，以实现各专业信息的集成与共享。

## 2　BIM 技术在装配式建筑中的应用现状

### 2.1　应用范围

BIM 技术对于建筑行业是一个革命性的飞跃，BIM 技术可以被广泛应用于各种类型的装配式建筑中，比如装配式混凝土结构、装配式钢结构、装配式木结构等。现阶段 BIM 技术在装配式混凝土结构中的应用较为广泛。另外，BIM 技术还可以被广泛应用于项目全生命周期的各个阶段，比如设计、生产、施工、运维等。

### 2.2 应用广度

装配式建筑在建设全过程中尝试应用全专业正向 BIM 协同设计。目前设计阶段的针对性应用点主要包括预制构件的拆分、预制率的统计、管线优化及碰撞检测等。施工阶段依据 BIM 模型模拟施工场地的预制构件堆放和施工装配进程，提前做好施工规划。

## 3 装配式建筑一体化集成应用关键问题分析

### 3.1 装配式建筑一体化集成应用方法的研究与应用不足

目前装配式建筑一体化集成应用方法研究与应用有如下不足：一是装配式建筑各构成系统的一体化、集成化设计不足，设计师对装配式建筑技术特点及建造控制要求的理解程度较低，多注重装配式结构，忽视与建筑围护体系、机电设备体系、装饰装修体系、预制产品体系的集成应用，各专业协同设计能力较低；二是通用化设计程度低，模块化设计应用少，虽然设计师注重了部品部件的标准化，但对部品部件及模具的通用化关注度较低，不同项目模具不能通用，需重新开模，成本居高不下，同一项目户型的节点种类很多，缺少模块化组合应用；三是适宜性考虑不足，针对性不强，为了片面满足预制率、装配率的指标要求，设计师忽视项目实际情况，部分技术措施的选用增加了项目建设成本，甚至降低了结构体系的安全性，加上对规范和标准的理解存在偏差，直接影响建筑、结构、机电、装修等专业领域的整合，更进一步影响对设计、生产、施工、运维全生命周期的统筹。

总体来说，装配式建筑具有系统性特征，而装配式建筑一体化集成应用方法发展滞后，导致装配式建筑各系统设计缺少协同，各建造环节缺少贯通。

### 3.2 装配式建筑信息化应用水平不高

基于 BIM 技术的建筑全生命周期的信息集成与共享、协同管理平台开发与应用不足。当前阶段，由于 BIM 技术在装配式建筑领域相关政策的法规和标准不完备，业界还未制订针对装配式建筑的 BIM 设计、施工、交付、评价等标准，加上专业化应用软件不成熟等原因，BIM 技术在装配式建筑领域的推广应用仍存在阻碍。

一方面，装配式建筑领域一体化集成应用还未充分实现，BIM 技术多应用于传统建筑领域，集成应用少。另一方面，BIM 技术阶段性应用较多，系统性应用较少。而 BIM 的一体化集成应用，特别是与项目全过程管理平台的结合还较少。我们要提高 BIM 技术的应用水平，就需要采用一体化集成应用方法，紧密结合 BIM 协同设计工作平台。

总体来说，装配式建筑的设计技术体系信息化程度不够高，一体化集成应用不足。复杂的系统应用传统设计方法及项目管理手段难以有效控制进度、质量、成本，不能充分实现装配式建筑工业化集成建造的优势。目前基于 BIM 技术的集成设计方法及协同管理平台仍需完善，BIM 技术应用水平还有待进一步提高。

## 4 基于BIM技术的装配式建筑一体化集成应用原则

装配式建筑主要包括建筑、结构、机电、装修四个子系统，它们各自既单独自成体系，又共同构成一个复杂系统。我们只有通过一体化集成应用，才能实现装配式建筑的系统性装配和工业化建造。

基于BIM技术的装配式建筑一体化集成应用原则主要包括以下几点。

（1）模块组合原则

按照通用化、标准化的设计要求，装配式建筑各构成系统被划分为不同层级及功能的模块单元，实现相同层级及功能模块单元间的重用与互换，不同层级及功能模块单元间的衔接与组合形成合理高效的建筑平面布局、结构体系、机电系统及装饰系统等。部品部件的深化设计注重少规格、多组合，既确保构件及模具的通用性，以满足工厂化生产、装配化施工的要求，又可在模块组合的基础上满足装配式建筑个性化的形象需求。

（2）系统协同原则

装配式建筑设计中注重三方面的协同。功能协同：建筑功能与结构体系、机电系统等的协同。空间协同：建筑、结构、机电、装饰等不同专业间的空间协同。接口协同：基于BIM技术的各专业模型接口标准化的协同。

（3）因地制宜原则

我们应综合考虑装配式建筑的各项基础条件及项目特点，因地制宜地选用技术措施，遵循“集成优先、主动优化”原则进行设计。选用针对性技术措施时，我们在优先考虑装配式建筑四个子系统技术措施集成应用的前提下，根据BIM模型对系统进行主动优化，制订合理的预制装配率指标，完善构造及建造措施，实现经济、安全、高效的建设目标。

## 5 基于BIM技术的装配式建筑一体化集成应用内容

装配式建筑的一体化集成应用是指装配式建筑的设计在满足建筑功能和性能要求的前提下，通过整体策划，采用结构系统集成技术、外围护系统集成技术、设备与管线系统集成技术、内装系统集成技术和构造系统集成技术，实现建筑、结构、机电、装修系统的一体化，设计、生产、施工、运维阶段的一体化。

对于装配式建筑来说，基于BIM技术的一体化集成应用包含多方面的集成和多专业的配合。首先，是建筑信息的集成。我们在设计过程中，通过整合各个专业的设计要素来提高效率及准确性。其次，集成设计要求各专业设计人员及各参与方密切配合，把形式、功能、性能和成本结合在一起，进而降低成本并提高效益。最后，需要从软件和硬件条件两个方面进行技术支持，建立适合装配式建筑特点的数据库及项目管理平台。

一体化集成应用是工厂化生产和装配化施工的前提，一体化集成应用的关键是做好各专业、各环节的协同。装配式建筑一体化集成应用主要包括以下内容。

① 结构系统集成设计：采用功能复合度高、通用化的预制部件进行集成设计。优化部品部件规格，满足部件加工、运输、堆放、安装的参数要求。

② 外围护系统集成设计：应集成设计外墙板、幕墙、外门窗、阳台板、空调板及遮阳部件等。

③ 设备管线系统集成设计：管线与管井应综合设计、集中布置，管线应预留、预埋到位。我们应选用模块化产品和标准化接口，并为功能调整预留扩展条件。

④ 装修系统集成设计：室内装修与其他专业设计同步进行，采用支撑体与填充体相分离、设备管线与结构相分离等集成技术。我们还采用装配式楼地面、墙面、集成吊顶、集成式厨房、集成式卫生间等部品系统。

⑤ 构造系统集成设计：结构系统与外围护系统宜采用干式工法连接。部品部件的构造连接应安全可靠，构造措施应满足施工安装及建筑性能的要求。

## 6 基于BIM技术的装配式建筑一体化集成应用

### 6.1 装配式建筑技术策划阶段

我们在充分了解项目定位、建设规模、预制装配率目标、成本限额等影响因素的情况下，制订合理的技术路线，评估技术选型的经济性和适宜性，项目所在区域的构件生产能力、施工装配能力、现场运输及吊装条件，通过BIM技术与GIS技术有机结合，在盛江花苑项目中首先利用无人机倾斜摄影技术，对拍摄的照片进行点云数据分析，如图1所示，在此基础上建立场地BIM模型，最终对场地内既有建筑和城市GIS中的交通运输流线做好规划分析。

图1 盛江花苑项目倾斜摄影照片

### 6.2 装配式建筑方案设计阶段

建筑平面布局、立面构成及空间设计应满足使用功能及设计要求。盛江花苑项目建立并构建装配式建筑各类预制构件的“族”库，进行装配式预制构件的标准化设计；以遵循“少规格、多组合”的工业化建筑设计理念。

### 6.3 装配式建筑初步设计阶段

基于BIM协同设计平台，各专业的人员可高效地交互数据，细化和落实技术方案。在预制装配率指标统计、预制构件拆分、设备管线预留预埋、建设成本评估等环节，BIM协同平台可以便捷、准确地进行专业协同和指标分析。

如图2所示，盛江花苑项目总建筑面积为350 000m²。为装配整体式剪力墙结构，该项目的预制率指标要求不低于30%，“三板”应用比例不低于60%。在初步设计阶段，各专业设计师通过BIM协同设计平台，准确地统计预制率指标及“三板”应用指标。我们应遵循模数和模数协调标准，按照少规格多组合的原则，同时考虑运输、吊装、堆放等因素进行预制构件的拆分，如图3所示。经过BIM协同设计平台的优化，单体预制叠合板的规格由25个减少为19个，预制剪力墙的规格由13个减少为9个，预制空调板规格由3个减少为1个，预计节省建造成本10元/m²。

图2　盛江花苑项目鸟瞰

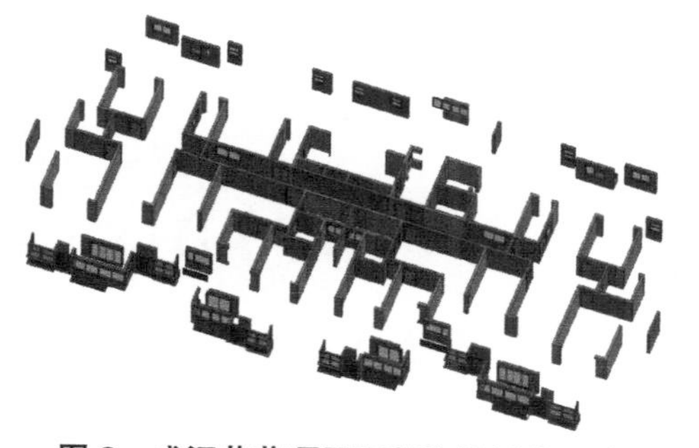

图3　盛江花苑项目预制构件拆分设计

### 6.4　装配式建筑施工图设计阶段

在盛江花苑项目中，我们对地下室及地上装配式住宅部分的机电管线进行了基于BIM三维场景的优化调整。在保证人行通道净高不低于2.2m的前提下，我们充分考虑检修及安装空间，重新排布和翻弯调整了碰撞在一起的管线，如图4所示，并优先采用主体结构集成技术、外围护结构集成技术、机电设备系统集成技术、室内装饰装修集成技术。

图4　三维管线优化

### 6.5　装配式建筑预制构件深化设计阶段

土建深化设计应用BIM技术：基于BIM模型进行预制构件拆分、预制构件计算、构造节点设计、预留预埋设计、预制构件之间及与现浇部分的碰撞检测、深化设计图生成以及预制构件混凝土体积重量和预埋钢筋规格长度等指标统计。我们通过已完成的预制构件BIM模型进行深化设计，布置钢筋及各类预埋件，形成预制构件拆分图、装配图、预制构件深化设计图。

机电深化设计应用的BIM技术包括机电设备选型布置、碰撞检测、管线综合、净空控制、参数复核、支吊架设计及荷载验算、机电管线孔洞预留预埋定位、机电深化设计图等。

我们通过自主编程开发的 Revit 插件，对盛江花苑项目中的预制叠合梁进行了钢筋参数化三维建模，如图 5 所示，钢筋模型可控制预制梁的加密区与非加密区长度、箍筋间距、纵筋直径及间距等参数，从而辅助本项目出具构件大样图纸，提高预制构件深化出图效率。

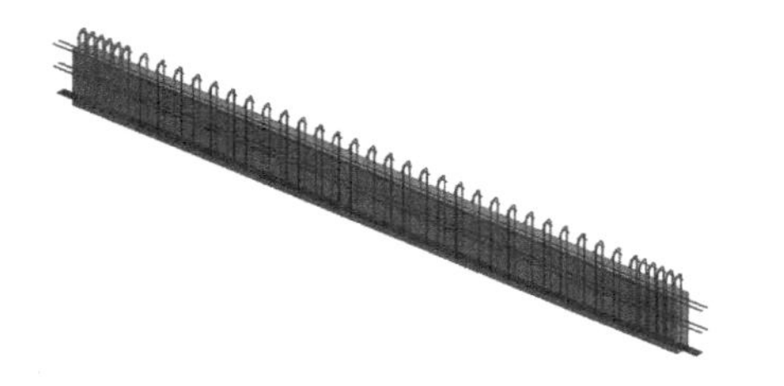

图 5　预制梁钢筋参数化建模

我们将盛江花苑装配式项目中同一节点处的多根预制叠合梁、现浇柱的钢筋在 Revit 中进行建模和拼装，如图 6 所示，导入 Navisworks 中进行钢筋碰撞检测，发现多处现浇柱纵筋应采用更大直径的 22 钢筋，以减少纵筋数量，避免和预制叠合梁的外伸钢筋冲突。

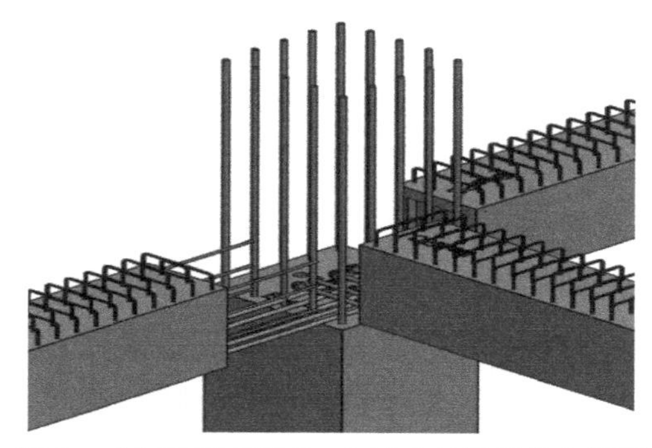

图 6　盛江花苑项目 Revit 建立的梁柱节点模型

### 6.6　装配式建筑预制构件生产加工阶段

在生产阶段，我们通过 BIM 技术实行部品部件生产管理信息化，实现设计信息与生产制造的直接对接，以预制构件 BIM 模型为核心，以计算机辅助制造（CAM）为手段，以生产信息化管理系统（MES）为工具，以物联网（IoT）为媒介，通过 BIM 技术为设计院和构件厂提供可以进行数据传递和交互的平台。数字化的预制构件信息为构件厂的自动化生产提供了可能。基于预制构件加工的 BIM 模型要生成预制构件加工图。我们还要完成模具设计与制作、生产材料准备、钢筋下料及加工、预埋件定位、编码设置等预制构件生产加工工作，添加生产及运输等信息，传输至构件厂的生产管理信息系统，提升生产效率和产品质量。

### 6.7　装配式建筑施工阶段

济南通信枢纽楼项目的施工准备阶段是以 BIM 模型为基础进行施工交底和施工场地规划的。该项目采用 BIM 对预制构件的吊装及塔吊位置、堆场范围进行模拟，如图 7 所示，提前排查施工安全问题，优化施工工序，保证施工顺利进行。

图 7　济南通信枢纽楼项目施工场地模拟

### 6.8 装配式建筑运维阶段

BIM设计模型在经过轻量化处理后可作为运维模型的基础，对建筑空间管理、设备维护维修、能耗综合分析等进行管控。我们可借助BIM和RFID技术建立装配式建筑预制构件以及设备的运营维护系统，在监控中心动态显示将传感器采集的各类数据，提升运维效率。

## 7 结束语

本文通过深入分析影响装配式建筑一体化集成应用的关键问题，提出基于BIM技术的装配式建筑一体化集成应用的基本原则，针对装配式建筑的特点，结合装配式建筑一体化集成应用内容，对基于BIM技术的装配式建筑一体化集成应用环节做了介绍。我们通过一体化集成应用，强化对装配式建筑空间布局调整、结构体系优化、机电设备安装、部品部件深化、装饰装修的统筹能力。我们通过BIM技术实现装配式建筑多专业、多环节的协同管理与信息共享。我们在BIM技术应用基础上实现建筑、结构、机电、装修一体化集成应用，还可以实现设计、生产、施工、运维全过程一体化集成技术应用。BIM技术以高度协同工作的模式为装配式建筑一体化集成应用提供了可靠的支撑，BIM技术作为建筑信息化的重要组成部分，必将极大地促进装配式建筑的变革。

## 参考文献

[1] GBT51129-2017，装配式建筑评价标准[S]. 北京：中国建筑工业出版社，2017.

[2] 张海东，徐宁，方坤 . 某装配式住宅项目结构设计和BIM应用[J]. 建筑结构，2019（49）：63-66.

[3] 彭书凝 . BIM+装配式建筑的发展与应用[J]. 施工技术，2018（47）：20-23.

[4] 叶浩文 . 装配式建筑“三个一体化”建造方式[J]. 建筑，2017.

# 当代数据中心设计的安全性与开放性
## ——以上饶云数据中心工程为例

樊云龙　徐　勇

**摘　要：** 在上饶云数据中心的设计中，我们尝试以一种崭新的建筑语言结合公共性和开放性的要求，使之在内容和形式上表达和谐共生，行业文化与市民文化相互融合等多重含义。本文试图探索数据中心建筑设计中安全性与开放性的相互关系，从而为当代新型数据中心的建设提供借鉴。

**关键词：** 数据中心；安全性；开放性

## 1　引言

20世纪60年代，伴随着计算机及网络技术的诞生，数据中心应运而生。最初的数据中心被称为“数据机房”，表示摆放服务器的特殊房间，规模较小，一般作为一栋建筑的一部分存在。随着IT设备的演进，包括设备尺寸、电力、供冷和运维需求的变化，传统单一建筑空间已经不能满足要求，从而衍生了数据中心，即专门用于集中放置电子信息设备，并为其提供安全稳定运行环境的新建筑类型。

发展至今，数据中心先后经历了三个发展阶段。第一代数据中心为单栋机房，呈现孤立且单一的功能形态；第二代为大规模集中式数据中心，形成大数据产业混合功能，提高了对信息资源进行控制和处理的能力；第三代数据中心的功能更加复合，空间和产业更加多样，不仅包括数据机房、配套用房，还包括产业孵化、研发办公及相应的生产生活配套。这种产业及功能的复合为数据中心风格的多样化提供可能，产生更为丰富的空间形态。

本文选取第三代数据中心的典型代表——上饶云数据中心作为研究对象，从复合功能原型下的安全性与开放性角度，讨论数据中心建筑设计的相关问题。

## 2　项目概况

上饶云数据中心项目位于上饶市高铁新区的核心区，基地面积约为20000m²，建筑规模为25000m²。基地所处区域为规划建设的上饶市大数据产业园，本项目作为1500亩（1亩≈666.7m²）数据产业园的启动区，定位是标志性和创新性，从而起到引领示范的作用。因此，项目设计之初就必须考虑展示接待、研发办公等综合性功能，这部分功能具有很强的开放性和公共性；同时，为保证数据资源的安全可靠，机房的运行维护又需要满足高度的安全性。

因此，安全性与开放性的矛盾成为本项目设计的重点和难点。新型数据中心建筑，尤其是作为启动区内的标志性建筑，更希望在保证安全性的前提下，以一种崭新的建筑语汇表达开放性和完整性特征，从而符合时代精神及当代城市建筑的相应特质。

## 3 空间布局

该项目在功能上集云数据处理中心、办公展示、会议接待、生活配套为一体，功能较为复杂。我们结合之前对项目标志性的定位分析，以及规整的方形基地，考虑在平面和空间布局上采用完型形态，呈现整体性，为了满足明确的功能性要求并塑造一个浑然天成的建筑内外部空间，在建筑的总体设计过程中通过理性分析将功能划分为生产区、办公接待区、生活配套区，以保持各功能的独立性和有机联系。

我们将生产区即数据处理中心布置于场地北面，南侧布置办公接待区与生活配套区，两大板块围合形成具有一定仪式感的圆形庭院。项目总平面布局如图 1 所示。

这种布局方式具有以下几个优点：

① 数据运行中心使用人数较少，私密性较强，因此成为级别最高的安全区域；

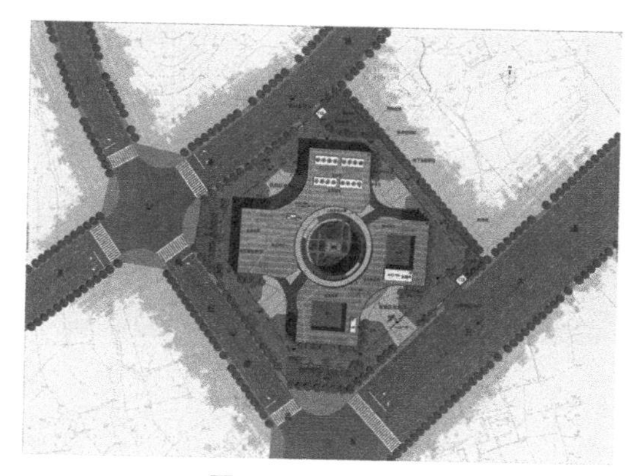

图 1 总平面布局

② 办公入口与机房入口南北独立设置，分级管控，同时形成面向城市的开放性广场；

③ 机房区需要满足稳定的温湿度要求，不需要考虑采光，因此布置在北侧，办公生活区南侧布置可保证充足的采光和日照；

④ 内部水平空间通过二层环道将各板块串联，既方便工作，又相对独立；中心区域作为开放性景观空间，设计两条由一层直达二层平台的环形坡道，创造一个充满活力的公共性活动场所，如图 2、图 3 所示。

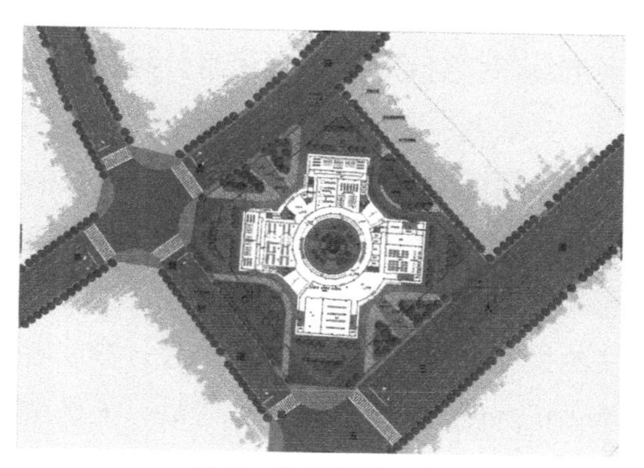

图 2 内景鸟瞰示意

图3 内景人视示意

## 4 平面组织

建筑空间的安全性与开放性在平面功能层面体现得尤为突出。

数据机房部分主要围绕基本机房模块单元进行布局，支撑区主要布置在地下室及首层，便于设备吊装搬运，减少楼面荷载，具体包括空调制冷机房、高低压配电室、UPS（不间断电源）室、电力电池室等，模块化机房布置于二层至四层，在垂直方向上提高安全性，避免干扰。建筑端部设置各功能出入口，划分一、二级管控节点，保证安全性。

办公生活区功能根据开放性与私密性要求，在竖向上进行划分，一、二层布置展示接待、报告厅、餐饮等功能，三、四层布置办公、公寓功能。该项目尽可能采用敞开式空间，各层均设有公共交流空间，共享庭院景观，如图4所示。

虽然机房区与办公区存在安全等级的不同，开放程度的差异，但二者又存在使用和管理上的联系，这种联系是设计者解决的关键。通过合理的参观流线，参观者不进机房就能看到机房内的活动，人员由南侧办公门厅进入，通过展厅和ECC大厅后，经过内庭院的参观坡道及二层平台，即可参观机房，如图5所示。同时，运维人员通过二层平台方便进入机房维护，在垂直和水平方向上保证了必要的联系。

图4 内景鸟瞰示意

图5 参观流线分析

## 5 立面造型

“以多样化的互动空间、标志性的建筑形象、安全可靠的造型，打造国内一流的启动区，引领大数据产业园区的发展”是本项目最初的愿景。立面表达彰显数据中心科技元素，体现了安全与开放的共生，如图6、图7所示。

图6 整体鸟瞰

图 7　沿街立面

（1）稳定可靠的行业特征

本工程具有高度安全性、可靠性，具备高新科技行业形象。这些特性在建筑中主要反映在沿街立面处理上。材质上通过石材基座、涂料墙面和幕墙的对比，突显时尚简约的特征，建筑表情冷静给人以安全、可信赖的第一印象。机房区主立面选取灰色的石头材质，通过深、浅色石材的拼贴，产生更为丰富的立面肌理，主入口立面采用石材外墙，增加竖向白色杆件的双层表皮做法，保证机房空间的使用要求，更加体现使用上安全第一的功能特征。

（2）形式体现功能性

不同的功能属性使用不同的材料加以注解。数据运行中心采用深色花岗岩外墙，形式封闭，形象可靠且安全。南面办公接待区与生活配套区以玻璃幕墙为主要立面材质，轻盈通透的外表赋予建筑以灵活、开放的现代特征。

（3）统一的表皮设计，增加建筑整体标识性

设计概念取自上饶“高山流水”的自然轮廓，抽象成两道曲线，从而由线成面，由面生形，通过保证形体的完整性，从而形成足够的可识别性，在南北主立面上设计竖向杆件，象征“信息流”“二维码”，彰显数据中心科技元素，提高识别度。

## 6　结束语

数据中心的设计涉及的专业多，新技术、新设备的更新换代快，对项目设计者是个巨大的挑战。本项目投产运行后受到业主和使用者的一致好评。笔者认为，未来数据中心的建设需要安全性与开放性并举，使其既能彰显行业特色，又能融入城市建筑，进一步丰富城市空间。

## 参考文献

[1] GB 50174 — 2017 数据中心设计规范 [S]. 北京：中国计划出版社 . 2017.

[2] 芦原义信 . 外部空间设计 [M]. 尹培桐，译 . 北京： 中国建筑工业出版社 . 1990.

[3] 盖尔 . 交往与空间 [M]. 何人可，译 . 北京：中国建筑工业出版社 . 1992.

# BIM 技术在建筑运维管理中的应用

李　兵　孙精科　汪　深　王　玥

**摘　要：**随着计算机网络信息技术、物联网技术、建筑节能技术的高速发展，基于 BIM 技术的全生命周期管理理念也越来越被人们所重视。人们利用 BIM 技术构建数字化的建筑模型，通过智能分析，解决传统运维中的弊端，从而实现建筑的绿色管理。本文阐述了基于 BIM 技术的运维管理的优势及解决方案，为后续项目建设提供借鉴。

**关键词：**BIM；系统架构；需求分析；平台开发

## 1　引言

BIM 是一种三维数字化的设计方法，它集成了建筑工程项目的各种相关信息，是对工程项目实体与功能特性的数字化表达，具有可视化、模拟化、协调性和优化性的特点。其核心是通过建立建筑工程的虚拟三维模型，利用计算机数字化技术，为其提供更加完整的、与实际情况一致的建筑工程信息库。

## 2　BIM 技术应用在建筑运维管理中的优势分析

### 2.1　可视化的信息展示

BIM 技术高度集成建筑设计、建造、运营过程中的信息，构建统一的信息数据库，建立基于 BIM 技术的建筑运维管理平台。该平台能在三维场景中对建筑构件进行可视化的信息检索，高亮显示选中的构件，并获取 BIM 构件的分类统计数据及其详细的属性信息。BIM 运维管理平台以三维模型、特效动画、专题图表等方式，展示建筑地理位置及周边地理环境、整体设备、人员、工单分布情况及具体数据、设备运行告警及运行状态数据。这些多样化的展示方式让建筑运维管理更加高效集成、直观。

### 2.2　高度集成设施管理功能

结合目前国内 BIM 运维管理平台的开发现状，我们通过大量的物联网感知设备，实现智能地监控整个建筑，并将监控数据反映在三维模型中，管理人员能够直观地了解整个建筑的运营健康状况。BIM 运维管理平台提供了 B/S、C/S、移动端、大屏等多样化的展示平台，并合理配置了功能展示、运行维护、现场管理等功能模块。平台中集成了工单管理功能，自动派发工单给相关人员，并记录所有维护维修记录。建筑运维管理的参与人员均在云端进行协作，减少了人为干预的工作内容，大大提高了建筑运维管理的工作效能。

### 2.3 基于大数据技术的智能分析

建筑运维过程中会产生海量的信息数据，我们通过数据分析技术，多维度统计分析设备运行的数据，从而得出建筑运维的最佳运营参数，为建筑的节能降耗、安全运营提供基础。采集的底层各个子系统和运维管理系统通过AI、数据分析、特殊算法，对设备的运行状态进行监控分析，当监控的设备运行异常时，系统自动发送报警，自动派单，安排运维人员处理。基于运维实时监测数据、运维检修维修历史数据、运维报警历史数据等进行的运维风险诊断分析能提前进行风险预估及防范。

## 3 BIM技术在建筑运维管理中的应用方案

### 3.1 BIM运维平台的系统架构

BIM运维管理平台是一个高度集成的管理平台，其系统架构的合理设计直接影响项目的顺利实施以及平台的适用性。目前系统架构多分为用户层、应用层、平台层以及采集层4个层次，如图1所示。用户层主要是系统直接面向客户应用的部分，整个运维平台主要的功能都集中在这一层中；应用层是整个系统应用支撑的平台，主要包含3D GIS+BIM的集成管理

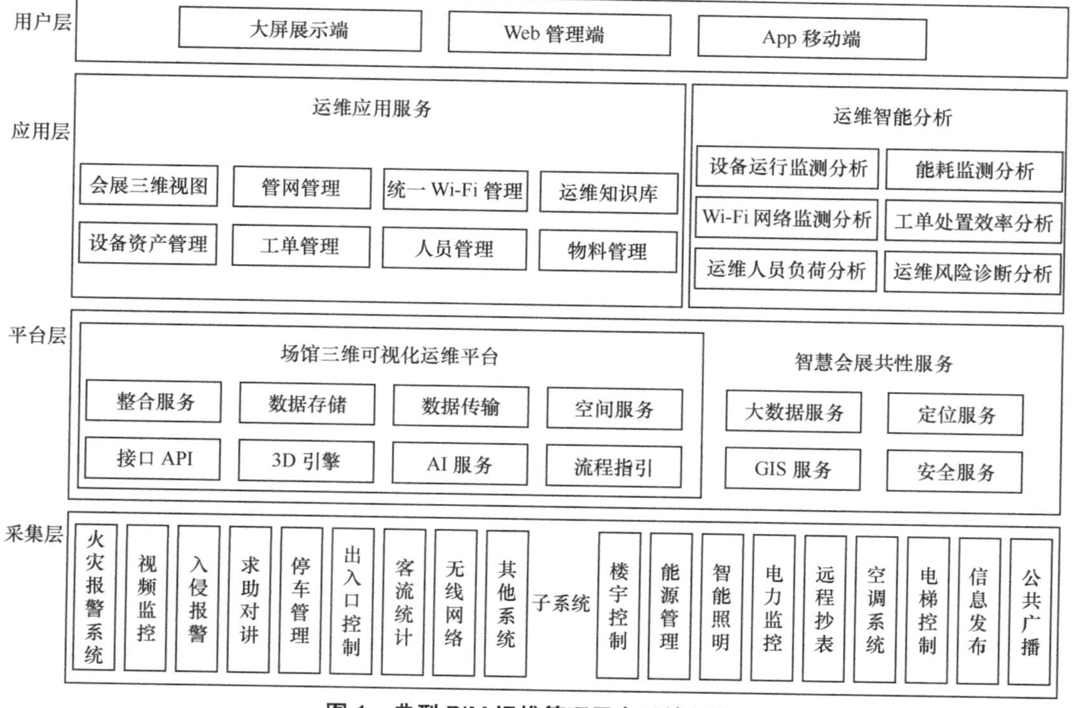


图1 典型BIM运维管理平台系统架构

平台、运维智能分析系统和运维应用服务等；平台层则包含了整个系统的数据库部分，为系统提供各种数据支撑，主要包括3D GIS模型数据、BIM模型数据、设备参数、运维信息等内容；采集层则为硬件设备构成的平台支撑系统提供了数据采集的各种硬件设备，通过这些设备采集建筑运维中的关键信息，为平台层、应用层、用户层提供支撑。BIM可视化运维系统的建设应遵循先进性、高可靠性、标准化、成熟性、适用性、兼容性和可扩展性的设计要求。

### 3.2 需求规划与功能设计

由于不同建筑项目的功能布局不同，BIM运维平台需要针对具体项目进行功能需求分析，一般可分为功能需求采集、需求分析、功能框架设计、原型设计、UI设计、需求确认、需求文档整理等工作内容。如业主对于建筑运维无特殊需求，为推进项目的开发进度，可将BIM运维功能模块整理成菜单式供业主选择。常用的模块有运维全局展示、日常运维管理展示、移动端管理、运维智能分析、系统数据采集处理、能耗管理、设备管理、维护维修、空间管理、安防管理、平台管理等功能模块。为加快需求开发进度，常用的软件有Excel、Word、XMIND、AXURE、墨刀、PS、AI等辅助软件。这种多样式的展示方式可向业主准确传达BIM运维设计意图，同时为平台开发提供可靠基础，避免返工。

### 3.3 平台开发

结合国内众多的BIM运维实践，BIM运维开发通常包含BIM模型、数据采集、平台模块开发等内容。

BIM模型主要处理不同软件平台的数据。由于目前国内主流的BIM设计应用软件为REVIT，它的原生格式很难被其他平台的开发软件识别，而且REVIT存在模型数据量大的弊端，应用在运维平台中的模型需要被轻量化处理。通常的做法是将REVIT模型拆分成构件属性数据库及构件模型，属性数据库和构件模型通过ID关联，这样能解决REVIT模型数据量大的问题，从而在平台上更加流畅地运行。

数据采集是利用各类传感器、执行器收集现场设施运行参数，并通过采集器并发至BIM运维数据库，BIM运维平台在数据库中可通过ID调用相关数据并与模型进行关联，实现数字建筑场景模型的搭建。数据采集中需要解决各类厂商提供的不同数据协议接口的不统一问题，通过制订统一的数据编码体系，转译不同厂商的数据协议，形成结构化的数据库。

平台模块目前采用的语言多为C#语言，开发引擎有U3D、UE4、Ventuz、VUE等，展示场景分为大屏、C/S、B/S、移动端等方式。其中大屏端多采用基于U3D游戏引擎的开发平台，它成熟稳定、场景呈现效果优秀、适用性强。平台开发中需要对照需求确认文档，对功能模块进行合理布置，以期达到最佳的运维管理效果。同时平台具备规则引擎，被用于定位处理各种事件。规则引擎支持预定义各种事件处理的判断条件和对应处理动作，可以完成异常事件的通知及处理，帮助终端用户维护、监控设备。规则引擎支持以阈值、位置等条件作为规则条件，并关联对应的处理动作，利用实时及历史数据进行智慧运维管理。结合项目需求，平台还可集成GIS技术，进行室内定位导航。常规的室内定位技术包括红外定位、Wi-Fi定位、惯性导航定位、二维码定位和RFID定位等无线定位。结合地理学与地图学以及计算机科学，平台应用输入、存储、查询、分析和显示地理数据，将地理数据转换为数字化形式，进行空间分析，完成对地理数据的检索、查询，并利用数字、图像、表格等形式显示，完成最佳位置的选择或最佳路径的分析以及其他许多相关任务。

## 4 结束语

综上所述，我们在建筑的运维管理工作中，利用BIM技术进行可视化、高度集成、智能化的运维管理，将大大提升项目运行品质及效率。同时在BIM运维系统设计及开发过程中，我们需充分考虑各方面的因素，合理制订项目开发计划，保证运维平台开发的顺利实施。

## 参考文献

[1] 吴大江. 现代通信建筑设计中的绿色技术应用研究——以数据中心为例 [D]. 南京：东南大学，2015.11.

[2] 王小翔. 关于BIM运维管理技术的探讨 [J]. 福建建设科技，2016.

[3] 赖华辉，等. 基于IFC标准的BIM数据共享与交换 [J]. 土木工程学报，2018，51（4）：121–128.

# 基于 ABAQUS 考虑柱对框架结构抗连续倒塌承载力影响的数值模拟

陈太平　吕　庭　汤伟方　李　刚

**摘　要：**本文模拟所得的荷载位移曲线与试验曲线吻合良好，较好地模拟了中柱失效直至子结构破坏的全过程，在成功进行模型校核的基础上，通过改变平面框架边柱的柱高、轴压比，分析了边柱约束对所研究子结构抗连续倒塌承载力的影响；研究了框架梁柱线刚度比的差异对框架结构抗连续倒塌受荷机理的影响；并探讨了框架柱的框架在中柱移除过程中的荷载转化路径和受荷机理。

**关键词：**混凝土框架结构；连续性倒塌；数值模拟；悬链线效应；压拱效应

## 1　引言

随着英国倒塌事故发生以来，结构的连续性倒塌问题引起了工程界的关注。连续性倒塌是指由初始的局部破坏，从构件到构件扩展，最终导致一部分或整个结构倒塌。

为了研究 RC 框架结构在遭遇偶然荷载作用时，能否保持结构的稳定性，不发生倒塌破坏，以及结构在倒塌过程中的荷载转换机制和结构受力特性，国内外学者和工程师已经对倒塌破坏实例进行了大量的分析研究，得出了很多结论。框架结构连续倒塌过程主要分为受弯、压拱和悬索三个阶段。

受弯作用是基于 RC 结构构件的受弯能力，其承载力较小，压拱作用和悬索作用的承载力将会超过常规设计的承载力。尤其是悬索作用，在结构大变形下形成并且充分利用了钢筋的抗拉强度，被认为是结构抵抗连续性倒塌的最后一道防线。压拱作用和悬索作用的发挥与周边约束密切相关，因此研究周围框架对研究子结构约束的强弱及承载力的影响至关重要。

本文利用有限元软件 ABAQUS 强大的非线性分析功能，建立了精细的有限元模型，模拟分析了 Qian Kai 教授等做的一批试件，模拟过程中本文考虑了材料非线性、边界条件非线性以及结构大变形的影响。在校准有限元计算模型的基础上，为了进一步研究框架边跨对研究子结构性能的影响，本文分析了框架柱高度、轴压比和梁柱线刚度比等因素对框架结构抗连续倒塌承载能力的影响，研究了框架柱的框架结构抗连续倒塌过程中荷载转化机制和受荷机理。

## 2　模型的建立

本文为了研究框架结构抗连续倒塌的承载力与受荷机理，以及框架柱在抗连续倒塌过程中的作用，基于 ABAQUS 有限元分析软件，建立了框架子结构分析模型，利用南洋理工大学 Qian Kai 教授进行的框架子结构拟静力试验对模型进行验证，并设置不同工况研究其承载能力，分析模型见表 1。

表 1　分析模型

| 模型编号 | 备注 |
|---|---|
| P1-240 | P1 试件模型，柱头高度为 240mm |
| P1-1140 | P1 系列模型，柱头高度为 1 140mm |
| P1-1740 | P1 系列模型，柱头高度为 1 740mm |
| P2-240 | P2 试件模型，柱头高度为 240mm |
| P2-1140 | P2 系列模型，柱头高度为 1 140mm |
| P2-1740 | P2 系列模型，柱头高度为 1 740mm |
| P1-0.00 | P1-1140 模型为基础，边柱轴压比为 0.00 |
| P1-0.65 | P1-1140 模型为基础，边柱轴压比为 0.65 |
| P1-0.80 | P1-1140 模型为基础，边柱轴压比为 0.80 |
| P2-0.00 | P2-1140 模型为基础，边柱轴压比为 0.00 |
| P2-0.65 | P2-1140 模型为基础，边柱轴压比为 0.65 |
| P2-0.80 | P2-1140 模型为基础，边柱轴压比为 0.80 |

### 2.1　子结构模型的尺寸

图 1 为 Qian Kai 教授进行的框架子结构抗连续倒塌试验的试件模型示意。平面框架子结构包括三个柱头和两根梁，子结构详细尺寸和配筋如图 1 所示。

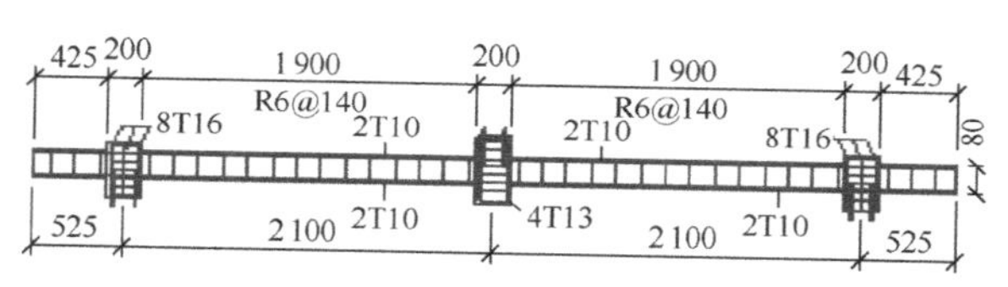


（a）P1 试件尺寸及配筋示意

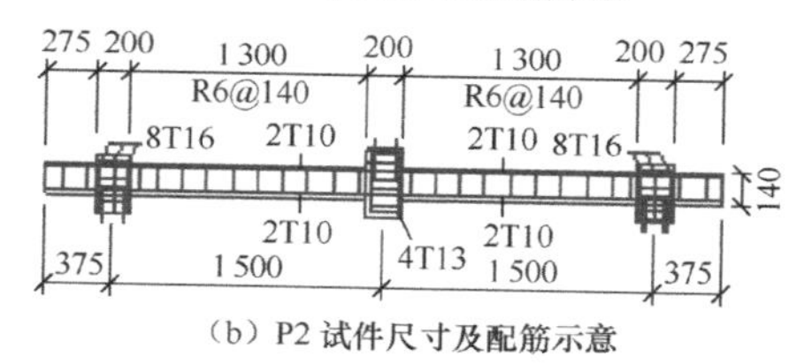


（b）P2 试件尺寸及配筋示意

图 1　框架子结构试件配筋示意

### 2.2　材料本构模型

本文利用有限元软件 ABAQUS 模拟 Qian K 教授等所做的框架子结构试验的力学性能，利用损伤塑性 CDP 模型模拟混凝土的非线性行为。表 2 列出了 CDP 模型的 5 个参数。

本文采用图 2（a）所示的混凝土单轴应力——应变关系曲线，这是 GB 50010《混凝土结构设计规范》推荐的曲线，包括混凝土单轴受压和单轴受拉应力应变曲线。

表 2　CDP 模型参数

| 参数名称 | 膨胀角 $\psi$ | 流动势偏移量 $\in$ | 双单轴抗压强度比 $\sigma_{b0}/\sigma_{c0}$ | 屈服面形状参数 $K_c$ | 黏性系数 $\mu$ |
|---|---|---|---|---|---|
| 数值 | 30 | 0.1 | 1.16 | 0.6667 | 0.0005 |

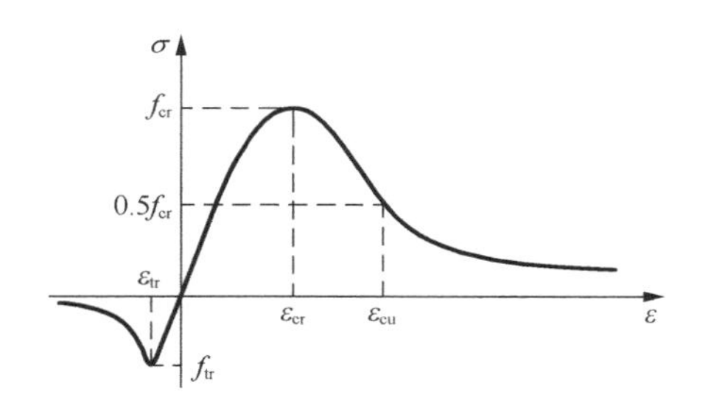

（a）混凝土应力应变曲线

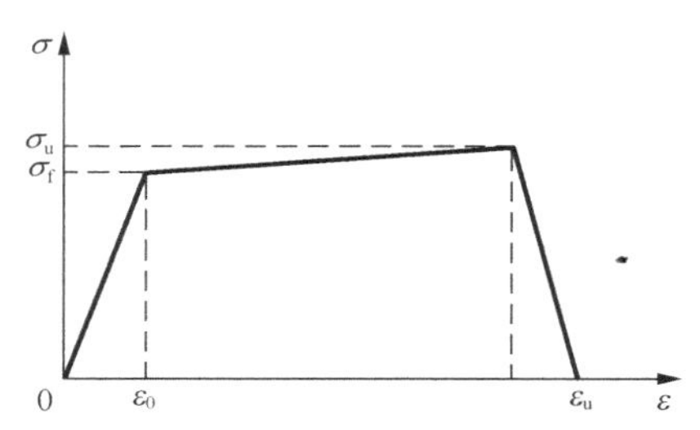

（b）钢筋应力应变曲线

图 2　应力应变曲线

根据表 3 的试验结果，纵向受力钢筋采用线性强化模型，考虑连续倒塌过程中钢筋会发生断裂，钢筋单轴应力应变曲线采用如图 2（b）所示的结构，用理想弹塑性模型来模拟箍筋。ABAQUS 软件中用传统的金属塑性模拟钢材的性能。

## 2.3　建模过程

模型中混凝土采用三维六面体减缩实体单元 C3D8R，钢筋采用三维二节点桁架单元 T3D2，钢筋骨架通过 EMBED 命令嵌入混凝土中，这种方式能很好地模拟钢筋与混凝土一起受力的性能。混凝土单元网格大小为 30mm，钢筋单元大小为 50mm，网格划分采用结构化网格划分技术。图 3 给出了试件 P1 和 P2 的有限元模型。

为了简化计算，提高运算速度，本模型对 Qian Kai 教授等系列试验的边界条件进行了简化模拟，忽略了固定用的螺栓和钢板的影响，两个边柱头上下表面均采用完全固定约束。根据试验过程荷载的施加方式，模型采用位移控制施加集中荷载，施加点为与中柱上表面耦合在一起的

表 3　材料性能参数

| 项目 | 钢筋类型 | 屈服强度 $f_y$ / MPa | 屈服应变 $\varepsilon_y$ / με | 极限强度 $f_u$ / MPa | 伸长率 $\delta$ |
|---|---|---|---|---|---|
| 钢筋 | R6 | 355 | 1910 | 465 | 17.5% |
|  | T10 | 437 | 2273 | 568 | 13.1% |
|  | T13 | 535 | 2605 | 611 | 11.6% |
|  | T16 | 529 | 2663 | 608 | 14.3% |
| 混凝土 | 圆柱体抗压强度分别为 P1：19.9MPa　P2：20.8MPa | | | | |

参考点，约束中柱的转动，使其竖直向下运动。

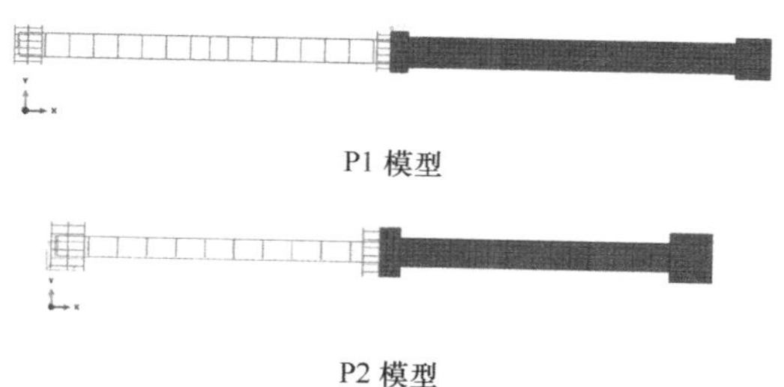


图 3　P1 和 P2 的有限元模型

## 2.4　模拟结果

图 4 为试件 P1 的模拟结果，我们从图中可以看出，模拟和试验的荷载位移曲线吻合较好，整体变化趋势相同。前期随着中柱竖向位移的增加，荷载逐渐增大，第一次峰值之前，两条曲线基本重合；第一次峰值和第二次峰值之间，模拟曲线稍高于试验曲线，但基本都在误差允许的范围之内；后期中柱位移增大荷载又逐渐上升。

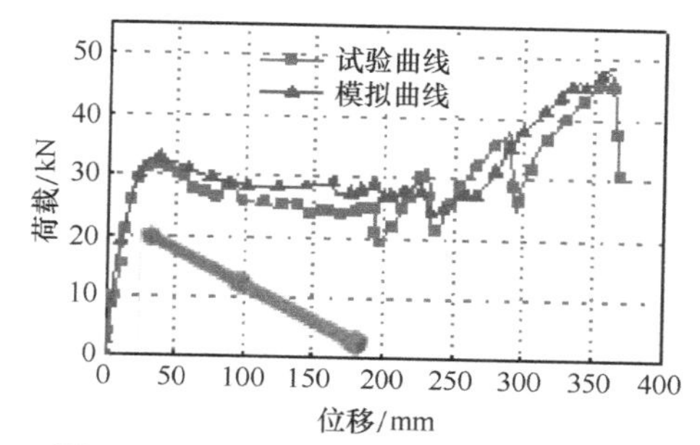


图 4　P1 模型模拟曲线与试验曲线对比

图 5 为试件 P2 的模拟结果，我们从图中可以看出，同 P1 试件一样，模拟和试验的荷载位移曲线吻合良好，整体变化趋势相同，尤其是悬索阶段，模拟曲线和试验曲线完全重合。

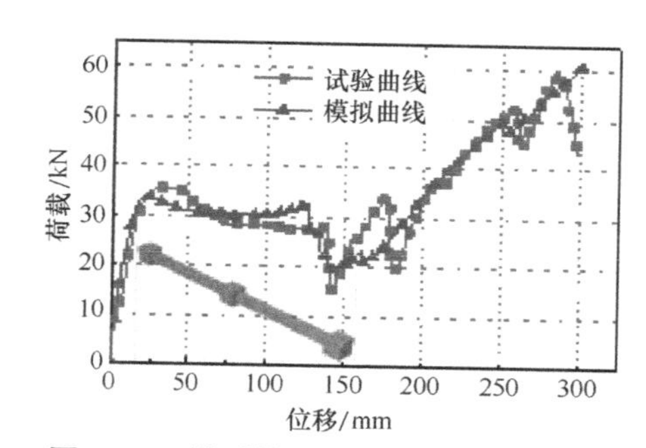


图 5　P2 模型模拟曲线与试验曲线对比

表 4　模拟结果汇总

| 试件 | | 开裂荷载 $F_{cr}$/kN | 屈服荷载 $F_y$/kN | 压拱峰值 $F_u$/kN | 压拱位移 $w_u$/mm | $\frac{F_{u模}}{F_{u试}}$ | 悬索峰值 $F_t$/kN | 悬索位移 $w_t$/mm | $\frac{F_{t模}}{F_{t试}}$ |
|---|---|---|---|---|---|---|---|---|---|
| P1 | 试验值 | 8 | 24 | 32 | 35 | 1.026 | 47 | 361 | 1.043 |
| | 模拟值 | 8.70 | 23.9 | 32.82 | 34.96 | | 49 | — | |
| P2 | 试验值 | 11 | 26 | 36 | 28 | 0.962 | 59 | 286 | 1.034 |
| | 模拟值 | 11.9 | 27.6 | 34.64 | 20.27 | | 61 | — | |

注：系列试件的模拟悬索峰值分别取试验悬索位移所对应的中柱反力。

表 4 为 P1 和 P2 试件的模拟结果汇总，我们从表中可以看出，两次峰值出现的位

移基本相同，承载力误差基本都在 5% 以内。我们通过图中曲线的变化趋势和表中的关键点荷载位移值可知，模拟结果与试验结果吻合良好，模型的正确性得到验证。

## 3 柱（层）高的影响

框架结构可以根据不同的需求，设计不同的层高，为了研究不同柱高下框架结构抗连续倒塌的承载能力，本文建立了边柱高度分别为 1140mm 和 1740mm 的模型。图 6 和图 7 分别为两个框架子结构系列不同柱高下模型的荷载位移曲线。

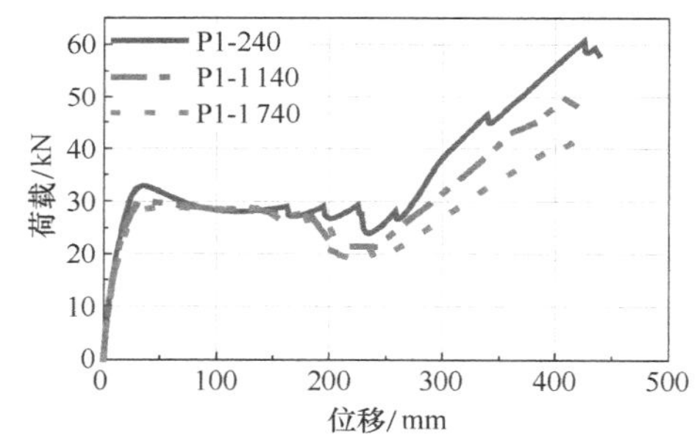


图 6　P1 系列不同柱高模型荷载位移曲线

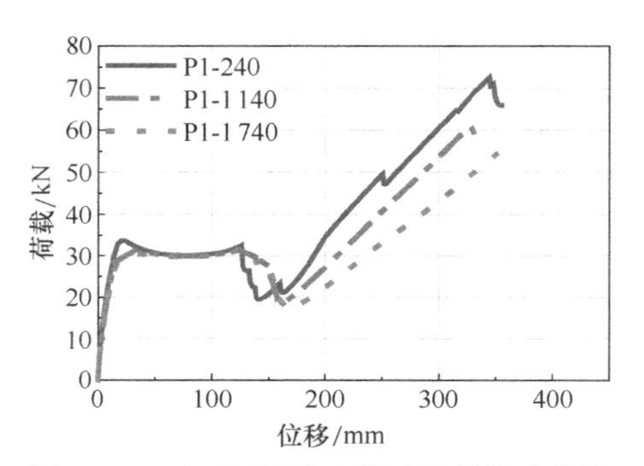


图 7　P2 系列不同柱高模型荷载位移曲线

我们从图中可以看出，在钢筋断裂前，不同柱高模型荷载位移曲线相差不大，但是钢筋断裂之后，随着框架边柱高度的增加，曲线逐渐降低，模型 P2-240 曲线明显高于其他两条曲线，P2-1140 次之，P2-1740 曲线在最下面。

表 5 为不同柱高下框架子结构模型模拟过程中各个关键点的荷载和位移值。我们从表中可以看出，两次峰值荷载会随着柱头的边长而减小，P1-1140 模型拱效应峰值荷载较 P1-240 模型减小 12%，P1-1140 模型悬索效应峰值较 P1-240 模型减小 31%。P2 系列模型可以得到同样的结论。

表 5　不同柱高模型结果汇总

| 模型编号 | 压拱峰值 $F_u$/kN | 压拱位移 $w_u$/mm | 悬索峰值 $F_t$/kN | 悬索位移 $w_t$/mm |
|---|---|---|---|---|
| P1-240 | 32.82 | 34.96 | 60.46 | 424.57 |
| P1-1 140 | 29.87 | 39.55 | 50.53 | 413.77 |
| P1-1 740 | 28.87 | 57.26 | 41.52 | 417.17 |
| P2-240 | 34.64 | 20.27 | 69.26 | 370.90 |
| P2-1 140 | 31.57 | 25.35 | 61.22 | 327.67 |
| P2-1 740 | 30.40 | 35.54 | 54.29 | 350.54 |

框架结构抗连续倒塌的承载能力与框架柱的高度有很大关系，框架柱越高，承载能力越低，尤其是悬索阶段，承载力下降明显。

## 4 柱轴压比的影响

轴压比是结构设计考虑的重要因素之一，其对框架柱承载力有很大影响。为了研究不同框架柱轴压下框架结构抗连续倒塌的承载力，本文建立了分别为 0.65 和 0.80 两种轴压比的子结构模型。图 8 和图 9 分别为不同轴压比下框架子结构模型的荷载位移曲线。

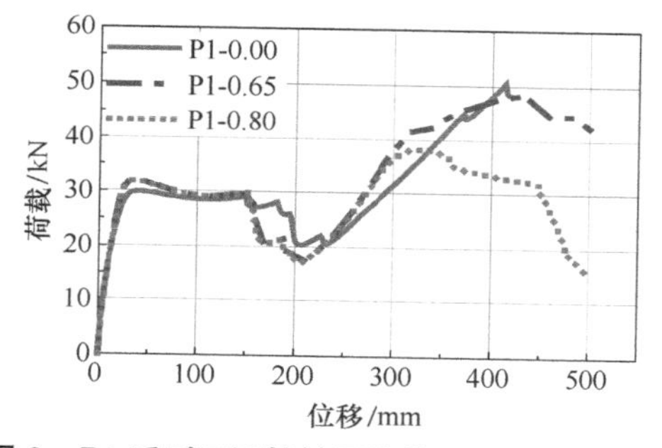

图 8　P1 系列不同柱轴压比模型荷载位移曲线

我们从图中可以看出，轴压比对结构抗连续倒塌承载能力有很大的影响，中柱竖向位移较小时，轴压比的施加有利于提高结构承载力，中柱竖向位移较大时，轴压比的施加会明显降低结构的承载能力。图 8 和图 9 中在 300mm 之前，施加轴压比的模型承载力较高，尤其是第二次上升段提高的较为明显，位移 300mm 之后，施加轴压比模型承载力突然大幅度减小。

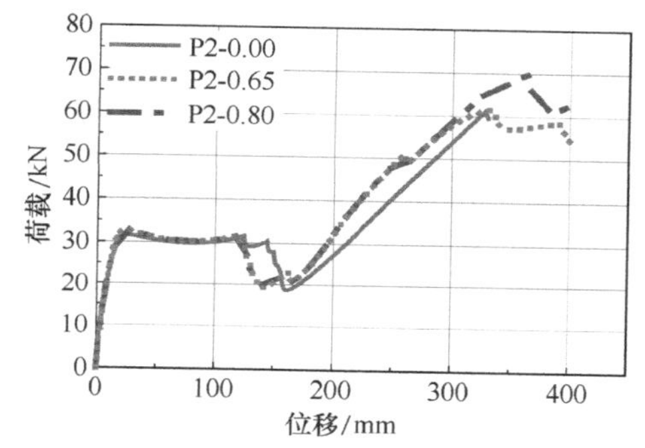

图 9　P2 系列不同柱轴压比模型荷载位移曲线

表 6 汇总了轴压比模型的计算结果，从表中我们可以看到，拱效应峰值由于轴压比的施加有所提高，但提高有限；悬索阶段峰值由于结构梁柱线刚度不同而有所不同。

表 6　不同轴压比模型结果汇总

| 模型编号 | 压拱峰值 $F_u$ /kN | 压拱位移 $w_u$ /mm | 悬索峰值 $F_t$ /kN | 悬索位移 $w_t$ /mm |
|---|---|---|---|---|
| P1–0.00 | 29.87 | 39.55 | 50.53 | 413.77 |
| P1–0.65 | 31.88 | 36.75 | 46.78 | 438.89 |
| P1–0.80 | 31.82 | 34.49 | 38.16 | 324.31 |
| P2–0.00 | 31.57 | 25.35 | 61.22 | 327.67 |
| P2–0.65 | 32.83 | 23.64 | 69.77 | 362.80 |
| P2–0.80 | 32.79 | 23.58 | 61.60 | 333.12 |

## 5 梁柱刚度比的影响

为了研究梁柱线刚度比对框架结构抗连续倒塌承载能力的影响，本文对比分析以 P1 和 P2 为系列的模型计算结果。图 10 和图 11 分别为线刚度比下的 P1 系列模型和 P2 系列模型的荷载位移曲线。

P1-1 140 模型和 P2-1 140 模型的柱和梁的线刚度比分别为 10.1 和 19.2，我们由图可知，P2-1 140 模型的荷载位移曲线在 P1-1 140 模型曲线之上。P1-1 740 模型和 P2-1 740 模型的柱和梁的线刚度比分别为 6.6 和 12.6，与柱高为 1 140mm 模型有相同的结论。

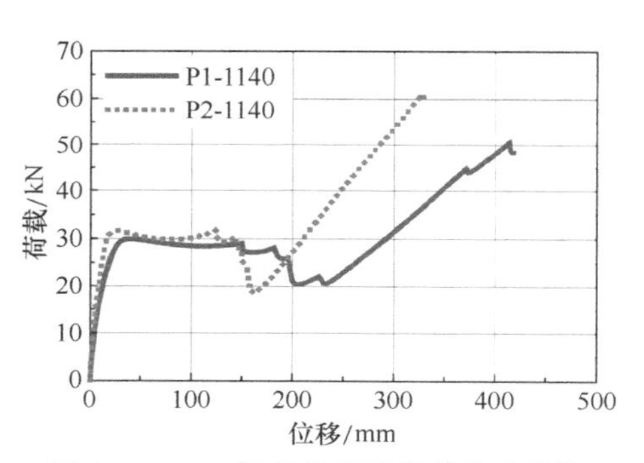


**图 10 1140 柱高模型的荷载位移曲线**

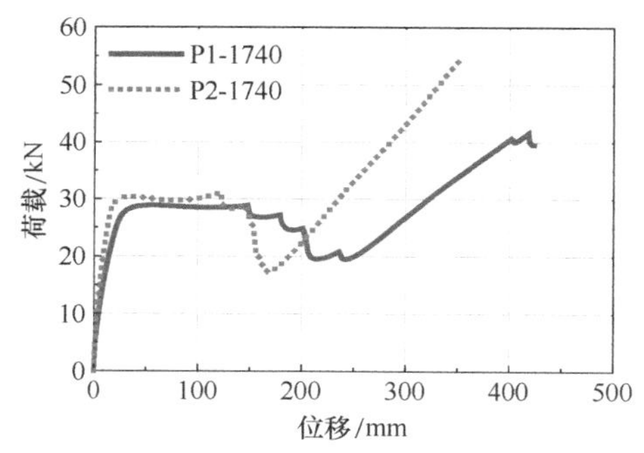


**图 11 1740 柱高模型的荷载位移曲线**

梁柱线刚度比对框架结构承载力有很大的影响。柱和梁的线刚度比越大，结构抗连续倒塌的承载能力越大。

## 6 考虑框架柱的框架受力原理

经过以上分析研究，框架结构抗连续倒塌的受力过程基本可以分为压拱效应和悬索效应两个阶段，分别如图 12 和图 13 所示。图 12 为压拱效应阶段的荷载传递路径，框架梁中形成了压拱，中柱受到的集中荷载通过框架梁中的拱传递给两侧的边柱，框架柱中也形成了压拱，以此平衡框架梁传递过来的推力；图 13 为悬索效应阶段的荷载传递，框架梁产生较大变形时，整个框架梁全截面受拉，梁中纵向钢筋全部形成拉力，传递给框架边柱。

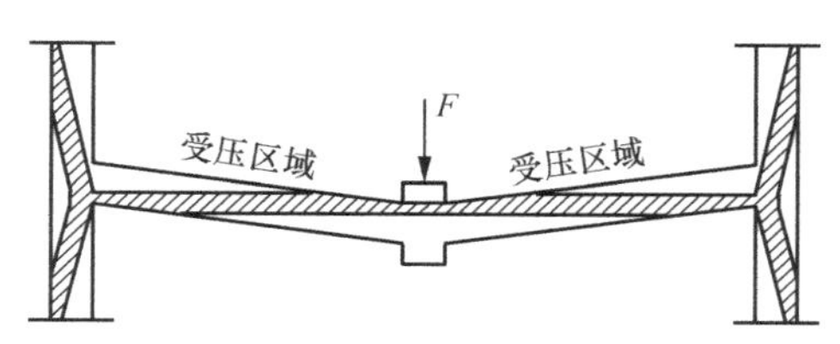


**图 12 压拱效应阶段受力**

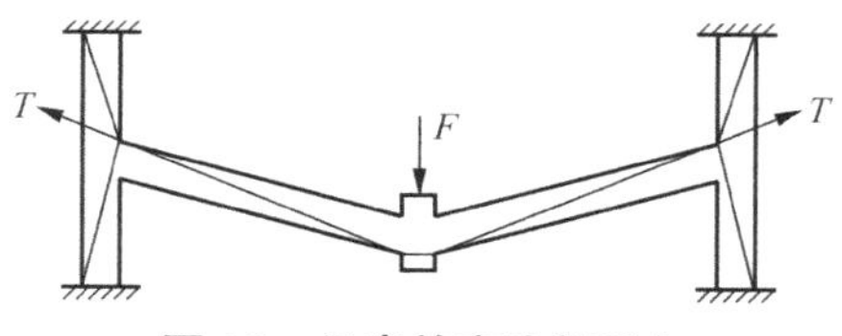


**图 13 悬索效应阶段受力**

框架柱的强弱对整个框架结构抗连续倒塌受力性能有很大影响。框架柱刚度越大，对框架梁的约束越强，不管是压拱阶段，还是悬索阶段，均能为框架梁提供可靠的支承，有利于结构抵抗连续性倒塌，增强结构的稳定性。

## 7 结束语

本文利用 ABAQUS 有限元分析软件，从不同角度分析了框架柱在框架结构抗连续倒塌过程中所起的作用，研究了框架柱的框架结构抗连续倒塌过程中荷载传递机理和承载能力。我们可以得出以下结论。

① ABAQUS 软件对 Qian Kai 教授等的框架子结构的精细化模拟与试验结构吻合良好，误差在 5% 以内。这说明塑性损伤模型能很好地模拟混凝土的受力性能，ABAQUS 对大变形下 RC 框架结构的模拟是可行的。采用《混凝土结构设计规范》推荐的混凝土本构和线性强化钢筋本构是可取的。

② 框架柱的高度对框架结构抗连续倒塌承载能力有很大影响，框架柱越高，承载能力越低，尤其是悬索效应阶段，结构承载能力减小明显。

③ 轴压比对结构抗连续倒塌承载能力有很大的影响，中柱竖向位移较小时，轴压比的施加有利于提高结构承载力，中柱竖向位移较大时，轴压比的施加会明显降低结构的承载能力，尤其是第二次上升段提高的较为明显，位移 300mm 之后，施加轴压比模型承载力突然大幅度减小。

④ 梁柱线刚度比对结构抗连续倒塌影响较大，柱和梁的线刚度比越大，结构抗连续倒塌的承载能力越大。

## 参考文献

[1] Griffiths H, Pugsley A, Saunders O. Report of the inquiry into the collapse of flats at Ronan Point, canning town: presented to the Minister of Housing and Local Government[R]. London: HMSO, 1968.

[2] Kai Qian, M.ASCE, Bing Li, Jia-Xing Ma. Load-Carrying Mechanism to Resist Progressive Collapse of RC Buildings[J]. Journal of Structural Engineering, 2015, 141(2): 7-1-7-14.

[3] GB 50010，混凝土结构设计规范 [S]. 北京：中国建筑工业出版社，2010.

# 数据中心供电架构融合和发展研究

张文利　闫其尧　李振锋

**摘　要**：本文介绍了目前主流的供电架构及其发展趋势，该架构包括集中式和分布式；提出数据中心供电融合性的设想，详细分析了数据中心低压侧全直流供电的供电电压等级选择、主用设备选型、供电架构等。

**关键词**：数据中心；供电架构；低压侧全直流供电

## 1　目前主流的供电架构和发展趋势

典型的数据中心供电系统由中压配电、变压器、低压配电、不间断电源、末端配电以及发电机等设备组成。数据中心供电的核心设备是IT服务器等电子产品，其内部的绝大部分器件都必须使用直流电来驱动，因此，不管供电系统如何变化，最终都要将电流转换成直流电压。数据中心供电架构方案五花八门，新产品层出不穷，但其实整个供电系统只为了解决两个问题：在哪里把交流电转换成直流电？在哪里接入备电系统？基于位置选择的不同会演化出不同的供电架构。目前数据中心的供电架构主要分为集中式供电架构和分布式供电架构两大类。

（1）集中式供电架构

集中式供电架构是指将电源设备集中安装在电力室和电池室，电流经统一变换后向各IT设备供电的方式。集中式供电架构的电池组属于不间断系统的一部分，备电系统接入点设置在供电链路前端。

传统的集中式数据中心供电架构采用了集中式UPS或HVDC设备，这些设备基本都安装在低压配电室或独立的不间断电源配电室，后备蓄电池挂接在DC母线上，并安装在独立的蓄电池室。根据不间断电源产品和配置设备的数量，集中式供电架构又可进一步分为：

① 2N配置双总线UPS供电架构；

② 一路市电和一路UPS配置供电架构；

③ 一路$N$+1配置的UPS供电架构；

④ 2N配置HVDC供电架构；

⑤ 一路市电和一路HVDC配置供电架构。

集中式供电架构的优点是可以实现资源共享，降低成本，其缺点是前期投资大，系统故障范围大，影响面广。

（2）分布式供电架构

为解决集中式架构存在的问题，数据中心行业一直探索分布式不间断电源系统。早期提出的分布式供电架构方案主要以小型机 UPS 分布式供电方案为代表，该方案将小型 UPS 及配套电池引入机房，并将其加入机柜微模块中，此类架构有利于机房的分期建设，降低前期投资，但是多套分布式 UPS 系统与 1 套集中式大型 UPS 系统相比，小型机的数量多，故障点多，总成本高，因此大中型数据中心很少采用分布式 UPS 系统。

各大互联网企业逐步将研究方向转向服务器内部备电，设计并实现了以下几个比较有代表性的供电架构，如图 1 所示。

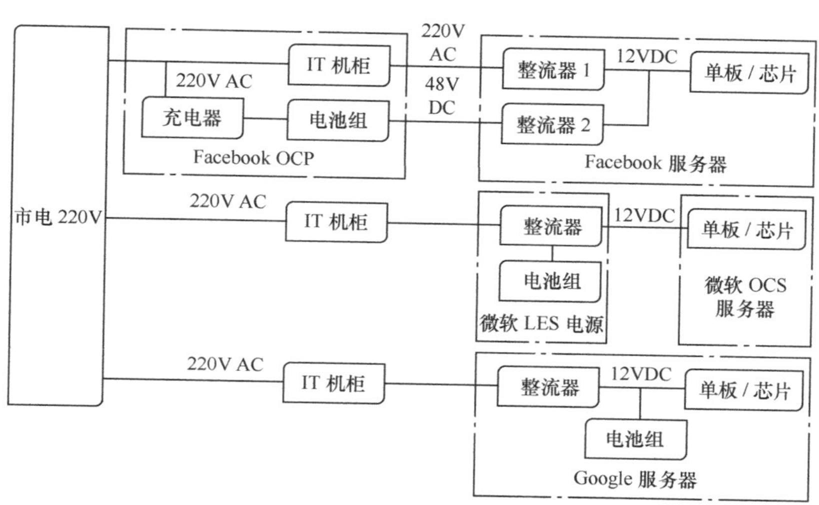


**图 1　互联网公司典型分布式供电架构示意**

1）谷歌 DC12V 分布式供电架构

谷歌最早进行了服务器自研定制工作，放弃了集中式 UPS 电源方案，转向将蓄电池分布到每台服务器的电源器直流 12V 输出端。市电正常时，进入服务器的电源被转换成 DC12V 为服务器主板供电，同时为蓄电池提供浮充电源；市电停电后，由与 DC12V 母线并联的蓄电池继续给主板供电，直到柴油发电机启动后恢复交流供电。该架构早期采用铅酸电池供电，因服务器内部高温导致铅酸电池故障率高，后改为锂电池供电方案。蓄电池的后备时间为分钟级（通常为 1 ～ 3min）。此方案的优点是大大简化了 IT 设备前端供电系统，缺点是服务器集成了蓄电池，服务器需要深度定制。

2）微软 LES 分布式供电架构

LES（本地能源存储）分布式供电架构在服务器标准电源模块内增加了锂电池包（BBU），锂电池通过低成本、小电流的 380V 充放电 DC/DC 电路并联到 PSU 的 PFC 母线上，实现市电正常下的充电，以及市电异常下的备电供应。一个 LES 电源模块就相当于一台 UPS。据介绍 LES 供电架构因为不需要 UPS 和铅酸电池组，可以节省 25% 的机房面积与 15% 的 PUE。

3）Facebook 的 DC48V 分布式系统

Facebook 供电系统采用 DC48V 离线备用系统。Facebook 将每 6 个 9kW 的机柜分为一组，为每组配置 1 个铅酸蓄电池柜，该电池柜的输出电源为 DC48V，服务器电源采用 AC277V 和 DC48V 双输入电源，市电正常时其作为主用，市电中断后，蓄电池输出 DC48V 为服务器供电。蓄电池后备时间为 45s。

4）DC240V 分布式系统

随着业内对数据中心能耗的关注日益增强，国内近几年出现了一种新型的分布式 DC240V 电源设备，市电正常时，该电源设备直接输出市电电源，市电停电后，由内部锂电池提供 DC240V 的输出电源。

这种方案的优势是 IT 设备无须定制，只要兼容 DC240V 供电即可。其缺点是电源内部存在 AC220V 和 DC240V 的切换，系统可靠性降低；锂电池串联数量多，单只电池出现故障会影响系统的可靠性。

（3）*发展趋势*

相比集中式架构，分布式架构的设备定制化程度高且兼容性差，备电时间普遍较短，对前端配电、发电机自动控制系统以及运营水平的要求高。但随着锂电池等新型储能设备的发展和技术的进步，为降低电源成本和运行损耗，实现大数据时代服务器快速部署、灵活扩展的需要，数据中心不间断供电系统架构正在呈现从在线到离线，从集中到分布的发展趋势。

## 2　提高数据中心供电架构融合性的设想

集中式和分布式架构的整流和备电系统的接入位置和接入形式五花八门，导致数据中心供电架构种类繁多，供电架构兼容性比较差。为了提高供电架构的融合性和灵活性，本文提出如下供电架构设计设想：数据中心低压侧采用全直流供电架构，在供电链路前端把交流电转换成直流电，即将 AC10kV 的中压交流电源直接转换为低压直流电源，全部用电设备，含 IT 机柜、空调系统、照明、办公电器、监控等均将集中式交直流转换成 DC240V、DC375V 和 DC48V 全直流供电，供电链路前端和后端均可接入备电系统，新的供电架构可以为国内大多数机柜服务器供电。

与传统的交流供电建筑相比，全直流供电建筑在安全、经济和电能质量优化等方面具有较大的优势。

① 低压直流配电方式可充分减少变电设备的个数，提升配用电系统的整体效率，提高用电设备的安全性。

② 集中式交直流电方式能动态补偿变换后的电能质量，有效降低输入电网的谐波、无功及不平衡电流。

③ 在离网状态下，直流建筑内部储能方式能保持建筑的不间断供电，具有安全性、经济性和高电能质量等优势。

④ 全直流供电建筑便于光伏等分布式新能源接入直流配电系统，减少了 DC/AC 的交流逆变环节，并降低了损耗。

目前，科研办公建筑已有全直流供电设计案例。2019年，深圳在低碳城核心区域建成了中美中心零碳科研办公大厦，全楼共12层，其中科研、办公场地为5 000平方米。大厦的电器设备，含空调、照明、电动汽车充电、科研与办公电器、设备，楼宇智能监控等均采用集中式交直流转换DC±375V和DC48V全直流供电。该大厦是国内最大的采用全直流供电的科研、办公建筑。

## 3 数据中心低压侧全直流供电架构设计

（1）供电电压等级选择

1）IT侧低压直流电压等级

IT侧供电电压等级采用240V直流供电等级。该电压等级可以兼容国内大部分的数据中心机柜服务器供电电压等级，实现数据中心供电架构最大限度地融合，如图2所示。

2）动力侧低压直流电压等级

水泵等动力侧供电电压等级采用建筑直流配电主流的DC375V电压等级，办公电器和智能化监控等设备采用DC48V电压等级，如图3所示。

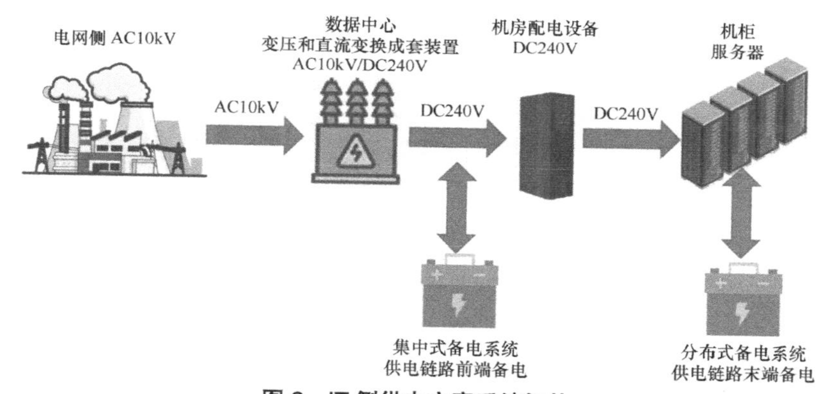


图2　IT侧供电方案系统拓扑

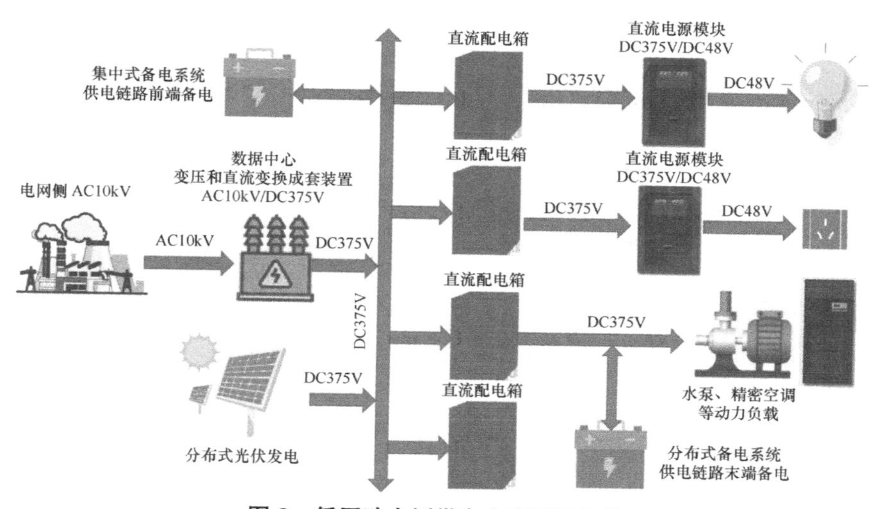


图3　低压动力侧供电方案系统拓扑

3）制冷主机等功率大于 250kW 的设备

数据中心是耗电“大户”，节能、降低损耗是数据中心发展的必然趋势。制冷主机等大功率设备选用 10kV 电压直供方式，能够大幅度降低启动和运行电流，增强电流运行时的安全可靠性，减小设备故障率。选用该直供方式的电机、供电设备和线路的发热损失等功率损耗小，节能效果好。

数据中心采用 10kV 直流供电方式符合我国现行的大功率电动机应采用高压驱动的技术政策。根据 JGJ/T16-2008《民用建筑电气设计规范》中的规定：用电设备容量在 250kW 或需用变压器容量在 160kVA 以上者应采用高压方式供电。

（2）主用设备选型

全直流供电建筑采用变压和直流变换成套装置。该装置输入 AC10kV 交流电源，输出 240V 或 375V 直流电源，装置额定功率为 1200kW。该装置采用集中式交直流电能变换方式，变电效率高达 98% 以上，双向柔性直流变换器件与直流母线并联。

（3）供电架构示意

图 4 所示为低压全直流供电方案系统供电架构。该架构采用 10kV 交流电，备用柴油发电机系统选用 10kV 高压发电机

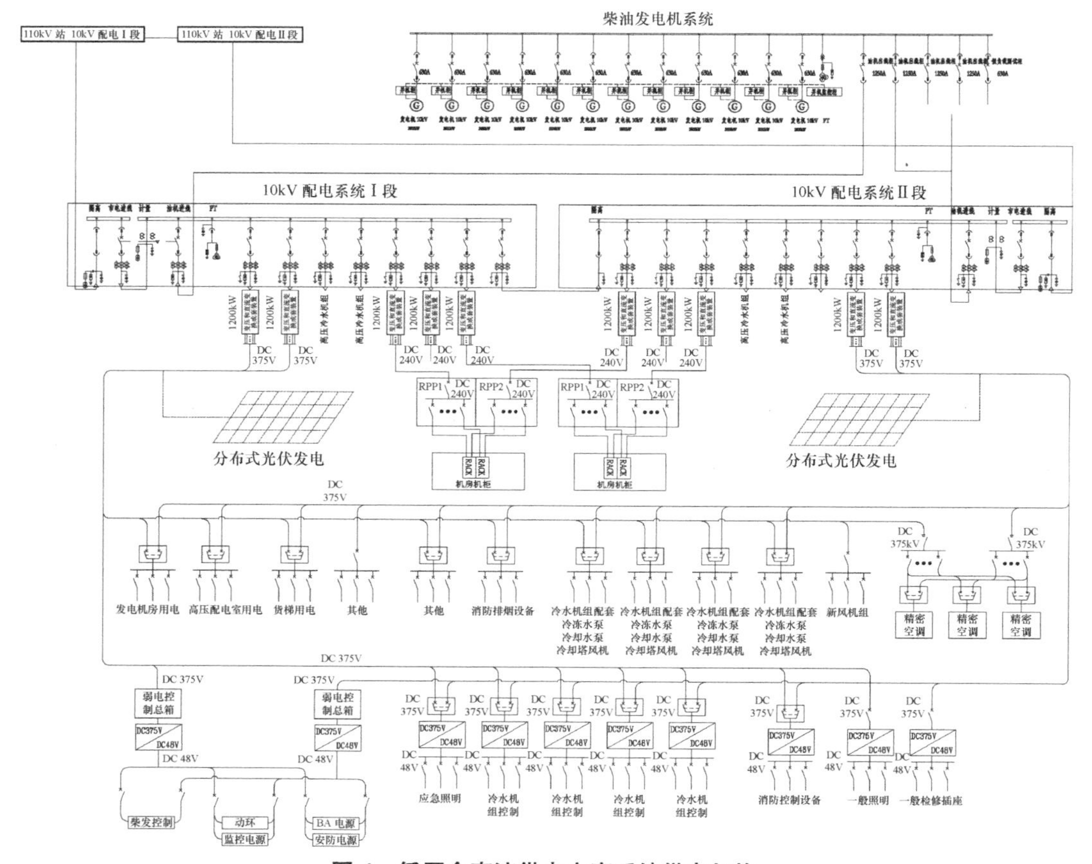


图 4　低压全直流供电方案系统供电架构

组，柴油发电机组按“N+1”配置。低压侧分为两种电压等级类型：

① 交流电经集中式电压源换流器被转为直流 240V，直接为 IT 服务器负荷提供电源；

② 交流电经集中式电压源换流器被转为直流 375V，并与光伏发电并联供电，直接供动力和建筑电气负荷，DC375V 经直流配电网逐个接入楼层配电箱，并被转为直流 48V 超低压电源供小功率设备使用。

（4）待解决的问题

1）设备投资

低压侧全直流供电架构需要使用大量的直流断路器，与同等级交流断路器相比，直流断路器的价格较为昂贵，增加了供电架构的整体造价。

2）DC240V 动力设备

受市场上常用的 IT 服务器和动力设备主流电压等级不同的限制，数据中心低压侧全直流供电架构采用了 DC240V 和 DC375V 两种电压等级，这两种电压等级分别为 IT 设备和动力侧设备供电，电压等级的不同会对配电设备采购、运行维护管理造成一定的影响，如果水泵等动力设备厂商能研发推出 DC240V 电压等级的产品，将会大力促进低压侧全直流供电架构的推广。

## 4 总结和展望

数据中心低压侧全直流供电架构的 DC240V 电压可以兼容大多数机柜服务器的供电电压，能提高供电架构的融合性，备电系统可以接入供电链路的前端和后端，有较好的灵活性。以发展的角度看，该架构在数据中心有一定的可推广性。本文希望随着直流断路器和 DC240V 直流电机的发展和技术进步，业界能丰富产品种类，降低产品价格，降低数据中心全直流供电架构的设备投资和推广难度。

## 参考文献

[1] 廖闻迪，李雨桐，郝斌，等．全直流供电建筑储能最优运行策略研究 [J]．智能电网，2018，8（6）：555-564.

[2] 朱永忠．数据中心不间断电源系统架构演进 [J]．UPS 应用，2016（4）.

# 大中型数据中心基础设施综合造价技术及应用

周媛媛　陈月琴

**摘　要：**本文分别分析了数据中心建设阶段和运营阶段的综合造价，阐述了专业机楼优化建筑模型及组合模型的方法；还对比分析了几种主要的技术，寻找适合通信运营商的建设方案和合理的综合造价，以指导数据中心的建设。

**关键词：**数据中心；基础设施；降本增效

## 1　引言

随着国家信息化进程、“互联网 +”的推进，数据中心近几年的发展势头仍呈现较强的增长趋势。在数据中心发展的大形势下，通信运营商作为数据中心的主要客户，为把握信息化、“互联网 +”迅猛推进期的机遇，需要大力建设数据中心的基础配套设施以满足市场需求。因此，我们需要精细化分析业务，提升业务的核心竞争力，为此研究数据中心综合造价迫在眉睫。

## 2　建设阶段降低综合造价的技术应用

### 2.1　基于专业机楼优化建筑模型及组合模型的方法

数据中心标准化机房楼是钢筋混凝土结构，建筑高度推荐选择 24m 以下，每栋机房楼的建筑面积约为 18 000m² ～ 20 000m²，规划机架数约为 2 500 ～ 3 000 架（油机内置）、3 000 ～ 3 400 架（油机外置）。园区内相邻的机房楼，相应的发电机房、高压室和冷冻水主机房可集中建设。基于专业机楼最优化应用的建筑模型及组合模型的研究，我们可得出结论：机房楼的高度主要取决于建筑平面防火分区最大允许的建筑面积以及主机房与油机房、冷冻水机房、高低压配电室的占比等因素。

根据 GB 50016-2014《建筑设计防火规范》：建筑高度小于等于 24m 的公共建筑，其防火分区最大允许的建筑面积为 5 000m²（建筑内设置自动灭火系统）；YD 5002-2005《邮电建筑防火设计标准》中规定，单层、多层电信建筑防火分区最大允许的建筑面积为 5 000m²（建筑内设置自动灭火系统）；GB 50045-2014《高层民用建筑设计防火规范》（2005 年版）规定，建筑高度超过 24m 的公共建筑，其防火分区最大允许的建筑面积为3 000m$^2$（建筑内设置自动灭火系统）；YD 5002-2005《邮电建筑防火设计标准》中规定，一、二类高层电信建筑防火分区最大允许的建筑面积为3 000m$^2$（建筑内设置自动灭火系统）。若单层平面的建筑面积超过防火分区最大允许的建筑面积，我们需要重新划分防火分区，设备也需要相应地调整或增加，进而带来机楼内公共区域（如楼梯、电梯、公共走道等）的增加。我们从提高数据中心利用率的角度考虑，若建筑高度控制在24m内，单层建筑面积最大可达5 000m$^2$。

油机房、冷冻水机房、高低压配电室受设备自身重量的影响，通常被放在一层，而相对于多层机房，高层机房的主机房的面积增大，必然会使自重大、占地面积大或特殊要求多的辅助配套用房面积增大，仅使用一层面积，空间不够。

构建“模块化”数据中心最优化平面的方法是：结合规范、消防要求、设备特征等，形成单个建筑模组的长、宽、高的限制因素，构建初步平面模型。

### 2.2 微模块、热管背板与机柜冷通道对比分析

以某一机房为例，机房面积为495m$^2$，机房设置独立空调区，冷冻水为冷源，下文综合对比分析了传统方案与微模块、热管背板方案。

（1）技术分析

从技术上，微模块是指将传统机房的机架、空调、消防、布线、配电、监控、照明等系统集成为一体，使其形成一种利于工厂量化生产的方式。微模块可以实现系统的快速、灵活部署，在建设周期、机柜密度、PUE（电源使用效率）、运行成本等方面较为突出。

热管背板空调利用热管系统的原理，通过致冷剂相变及自然重力实现致冷剂在管道内的封闭循环，从而实现热量的转移。通信机房内，机架后部因设备发热，导致温度较高，机架背后空调内的致冷剂遇热后由液态变成气态，到室外降温后再变成液态返回到机架空调内，这样可降低机房的温度。

我们通过分析可以得出：热管背板出架率相对传统的方式增加了28%，微模块增加了12%；热管背板节能效率相对传统方式提高了22.5%，微模块增加了10.7%；热管背板与微模块都解决了传统空调的局部发热的问题。

（2）单机架投资额分析

单机架投资额的分析见表1。

热管背板单机架成本比传统空调高38.46%，微模块的单机架成本比传统空调高23.07%。

（3）单机架运营成本分析

单机架的运营成本见表2。

分析：热管背板年收益比传统空调多77万元，但相对增加初期投资成本158万元，两年可收回超支成本；微模块年收益比传统空调多28万元，但相对增加初期投资84万元，3年可收回超支成本。

热管背板、微模块的初期投资与收益、节能效果成正比。在增加投入且能短期收回超支成本时，我们建议在大功耗机柜中大力推进热管背板、微模块技术。

表 1　单机架投资额的分析

| 项目 | 单机架数 / 个 | 单机架功耗 / kW | 机架造价 / 万元 | 空调造价 / 万元 | 总造价 / 万元 | 单机架成本 / 万元 |
|---|---|---|---|---|---|---|
| 热管背板 + 机柜 | 192 | 7 | 0.50 | 1.3 | 346 | 1.8 |
| 微模块 | 168 | 7 | 0.62 | 3.5 | 272 | 1.6 |
| 空调末端 + 机柜 | 150 | 7 | 0.74 | 7.0 | 188 | 1.3 |

表 2　单机架的运营成本

| 项目 | 热管背板 / 万元 | 微模块 / 万元 | 传统空调 / 万元 | 备注 |
|---|---|---|---|---|
| 经营成本 | 1 504 | 1 342 | 1 214 | |
| 折旧及摊销费用 | 24.3 | 19.1 | 13.2 | 折旧年限为 15 年，残值率为 5% |
| 财务费用 | 0 | 0 | 0 | 暂不考虑贷款因素 |
| 总成本 | 1 528 | 1 361 | 1 227 | |
| 单机架运营成本 | 7.95 | 8.1 | 8.18 | |

单机架的经营成本见表 3。

表 3　经营成本

| 项目 | 热管背板 / 万元 | 微模块 / 万元 | 传统空调 / 万元 | 备注 |
|---|---|---|---|---|
| 运行电费 | 1 493 | 1 333 | 1 205 | 全年空调，机架满载耗电 |
| 人工费 | 7 | 7 | 6 | 按电费 0.5% |
| 维护及修理费 | 1 | 0.8 | 0.6 | 按总投资 0.3% |
| 管理费 | 2.2 | 2 | 1.8 | 按人工费 30% |

分析：热管背板运营成本比传统空调低 2.81%；微模块运营成本比传统空调低 0.98%。

**（4）投资收益、回收期**

投资收益、回收期对比见表 4。

### 2.3　DPS（分布式电源系统）与高频 UPS（不间断电源系统）对比分析

DPS 是一种高密度一体化分布式电源系统，设备集成电源模块、锂电储能模块、检测模块、监控模块为机架负载提

表4 投资收益、回收期对比

| 项目 | 机架数/个 | 年单机架收益/万元 | 年总收益/万元 | 年运行成本/万元 | 收益差额/万元 | 初投资成本/万元 |
|---|---|---|---|---|---|---|
| 热管背板 | 192 | 9 | 1 728 | 1 528 | 200 | 346 |
| 微模块 | 168 | 9 | 1 512 | 1 361 | 151 | 272 |
| 传统空调 | 150 | 9 | 1 350 | 1 227 | 123 | 188 |

供了一体化的供电综合解决方案。DPS安装在数据机柜中，无须单独设置电力室，但需占用机架空间，以便于快速部署。DPS适用的场景为建设周期短、部署灵活的中小型机房，以及无独立电力电池室的机房。

UPS是将蓄电池（多为铅酸免维护蓄电池）与主机相连接，通过主机逆变器等模块将直流电转换成市电的系统设备。

DPS与高频UPS的对比见表5。

表5 DPS与高频UPS的对比

| 序号 | 比较项目 | 高频UPS系统 | DPS系统 |
|---|---|---|---|
| 1 | 可摆放机架数量 | 260架 | 322架 |
| 2 | 建设投资 | 655万元（2套800kVA2+1UPS系统），2.52万元/架 | 1 030万元（322套20A交流型DPS，锂电池后备时长20分钟），3.2万元/架 |
| 3 | 故障节点 | 集中供电，故障节点单一 | 分散式供电方式，故障时仅影响单个机架 |
| 4 | 机架空间（竖条状配电单元） | 单机架可部署16～18台服务器 | DPS设备占4U空间，单机架可部署14～16台服务器 |
| 5 | 客户接受度 | 传统部署模式，接受度高 | 与服务器在同一机架，与客户维护区域不独立 |
| 6 | BMS | 监控点至列头柜 | DPS集成监控功能，线缆部署至各个机架 |
| 7 | 采购 | 成熟 | 小众设备，厂商数量有限，且持续研发和售后有待提高 |
| 8 | 维护便利度 | 电力室维护巡检 | 巡检点分散至每个机架 |

通过对比分析，DPS明显提升了机房出架率，但受制于价格、空间、维护模式以及该技术持续研发及售后能力的影响，适合应用在改造老机房的中小型数据中心。

### 2.4 高功率UPS（不间断电源系统）电池的应用分析

在数据中心建设中，我们要尽量选取设备寿命周期长的产品，减少周期短、易耗能产品的使用。大中型数据中心蓄电池的使用体量庞大，蓄电池建设成本约占基础配套设备投资的15%，占比较高，业界亟须高效的蓄电池取代现有蓄电池，以降低综合成本。

目前主流的蓄电池厂商开始研发并推出高功率电池，针对不同的使用场合推出不同的系列。为便于比较，我们以某厂商的蓄电池为例分析比较，具体见表6。

我们从厂商提供的数据分析，相同容量时，高功率蓄电池相对普通蓄电池在重量和体积上确实有明显的优势。

大规模推广高功率蓄电池面临的问题：高功率蓄电池处于新产品的试用阶段，业界对其未出台正式的行业规范；在给出后备时间的情况下计算蓄电池的容量时，普通蓄电池的容量有行业标准的计算方法，而高功率电池的容量则只能根据不同厂商的数据得出，权威性不足；从厂商提供的案例来看，高功率蓄电池虽有试用情况但无实际数据。

表6 蓄电池对比分析

| 类型 | 型号 | 容量/Ah | 电压/V | 单节电池 | | | |
|---|---|---|---|---|---|---|---|
| | | | | 长/mm | 宽/mm | 高/mm | 重量/kg |
| 12V高功率UPS电池——H系列 | GFM-200 | 200 | 12 | 90 | 181 | 346 | 13.7 |
| 2V高功率UPS电池——U系列 | GFM-200U | 200 | 2 | 90 | 181 | 346 | 13 |
| 2V普通阀控式铅酸蓄电池 | 6-GFM-200H | 200 | 2 | 503 | 212 | 225 | 62 |

因此，高功率UPS电池的大规模使用有待行业完善以及实际的在网数据，鉴于缺乏实际的在网数据，我们建议在试点验证后再大规模推广。

### 2.5 模块化UPS（不间断电源系统）与高频UPS（不间断电源系统）对比分析

模块化UPS由机架加单体模块构成，每个单体模块的内部装有整个UPS电源与控制电路，具体包括整流器、逆变器、静态旁路开关及附属的控制电路、CPU主控板。每个UPS均有独立的管理显示屏，采用标准的结构设计，每套UPS由功率模块、监控模块、静态开关组成，其中功率模块可并联以实现平均分担负载的功能。如遇故障功率模块自动退出系统，则其他功率模块来承担负载，这样既能水平扩展，又能垂直扩展。UPS所有的模块可以实现热拔插，以及在线更换维修功能，是较安全的电源系统。

业界对大容量 UPS 初期建设的投资偏高，系统建成投产后，设备的利用率偏低。与传统 UPS 相比，模块化 UPS 最大的优点是提高了系统的可靠性和可用性，因为 UPS 由单体模块构成，一个模块出现故障并不影响其他模块的正常工作，并且它的可热插拔特性能大大缩短系统的安装和修复时间。除此之外，模块化 UPS 能给用户带来更好的可扩展性，业界使用模块化 UPS 不仅能高效地运用用户投资，也能很好地确保投资收益。较传统 UPS 来看，模块化 UPS 还具有便于安装运输、便于售后维护、高效节能、冗余性好等诸多优势。

目前来看，业界应用模块化 UPS 达到了节能的目的。综上所述，模块化 UPS 存在很多优点，它的应用价值也逐渐被行业用户所认可。我们从这次模块化 UPS 的试点应用可以看到，模块化 UPS 是 UPS 技术发展的重要方向。

## 3 运营阶段优化综合造价的技术

### 3.1 提高效率对数据中心运营的影响

以 1 栋 20 000m² 的数据中心为例，若 IT 设备及配套设备的效率每提高 1%，1 年和 20 年所能节约的电费见表 7。

**表 7 设备用电不同效率电费**

单位：元

| 效率提高 | | 1% | | 2% | | 3% | | 4% | |
|---|---|---|---|---|---|---|---|---|---|
| 设备类别 | 负载（KW） | 节约电费（万元） | | | | | | | |
| | | 1 年 | 20 年 | 1 年 | 20 年 | 1 年 | 20 年 | 1 年 | 20 年 |
| IT 设备用电 | 12000 | 90 | 1804 | 180 | 3608 | 271 | 5412 | 361 | 7216 |
| 配套设备用电 | 8000 | 60 | 1203 | 120 | 2405 | 180 | 3608 | 241 | 4811 |
| 合计 | 20000 | 150 | 3007 | 301 | 6013 | 451 | 9020 | 601 | 12027 |

注：以一个 20 000m² 数据中心为例，电费为每度 0.87 元。

表 7 显示：IT 设备的效率每提高 1%，1 年节约的电费为 90 万元；配套设备的效率每提高 1%，1 年节约的电费约为 60 万元；IT 设备和配套设备的效率每提升 1%，1 年节约的电费总计约为 150 万元，20 年节约的电费约为 3 006 万元。由上可知，高效的、使用最佳效率运行的设备的重要性，这些设备每提升 1% 的效率将意味着利润的增加。

### 3.2 影响效率的主要因素

影响效率的因素主要包括高效设备的选取、设计方案、运行优化负载率。

① 高效设备的选取：应包括 IT 设备、高低压配电、电源、制冷设备及相关配套

设备的选取。

② 设计方案：我们选取配置优化并在负载分配上尽可能提高设备运行效率的方案。

③ 运行优化负载率：DCIM（数据中心基础设施管理）中与能耗相关的基础设施包括能耗平台、群控系统等，我们通过智能化的日常监管和分析，找出影响效率的点位并对其进行优化。

在数据中心的建设中，我们应鼓励并采取具体措施引导客户采购节能的 IT 产品。除 IT 设备外，数据中心的最大耗电为供电、制冷设备的耗电。由于外租的数据中心机房的 IT 设备绝大部分由客户自行购买，电信运营商在引导客户购买绿色节能的 IT 设备外，还应优化供电、制冷上的能效方案。

## 4 结束语

未来，打造绿色、有核心竞争力的数据中心是市场规律，研究数据中心综合造价是重要的一环。随着信息大爆炸和各行各业对数据中心依赖程度的日益加深，构建绿色数据中心已经成为国家战略、企业发展乃至人们生活不可或缺的组成部分，也是国家信息化发展以及通信、金融、电力、政府、互联网等各行业实现“数据集中化、系统异构化、应用多样化”的有力支撑和重要保障。

## 参考文献

[1] GB 50016-2006，建筑设计防火规范 [S].

[2] YD5002-2005，邮电建筑防火设计标准 [S].

[3] GB 50045-1995，高层民用建筑设计防火规范 [S].

# 超大型冷却塔在施工全过程中的风振响应及风振系数演化规律的研究

朱 鹏 柯世堂

**摘 要：** 本文综合考虑工程进度与计算精度建立了8个冷却塔的三维实体模型，该实体模型基于大涡模拟（LES）技术获得了冷却塔在施工全过程中的三维气动力时程。本文将成塔表面的风压与规范及国内外现有的实测曲线对比分析从而验证了数值模拟的有效性。在此基础上，本文还采用完全瞬态时域方法对比分析了冷却塔在施工全过程中的塔顶位移、子午向轴力及环向弯矩等响应风振实时变化的特性，并基于三种典型目标和五种取值方法探讨了超大型冷却塔在施工全过程中的风振系数沿高度和环向角度的演化规律，最终拟合给出了超大型冷却塔施工全过程的风振系数随高度变化的计算公式。

**关键词：** 超大型冷却塔；施工全过程；大涡模拟；风振响应；风振系数；演化规律

## 1 引言

目前，我国在建和拟建的火/核电厂超大型冷却塔的高度远超过规定高度的限值（190m），已突破世界纪录（200m），此类超大型冷却塔与中小型常规冷却塔相比有两个鲜明特点：表面三维动态风荷载效应更加显著，主体结构的施工周期更长且难度更大，整体结构施工进度通常需要12～16个月。因此，现有的设计中采用成塔单一风振系数来指导结构抗风并不能真实反应超大型冷却塔在施工全过程中的动态风荷载特性与结构实际受力性能的演化，完全忽略了冷却塔在施工过程中的混凝土材料和结构性能的实时演化。因此，探究冷却塔在施工全过程中的风振机理问题是目前此类超大型冷却塔抗风研究的关键和瓶颈。

鉴于此，本文以西北地区某在建的超大型冷却塔（210m）为背景，建立了冷却塔在不同施工高度下的高精度三维实体模型。该模型采用LES技术模拟冷却塔在施工全过程中的脉动风荷载数，结合有限元完全瞬态法本文对比分析了超大型冷却塔在施工全过程中的塔顶位移、子午向轴力及环向弯矩等典型的响应风振实时变化的特性，并基于三种典型目标和五种取值方法探讨了超大型冷却塔在施工全过程中的风振系数沿高度和环向角度的演化规律，最终提出了以施工高度为函数的风振系数计算公式。

## 2 算例说明

### 2.1 工程介绍

某在建的超大型冷却塔的塔高为 210m，喉部标高为 157.5m，进风口标高为 32.5m。塔筒采用 52 对 X 型支柱，这些支柱与环板基础连接，X 型支柱采用矩形截面，截面尺寸为 1.2m×1.8m，环板基础宽为 12.0m，高为 2.5m。表 1 给出了该超大型冷却塔结构的典型特征尺寸。

### 2.2 施工全过程的模型定义

为系统分析超大型冷却塔在施工全过程中的风振响应特性及风振系数演化规律，本文综合考虑了工程的施工进度与数值计算精度，按塔筒施工模板层数划分了 8 个典型施工工况，各工况参数见表 2。

**表 1 超大型冷却塔结构特征尺寸**

<table>
<tr><th>主要尺寸示意</th><th>典型参数</th><th>数值</th></tr>
<tr><td rowspan="12">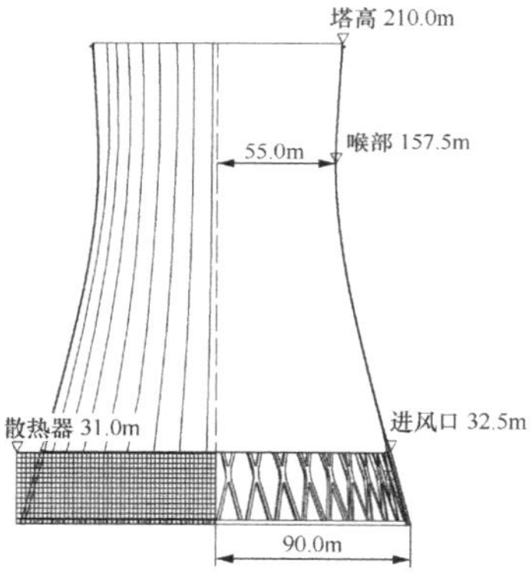
</td><td>塔高（m）</td><td>210.0</td></tr>
<tr><td>零米直径（m）</td><td>180.0</td></tr>
<tr><td>喉部直径（m）</td><td>110.0</td></tr>
<tr><td>喉部标高（m）</td><td>157.5</td></tr>
<tr><td>塔顶出口直径（m）</td><td>115.8</td></tr>
<tr><td>进风口直径（m）</td><td>159.0</td></tr>
<tr><td>进风口标高（m）</td><td>32.5</td></tr>
<tr><td>壳底斜率</td><td>0.29</td></tr>
<tr><td>X 支柱对数</td><td>52 对</td></tr>
<tr><td>支柱截面（$m^2$）</td><td>1.2 × 1.8</td></tr>
<tr><td>环基截面（$m^2$）</td><td>2.5 × 12</td></tr>
<tr><td>塔筒形式</td><td>光滑塔</td></tr>
</table>

**表 2 超大型冷却塔在施工全过程中的典型工况参数**

<table>
<tr><td>结构示意</td><td colspan="8"></td></tr>
<tr><td>工况编号</td><td>工况 1</td><td>工况 2</td><td>工况 3</td><td>工况 4</td><td>工况 5</td><td>工况 6</td><td>工况 7</td><td>工况 8</td></tr>
<tr><td>模板层数</td><td>10</td><td>30</td><td>50</td><td>70</td><td>90</td><td>105</td><td>120</td><td>139</td></tr>
<tr><td>高度（m）</td><td>44.1</td><td>69.8</td><td>94.9</td><td>120.4</td><td>146.2</td><td>165.7</td><td>185.2</td><td>210.0</td></tr>
<tr><td>出风口直径（m）</td><td>154.41</td><td>140.31</td><td>127.61</td><td>117.21</td><td>111.21</td><td>110.61</td><td>112.61</td><td>115.81</td></tr>
<tr><td>壳体最小厚度（m）</td><td>0.590</td><td>0.460</td><td>0.405</td><td>0.385</td><td>0.375</td><td>0.370</td><td>0.370</td><td>0.500</td></tr>
</table>

### 2.3 计算参数说明

本工程的超大型冷却塔所处的地貌类别为 B 类，最大风速为 23.7m/s，对应的风压为 0.35kN/m$^2$，粗糙度指数取 0.15，成塔结构表面的平均风压采用冷却塔规范中实测的风压分布曲线作为标准。

## 3 风荷载数值模拟

### 3.1 方法介绍

结构抗风研究中流体视为粘性不可压缩。我们对瞬态的 N-S 方程进行空间平均，得到的大涡模拟方法的控制方程为：

$$\frac{\partial \overline{\mu_i}}{\partial x_i}=0 \qquad (1)$$

$$\frac{\partial \overline{\mu_i}}{\partial t}+\frac{\partial(\overline{\mu_i \mu_j})}{\partial x_j}=-\frac{1}{\rho}\frac{\partial \overline{p}}{\partial x_i}+v\frac{\partial^2 \overline{\mu_i}}{\partial x_j \partial x_j}-\frac{\partial \tau_{ij}}{\partial x_j} \qquad (2)$$

式中：$\rho$ 为空气密度；$t$ 为时间；$v$ 为空气运动粘性系数；$\overline{\mu_i}$ 和 $\overline{\mu_j}$ 表示滤波后空间坐标系 3 个方向的速度，$i$=1、2、3，$j$=1、2、3；$x_i$、$x_j$ 为空间 3 个方向坐标分量；$\overline{p}$ 为滤波后的压力；$\tau_{ij}$ 为空间平均后 N-S 方程出现的不封闭项，即亚格子应力：

$$\tau_{ij}=\overline{\mu_i \mu_i}-\overline{\mu_i}\,\overline{\mu_j} \qquad (3)$$

根据 Smagorinsky 提出的基于涡旋黏度假设的亚格子模型，引入 Boussinesq 假设，亚格子应力可表达为：

$$\tau_{ij}-\frac{1}{3}\tau_{ij}\delta_{ij}=-2\mu_t\overline{S_{ij}}=-\mu_t\left(\frac{\partial \overline{\mu_i}}{\partial x_j}+\frac{\partial \overline{\mu_j}}{\partial x_i}\right) \qquad (4)$$

式中：$\overline{S_{ij}}$ 为可解尺度应变率张量；$\delta_{ij}$ 为 Kronecker delta 函数；$\mu_t$ 为亚格子湍黏系数，一般采用 Smagorinsky 假设：

$$\mu_t=(C_s\Delta)^2\left|\overline{S}\right| \qquad (5)$$

式中：$C_s$ 为 Smagorinsky 常数，常见的取值为 0.1 ～ 0.23，文中取 0.1；应变率张量 $\left|\overline{S}\right|=\sqrt{2S_{ij}S_{ij}}$；$\Delta$ 为空间网格尺度，$\Delta$ =（$\Delta x \Delta y \Delta z$）$^{1/3}$，$\Delta r$、$\Delta y$ 和 $\Delta z$ 分别为 $x$、$y$ 和 $z$ 方向的网格尺寸。此式为标准 Smagorinsky 亚格子模型。该模型适合无须试验滤波且计算量少的模拟场景。

### 3.2 网格划分与参数设置

为保证数值计算中超大型冷却塔的雷诺数与实际工程中的雷诺数相似，我们在数值计算中按足尺建模。计算模型的塔高 $H$=210m，塔底直径 $D$=180m，流体计算域长（$Y$=30D）× 宽（$X$=20D）× 高（$Z$=5D）=6 000m×4 000m×1 000m（$Y$ 为顺风向，$X$ 为横风向，$Z$ 为高度方向），模型的阻塞率小于 1%，满足规范要求。计算模型中心距离计算域入口 10D，为使尾流得到充分发展，出口位置距离模型 20D。

为了更好地兼顾计算效率与精度，我们将计算域划分为局部加密区域与外围区域。冷却塔结构附近的内部区域选用具有良好适应性的非结构化网格单元，同时采用网格控制措施加密处理模型表面的网格和模型附近流动变化剧烈区域的网格，严格控制近壁面的网格尺度，进而使整个内部区域的混合网格离散。远离冷却塔模型的外围空间选用具有规则拓扑的结构化网格进行离散，从而减少计算模型的网格总数进而提高了计算效率。核心区最小网格尺寸为 0.2m，全塔结构总网格数量控制在 1 280 万个左右。

本文通过 UDF 文件定义了模型的边界条件，入口边界条件为速度入口（Velocity inlet），按 B 类地貌风剖面设置相应参数；出口采用压力出口（Pressure-Outlet）边界条件，相对压力选为零；计算域顶部和侧面采用等效于自由滑移壁面的对称边界条件；地面以及建筑物表面采用无滑移壁面边界条件。空气风场选用不可压缩流场，亚格子模型采用 Dynamic Smagorinsky-Lilly 模型，并采用 SIMPLEC 方法进行离散方程组的求解。LES 计算的时间步长取 0.05s。冷却塔数值模拟网格划分及计算域设置示意如图 1 所示。

### 3.3 风场模拟

试验风场按《建筑结构荷载规范》中的 B 类地貌模拟，风场模拟的主要指标为平均风速剖面、湍流度剖面和顺风向脉动风谱等，数值模拟与规范结果对比示意结果如图 2 所示。我们从图中可知，可见脉动风场模拟较好，满足规范要求。

### 3.4 模拟结果及分析

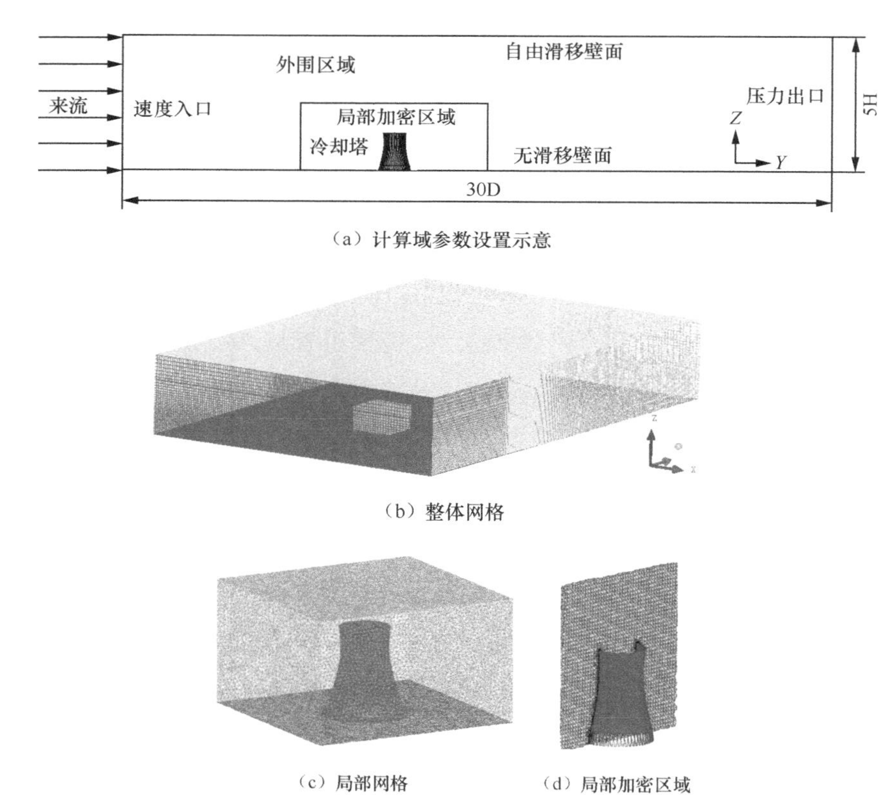


图 1 冷却塔数值模拟网格划分及计算域设置示意

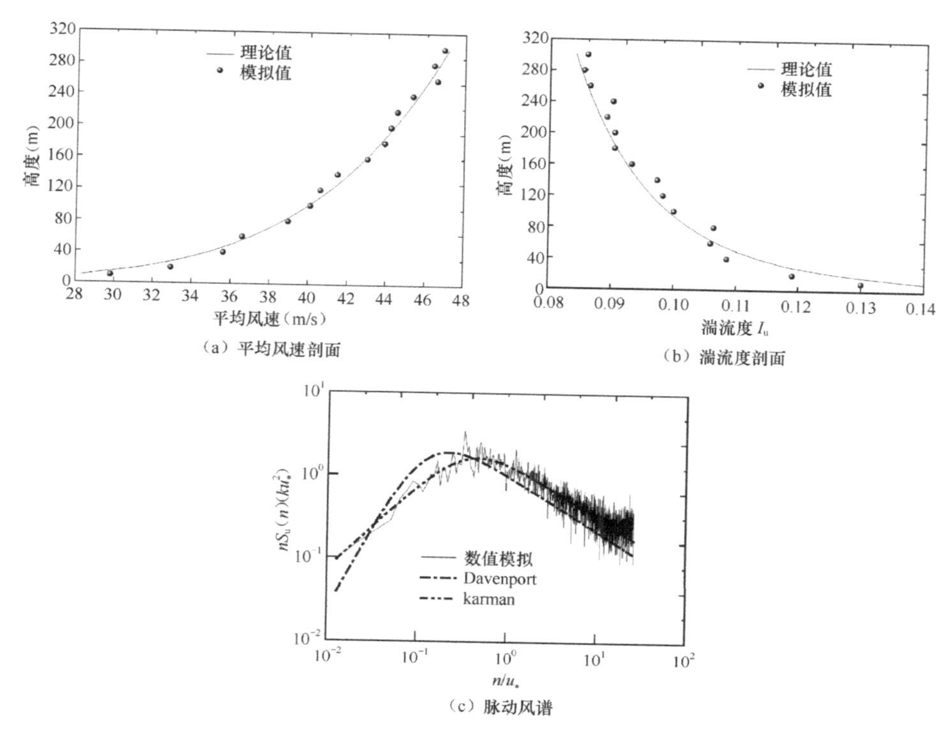

(a)平均风速剖面

(b)湍流度剖面

(c)脉动风谱

**图 2　数值模拟与规范结果对比示意**

### 3.4.1　典型测点风压

本文通过 LES 技术获得冷却塔在施工全过程中的表面脉动风压时程，受限于篇幅，图 3 仅给出了成塔工况迎风面、侧风面、分离点及背风面测点的风压系数的时程曲线。

图 4 给出了各测点对应的功率谱密度函数曲线，我们对比发现不同脉动风荷载的功率谱密度均在低频段出现峰值，脉动风压能量主要集中在低频区域，而位于结构迎风面的测点功率谱数值比分离点与背风面测点的功率谱值稍大。

### 3.4.2　平均风压与脉动风压的有效性验证

我们考虑冷却塔规范仅给出了冷却塔成塔表面平均风压的分布规律，图 5(a)给出了成塔典型断面平均风压和脉动风压与国内外实测及风洞试验分布曲线对比示意。通过对比我们发现数值模拟的平均风压与风洞试验的平均风压的分布曲线相吻合，在迎风面、负压极值区以及背风面分离点处压力系数的数值均与规范曲线接近，该项试验验证了基于大涡模拟获得的平均风压的有效性。图 5(b)中脉动风压分布曲线与国内实测及风洞试验的曲线较为接近，数值上要小于国外实测的结果，大于国内现场测试的数值，我们考虑脉动风压出现此现象的原因，与实测塔所处的地形、来流、湍流和周边干扰密切相关，且本文大涡模拟获得的脉动风压分布趋势和数值均接近并在已有的实测结果分

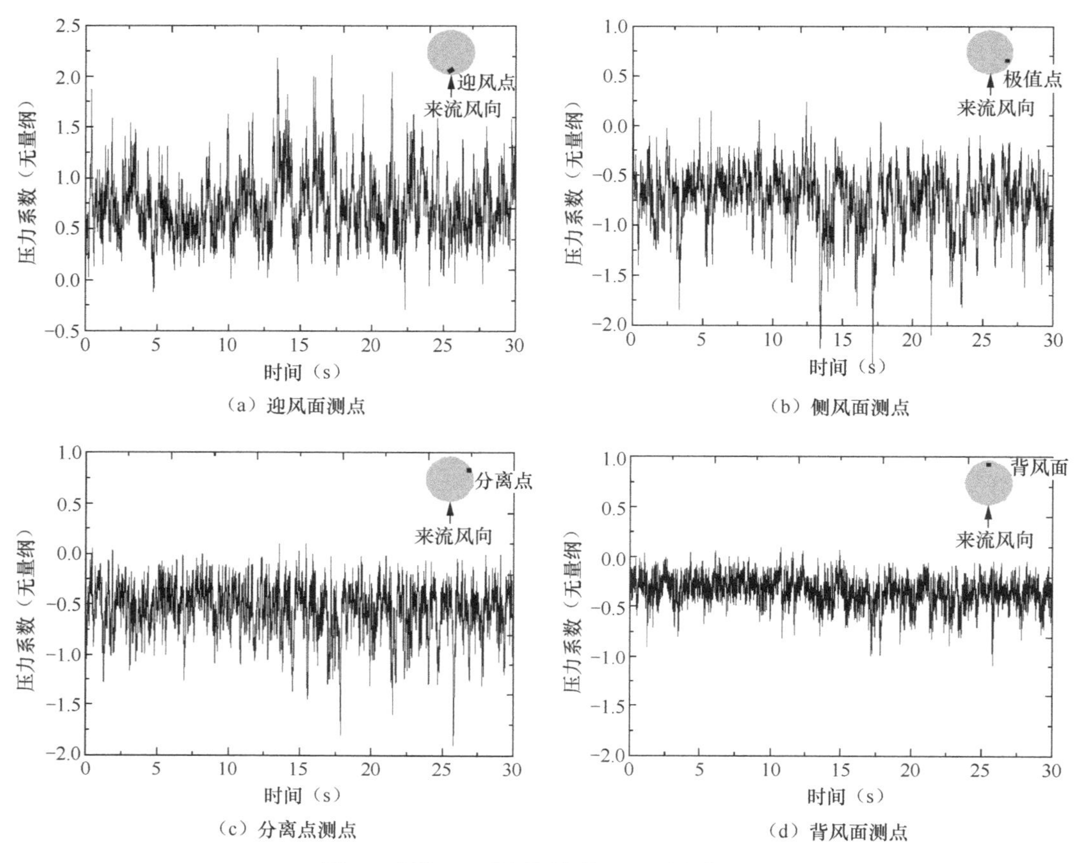


**图 3　成塔工况典型测点的风压时程曲线**

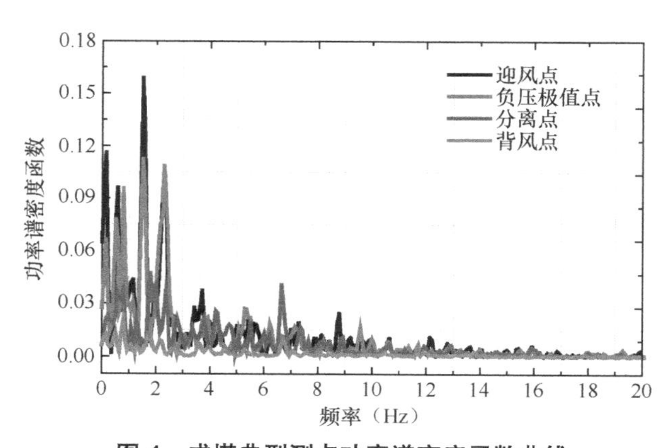


**图 4　成塔典型测点功率谱密度函数曲线**

布范围内。因此本文基于大涡模拟得到的脉动风压具有一定的有效性，可用于后续对风振响应时程的分析。

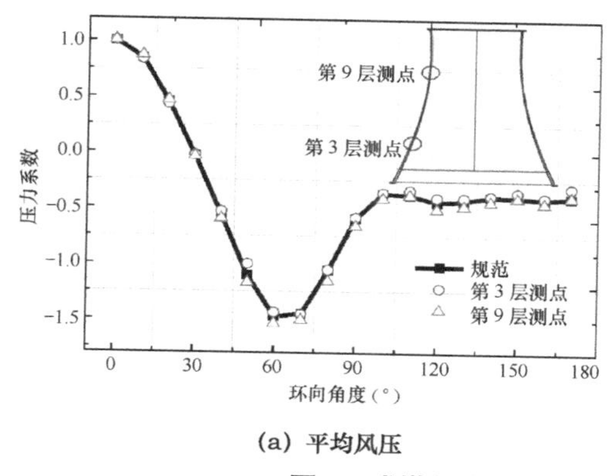


(a) 平均风压

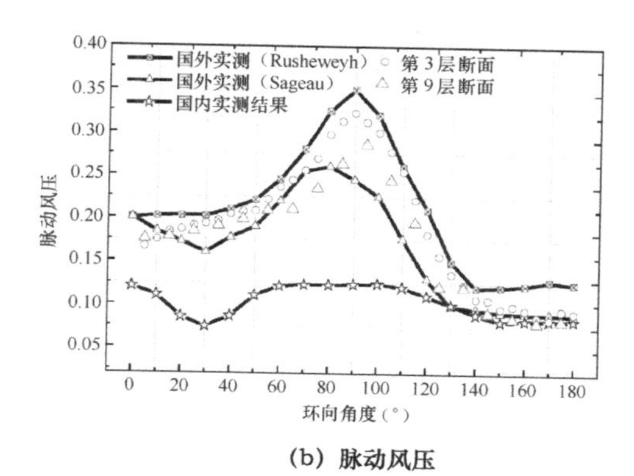


(b) 脉动风压

**图5　成塔数值模拟结果与规范及实测结果对比示意**

### 3.4.3　施工全过程平均风荷载

图6和图7分别给出了超大型冷却塔在施工全过程中的各工况外表面压力系数分布云图及典型断面数值曲线。我们通过对比发现：

① 8个典型工况塔筒的压力系数虽然在数值上差异较大，但是分布趋势较为接近，这主要是因为施工高度的增长并未改变圆柱形结构的风场绕流特性，气流在塔筒前沿受撞击而分离进而形成分离泡并在塔筒侧风面逐渐脱落，最终导致塔筒环向仅迎风面为正压带；

② 施工高度的增长显著降低了冷却塔侧风面与背风面的负压值，以成塔工况最为显著。

我们分别选取0°、70°、120°及180° 4个典型子午向角度分析冷却塔在施工全过程中的表面压力系数的分布状况，如图8所示。我们分析得到施工高度的增长对于各典型子午向角度压力系数的分布趋势影响较小，迎风面与侧风面子午向风压呈现显著的凹凸变化，背风面子午向风压均呈现折叠变化的趋势。此外，施工高度的增长显著扩大了压力系数数值的分布范围，以成塔工况最为显著。

## 4　风振响应分析

### 4.1　动力特性演化特性

基于ANSYS有限元分析软件的二次开发，本文采用Shell63壳单元和Beam188梁单元建立超大型冷却塔在不同施工阶段的有限元模型，采用分块Lanczos方法分析8个工况冷却塔模型的动力特性。图9给出了各工况模型前50阶结构的自振频率分布曲线，成塔结构的基频仅为0.574Hz，不同施工阶段冷却塔的自振频率变化显著，随着施工高度的增长冷却塔基频逐渐降低，且增长趋势变缓。

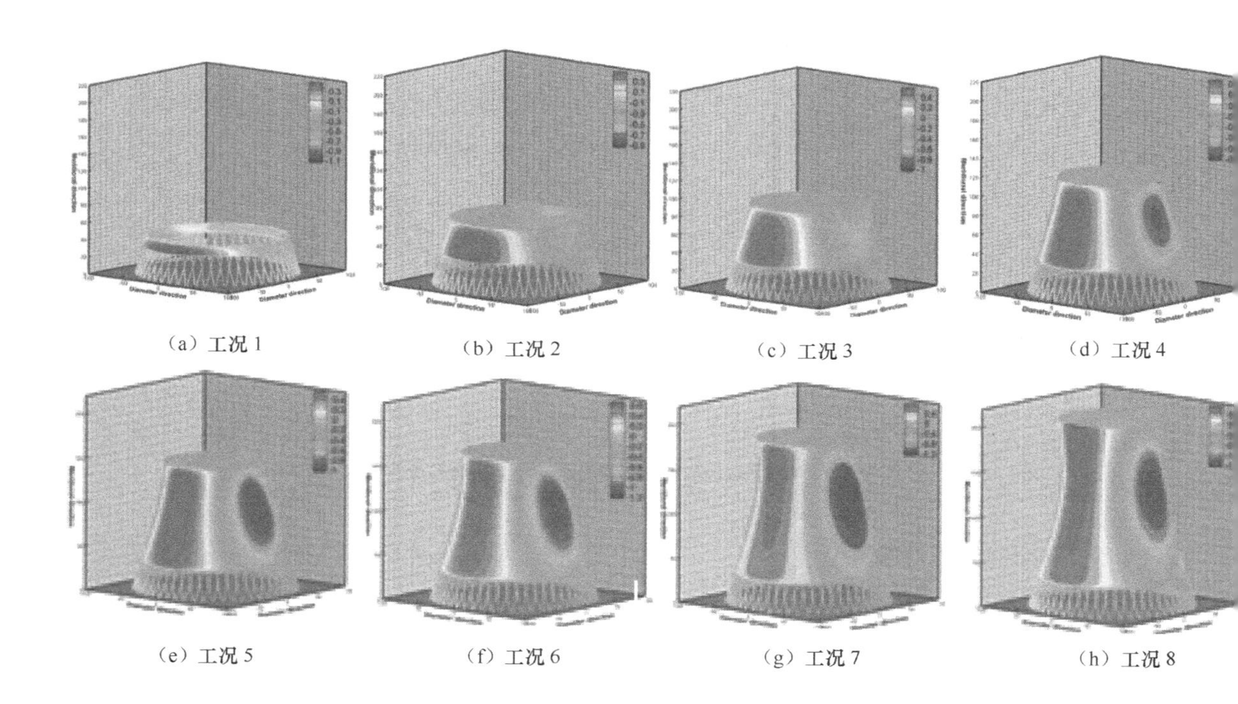


**图 6　超大型冷却塔在施工全过程中的 8 个典型施工工况表面压力系数分布**

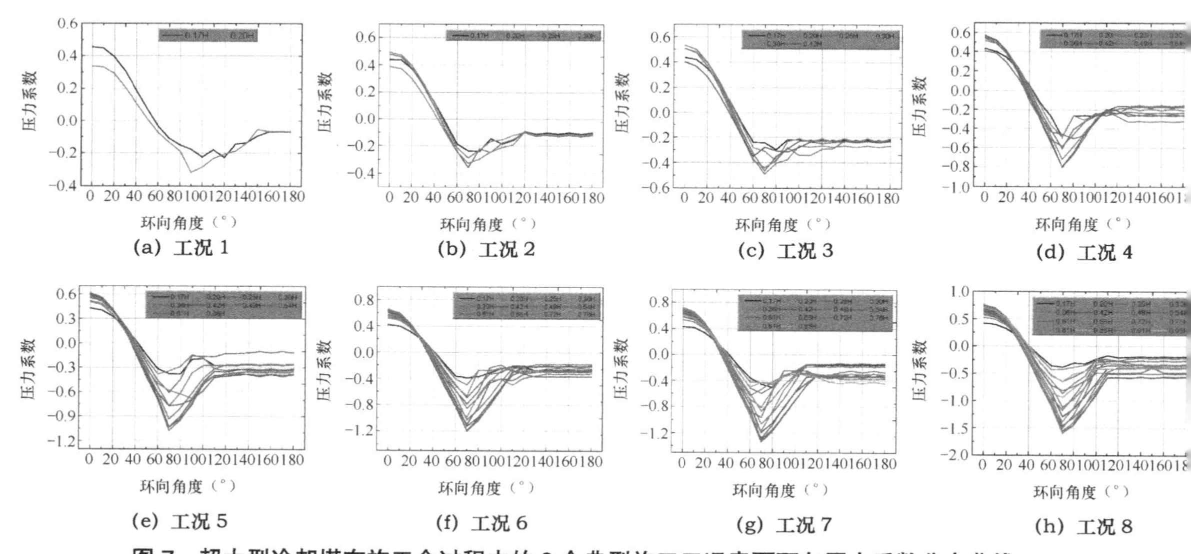


**图 7　超大型冷却塔在施工全过程中的 8 个典型施工工况表面环向压力系数分布曲线**

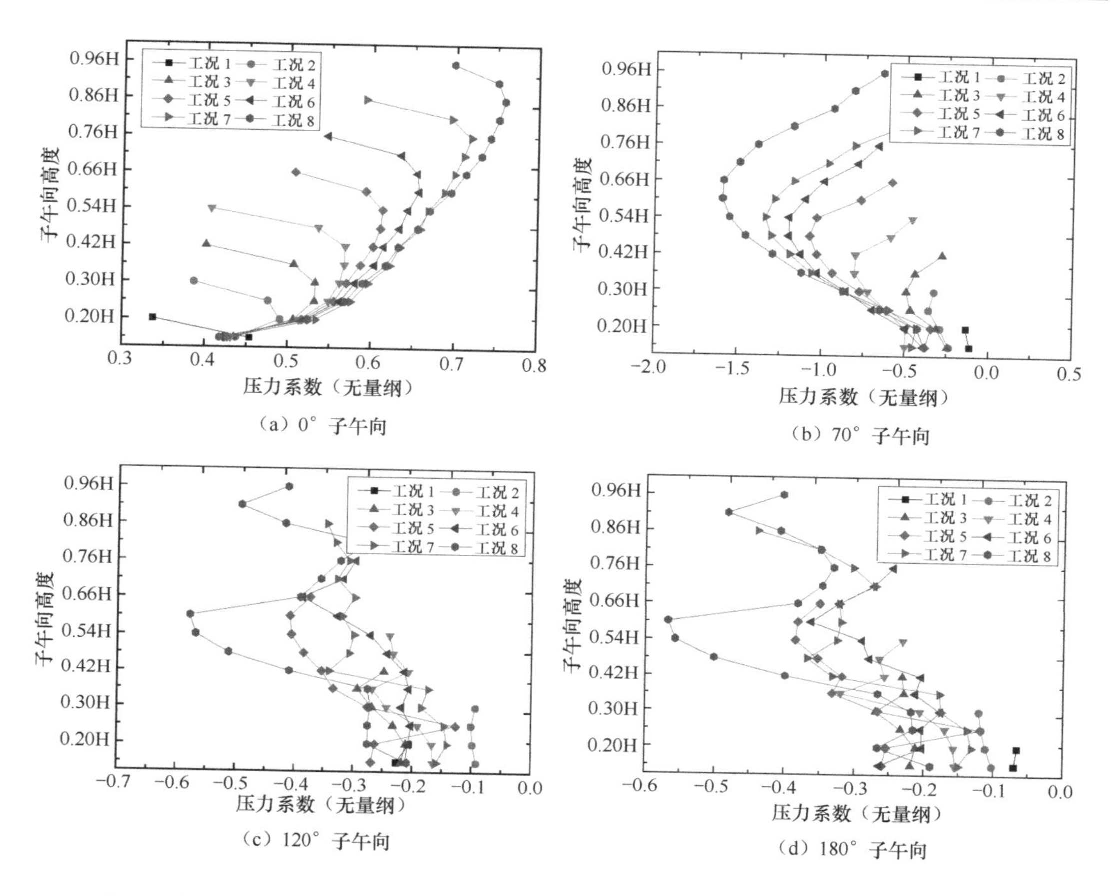


**图 8 超大型冷却塔在施工全过程中的 8 个典型施工工况表面子午向压力系数分布曲线**

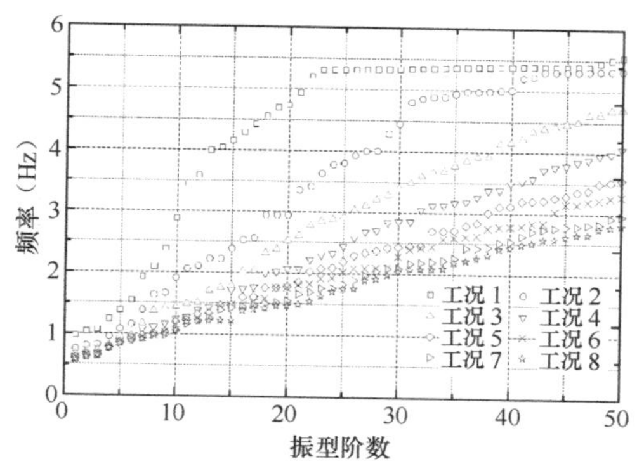


**图 9 各工况前 50 阶频率分布曲线示意**

图 10 给出了各工况前 10 阶模态的固有频率随环向谐波数的变化示意，我们对比发现各工况冷却塔的最小固有频率均出现在 4 个环向谐波处，且随着自振频率的增大环向谐波数呈现变多的趋势。

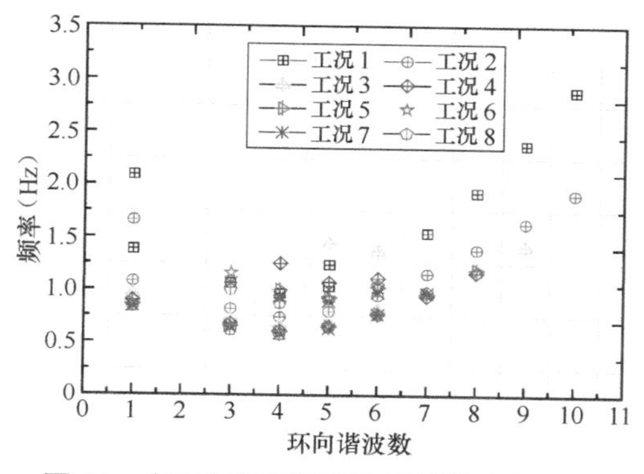


**图 10 各工况频率随环向谐波数变化示意**

表 3 给出了工况冷却塔的倾覆模态列表，我们对比发现随着施工高度的增长结构倾覆振型所在的模态不断向后推移，同时倾覆振型被激发的频率逐渐降低。动力特性分析表明不同施工状态对冷却塔的频率分布影响较大，但是对模态振型的影响较小。

### 4.2 风振响应分析

冷却塔结构在脉动风压作用下的动力平衡方程为：

$$M\ddot{u}+C\dot{u}+Ku=\{F(t)\} \qquad (6)$$

#### 4.2.1 塔顶位移风振响应

图 11 给出了各工况塔顶迎风面节点位移响应功率谱。我们对比分析得到各工况冷却塔结构的背景响应与共振响应在频谱上分离显著的结果，并且由于冷却塔表面的气动力荷载输入的能量主要集中在 0 ～ 0.5Hz，不同施工阶段的背景响应与共振响应所的占比例是不同的；随着施工高度的增长塔顶位移功率谱峰值呈现先增大后减小的趋势，施工高度较低时响应谱毛刺较多。

#### 4.2.2 迎风面典型内力风振响应

图 12 与图 13 分别给出了冷却塔子午向轴力与环向弯矩响应均值和均方差随施工高度的变化示意，我们对比发现随着施工高度的增大，各工况冷却塔子午向轴力和环向弯矩的均值与均方差分布范围均不断扩大，但子午向轴力与环向弯矩均值和均方差数值均随着高度增长而不断减小。当冷却塔施工高度较低时，环向弯矩变化呈现折叠减小的趋势；冷却塔施工高度较高时，各工况冷却塔环向弯矩均方差在塔筒中上部出现突起。

## 5 施工全过程风振系数分析

### 5.1 结构整体风振系数分布特征

我们考虑冷却塔结构在设计时的控制内力，分别以径向位移、子午向轴力和环向弯矩三种响应为等效目标计算获得各工

表 3 8 个典型工况倾覆模态列表

| 工况 | 工况 1 | 工况 2 | 工况 3 | 工况 4 |
|---|---|---|---|---|
| 倾覆振型 | | | | |
| 频率（Hz） | 2.09 | 1.66 | 1.49 | 1.39 |
| 工况 | 工况 5 | 工况 6 | 工况 7 | 工况 8 |
| 倾覆振型 | | | | |
| 频率（Hz） | 1.33 | 1.29 | 1.29 | 1.21 |

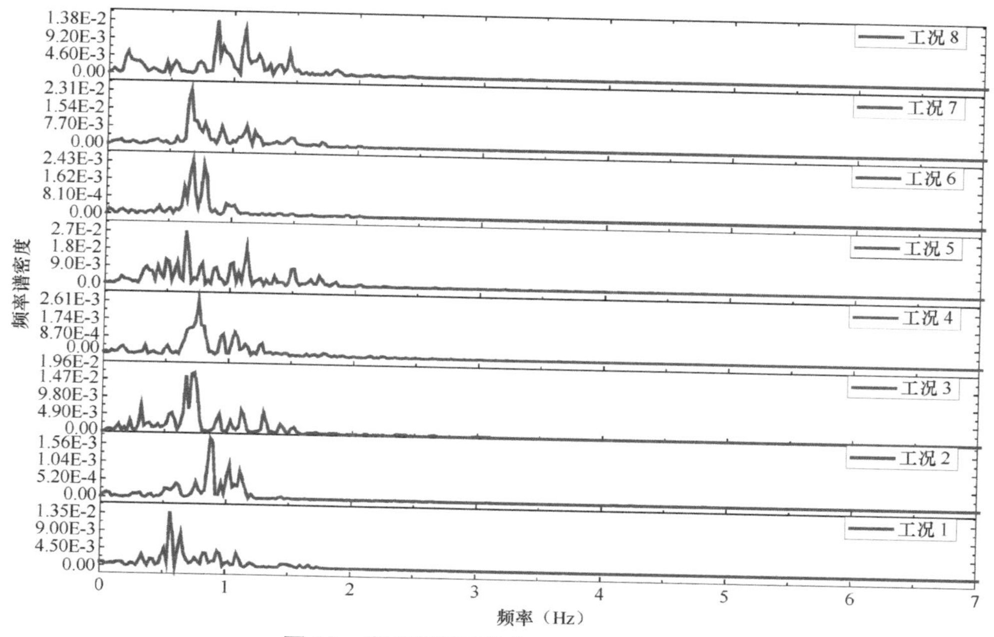


**图 11　塔顶迎风面节点位移响应谱对比**

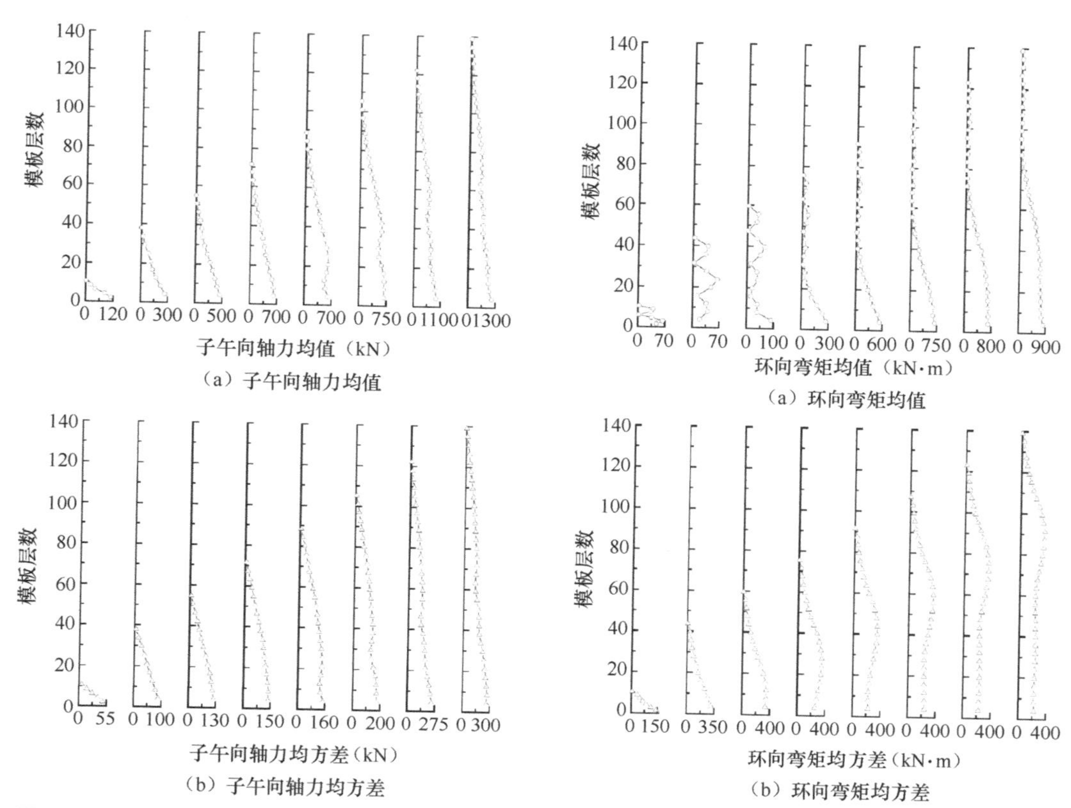


**图 12　超大型冷却塔在施工全过程中的迎风面子午向轴力风振响应均值与均方差变化示意**

**图 13　超大型冷却塔在施工全过程中的迎风面环向弯矩风振响应均值与均方差变化示意**

况的风振系数，图 14 ～图 16 给出了这三种等效目标下的不同工况的风振系数的三维分布图。我们对比分析发现单个冷却塔的不同位置的风振系数并不统一，数值沿环向起伏较大，在平均风压较小的区域，如环向 40° 与 120° 附近，风振系数的数值往往偏大，但是由于风压绝对值较小，该区域的风振响应对整体结构响应的影响较小。在三种响应目标下，各工况风振系数均在环向 40° 与 120° 附近出现极大值，但在子午向高度上风振系数极大值的位置有所提前或延迟。此外，未达到成塔工况时，由于没有上部刚性环的约束，结构上端出风口的风振系数的数值偏大，我们以子午向轴力和环向弯矩进行风振系数取值分析时发现该特征表现最为显著。

### 5.2 风振系数的取值

下面以 5 种常规主流的风振系数的取值目标讨论冷却塔的 8 个典型施工阶段的风振系数的取值与变化趋势。

等效目标 1：以迎风面子午向轴力为目标。冷却塔塔筒结构的设计主要由子午向轴力控制，冷却塔规范的风振系数也是采用这一等效目标。

等效目标 2：以迎风面 Von Mises 应力为目标。

等效目标 3：以响应均值的绝对值的平均值为目标，即提取冷却塔子午向轴力、环向弯矩及径向位移响应时程，统计各响应的平均值，再以该平均数为阈值，扣除目标响应均值小于阈值所对应的失真的风振系数。

等效目标 4：以响应均值绝对值的最大值为目标。

等效目标 5：以最大风压系数 * 为目标，定义最大风压系数 *= 风振系数 × ｜风压系数｜，并找出各层最大值所对应的位置坐标，然后计算每层最大风压系数 * 位置的风振系数。

图 17 给出了在 5 种风振系数取值目标下风振系数沿高度分布示意，我们对比发现 8 个施工工况下冷却塔的风振系数沿塔高均呈现逐渐减小的趋势。针对同一个施工期的模型，等效目标 5 获得的风振系数最大，等效目标 1 的风振系数最小。不同等效目标之间的风振系数的离散性较大，我们综合考虑结构控制内力和安全及经济性能，建议选取迎风面子午向轴力为等效目标进行风振系数的取值。

为方便工程的实际应用我们给出了冷却塔在施工全过程中的风振系数取值建议，图 18 汇总了 5 种等效目标下的 8 个典型施工阶段的冷却塔风振系数取值。

### 5.3 施工全过程风振系数拟合公式

综上分析可知，超大型冷却塔施工全过程的风振系数受结构性能和风压分布等多种因素的影响，随塔高并未呈现显著的线性增长关系。为方便科研，设计人员合理准确采用此类超大型冷却塔施工期风振系数，本文提出超大型冷却塔施工全过程以子午向轴力为目标（等效目标一，即规范等效目标）时风振系数的计算公式：

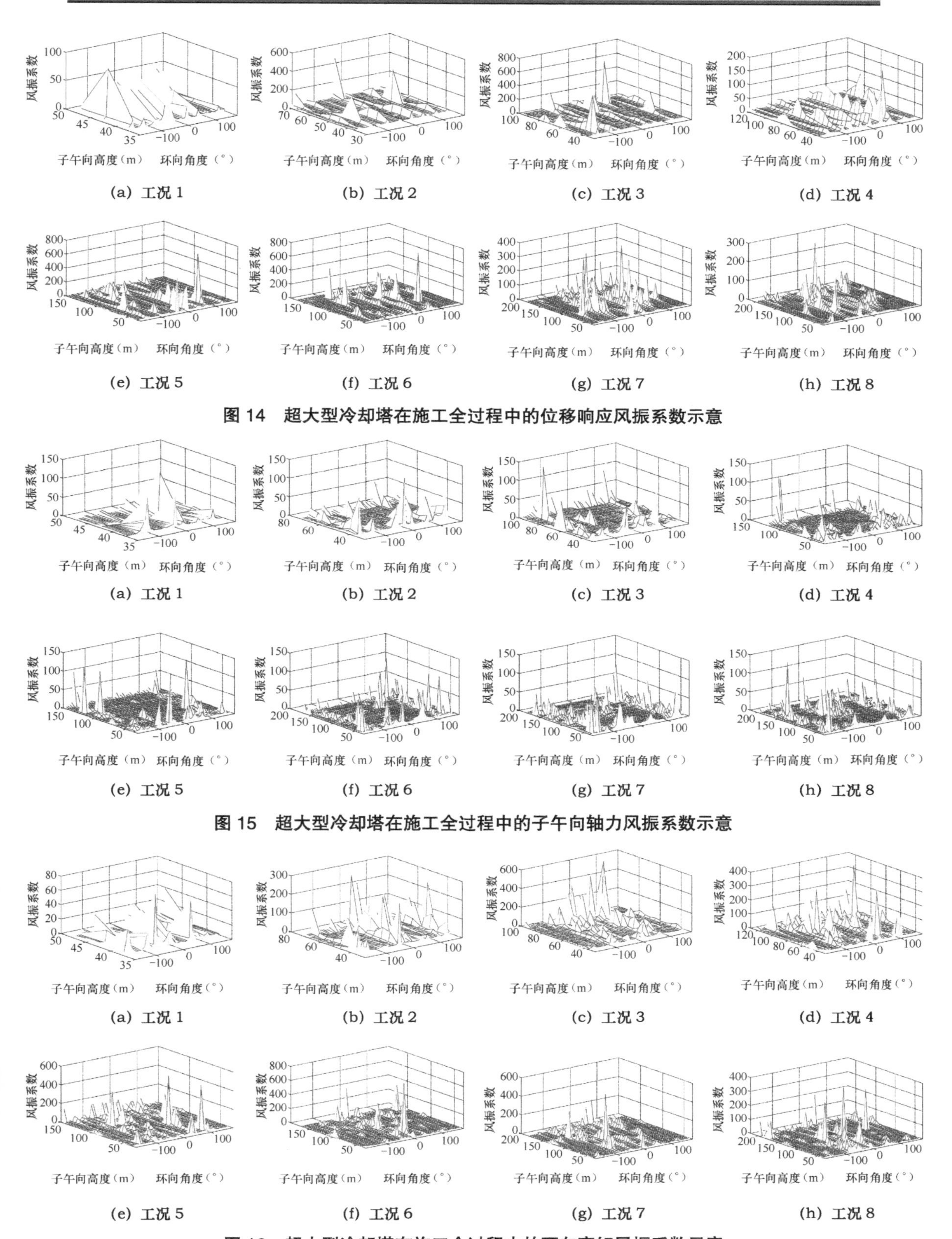

图 14 超大型冷却塔在施工全过程中的位移响应风振系数示意

图 15 超大型冷却塔在施工全过程中的子午向轴力风振系数示意

图 16 超大型冷却塔在施工全过程中的环向弯矩风振系数示意

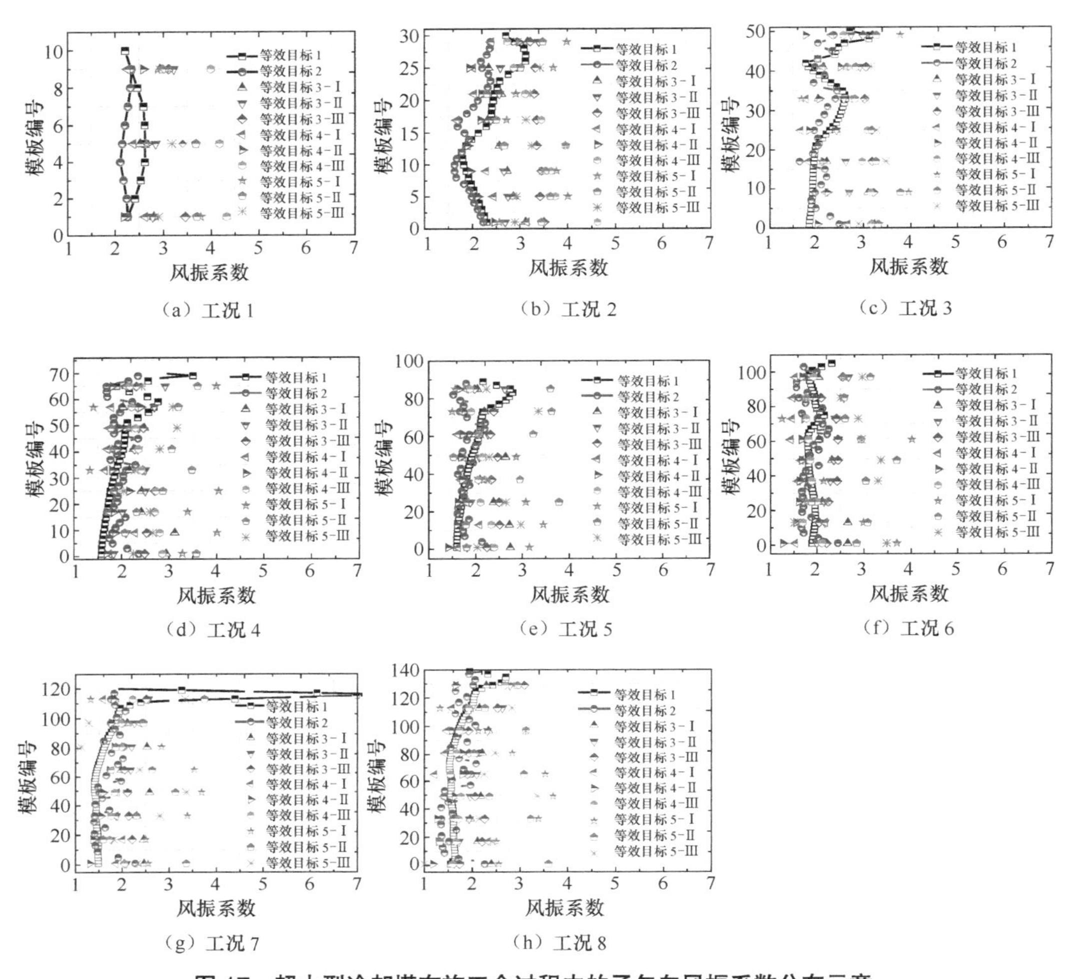


（a）工况 1　（b）工况 2　（c）工况 3

（d）工况 4　（e）工况 5　（f）工况 6

（g）工况 7　（h）工况 8

**图 17　超大型冷却塔在施工全过程中的子午向风振系数分布示意**

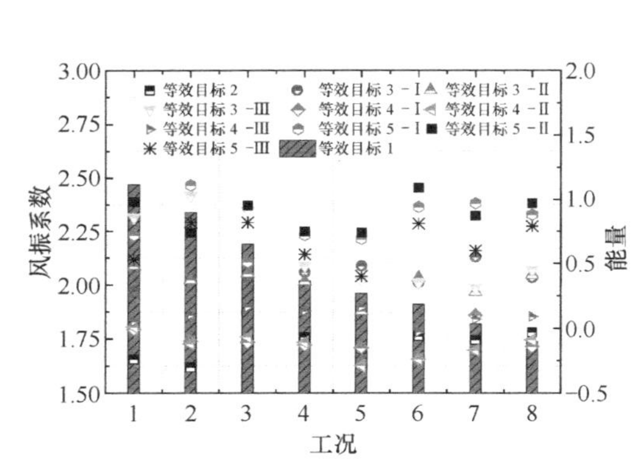


**图 18　5 种等效目标下的 8 个典型施工阶段的冷却塔风振系数取值对比示意**

$$y=\frac{m-\beta_0}{1+(\frac{x}{n})^k}+\beta_0 \tag{7}$$

式中：$\beta_0$ 为成塔风振系数数值，$\beta_0=1.74$；$m$、$n$ 与 $k$ 为计算参数；$x$ 为施工模板层数；$y$ 为模板层数对应的风振系数取值。我们经过多次迭代计算得到超大型冷却塔施工全过程风振系数拟合公式中计算参数，分别为：$m=2.526$，$n=116.511$，$k=1.320$。图 19 给出了风振系数拟合曲线与五种等效目标下的风振系数数值对比，拟合曲线的数值及趋势分布能够很好地体现以子午向轴力为目标时施工全过程风振系数差异化取值。

## 6 主要结论

本文系统研究了超大型冷却塔在施工全过程中的风振响应和风振系数的演化规律，主要内容涉及大涡模拟、动力特性、风振响应、风振系数和参数分析等，得到的主要结论如下。

① 我们采用 LES 方法获得了冷却塔施工全过程三维气动力时程，探讨了成塔迎风面、负压极值点、分离点及背风面测点脉动风压系数特性，并将平均和脉动风压与规范及国内外现有实测曲线对比，验证了数值模拟的有效性。

② 不同施工高度对冷却塔结构频率影响较大，随着高度增加，结构自振频率逐渐减小，同时，不同模型的倾覆振型被激发的频率逐渐降低。不同施工高度对冷却塔模态振型影响较小，施工全过程冷却塔的最小固有频率均出现在 4 个环向谐波处。

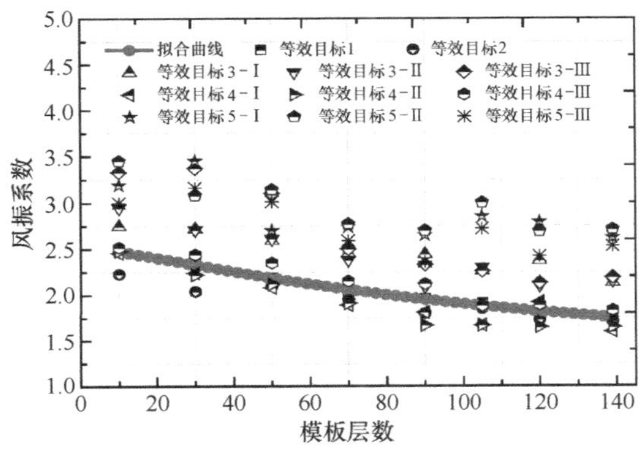


**图 19 超大型冷却塔施工全过程风振系数拟合曲线对比示意**

③ 随着施工高度的增长，各工况冷却塔子午向轴力和环向弯矩的均值与均方差分布范围均不断增长，但子午向轴力与环向弯矩的均值和均方差数值均随着高度降低不断减小。当冷却塔施工高度较低时，环向弯矩变化呈现折叠减小的趋势；冷却塔施工高度较高时，各工况冷却塔环向弯矩均方差在塔筒中上部出现突起。

④ 不同施工工况风振系数沿子午向和环向变化较大，但均在环向 40° 与 120° 附近出现极大值，但在子午向高度上风振系数极大值的位置有所提前或延迟。施工全过程冷却塔风振系数沿塔高增加均呈现逐渐减小的趋势，针对同一个施工期模型，等效目标五获得的风振系数最大，等效目标一的风振系数最小。

⑤ 我们提出了超大型冷却塔施工全过程以子午向轴力为目标的风振系数计算公式［如公式（8），其中，$x$ 为施工模板层数，$y$ 为对应施工模板层数的风振系数取值］，简化公式能很好地体现以子午向轴力为目标时施工全过程风振系数差异化取值。

$$y=\frac{0.786}{1+\left(\frac{x}{116.511}\right)^{1.32}}+1.74 \qquad (8)$$

## 参考文献

[1] DL/T 5339—2006，火力发电厂水工设计规范[S].

[2] GB/T 50102-2014，工业循环水冷却设计规范 [S].

[3] SHITANG KE, JUN LIANG, LIN ZHAO, et al. Influence of ventilation rate on the aerodynamic interference for two IDCTs by CFD[J]. Wind and Structures An International Journal, 2015, 20(3): 449–468.

[4] 柯世堂，朱鹏．不同导风装置对超大型冷却塔风压特性影响研究 [J]. 振动与冲击，2016，35（22）：136-141.

[5] 赵林，葛耀君，曹丰产，等．双曲薄壳冷却塔气弹模型的等效梁格方法和实验研究 [J]. 振动工程学报，2008, 21（1）：31-37.

[6] 沈国辉，刘若斐，孙炳楠．双塔情况下冷却塔风荷载的数值模拟 [J]. 浙江大学学报：工学版，2007，41（6）：1017-1022.

[7] 张明，王菲，李庆斌，等．双曲线冷却塔施工期设计风荷载的确定 [J]. 清华大学学报（自然科学版），2015（12）：1281-1288.

[8] 卢红前，束加庆，冉述远．基于结构可靠性的双曲线冷却塔施工期风荷载取值及应用 [J]. 特种结构，2012（4）：115-119.

[9] 许林汕，赵林，葛耀君．超大型冷却塔随机风振响应分析 [J]. 振动与冲击，2009，28（4）：180-184.

[10] 柯世堂，侯宪安，姚友成，等．强风作用下大型双曲冷却塔风致振动参数分析 [J]. 湖南大学学报：自然科学版，2013，40（10）：32-37.

[11] 柯世堂，侯宪安，赵林，等．超大型冷却塔风荷载和风振响应参数分析：自激力效应 [J]. 土木工程学报，2012（12）：45-53.

[12] 邹云峰，李寿英，牛华伟，等．双曲冷却塔等效静力风荷载规范适应性研究 [J]. 振动与冲击，2013，32（11）：100-105.

[13] VGB-Guideline: Structural Design of Cooling Tower-Technical Guideline for the Structural Design, Computation and Execution of Cooling Towers (VGB-R 610Ue)[S]. Essen: BTR Bautechnik bei Kühltürmen, 2005.

[14] MICHIOKA T, SADA K. AM06-02-001 Large-Eddy Simulation for visible plume from a mechanical draft cooling tower[C]. Japan Society of Fluid Mechanics, 2016.

[15] GB50009-2012，建筑结构荷载规范 [S].

# 评标过程事中稽核的探讨

王 荣 张 巍 徐 磊

**摘 要：**本文说明了在评标过程中事中稽核的必要性，并阐述了事中稽核的主要内容和相关步骤，通过实际案例讲述了事中稽核所起到的积极作用，最后总结了相关注意事项。

**关键字：**评标；稽核；必要性；纠错；风险防控

## 1 引言

随着招投标领域法律法规的不断完善，招标已成为当前采购工作的主要方式，特别是工程建设项目已普遍采用公开招标方式。评标是招标过程中的关键环节，直接影响招标结果，也是容易产生质疑或投诉的阶段。对评标过程的精细化管理必然包含稽核工作。

稽核是指查询、核对，重点体现在核对上。评标过程的事中稽核主要是招标人核对评标委员会客观评分的准确性，防止发生错评、漏评，稽核人员为招标方的工作人员，招标方也可以委托招标代理公司或第三方人员。

评标过程的事中稽核内容广泛、情况复杂，所需考虑的问题也比较多，做好稽核工作是对评标委员会和招标人的挑战。

## 2 事中稽核的必要性

### 2.1 评标委员会存在评标错误

评标委员会在评标过程中审查的内容比较多，如注册资本、经营范围、资质证书、合同业绩、人员证书、财务能力等，要在有限的时间内完成评审，难免会出现遗漏现象。同时，评委个人的评标水平和能力也参差不齐，对评标工作的重视度也不一致，导致在客观评分上的错误时有发生。部分错评将会改变评标结果，一旦中标候选结果在公示期内收到质疑或投诉，招标人和评标委员将会非常被动，对采购项目的后续实施也会带来不利的影响。

如果发生严重的评标错误，评标委员会将承担相应的处罚。根据《评标委员会和评标方法暂行规定》第五十三条的内容，“评标委员会成员有下列行为之一的，由有关行政监督部门责令改正；情节严重的，禁止其在一定期限内参加依法必须进行招标的项目的评标；情节特别严重的，取消其担任评标委员会成员的资格：

（一）应当回避而不回避；

（二）擅离职守；

（三）不按照招标文件规定的评标标准和方法评标；

（四）私下接触投标人；

（五）向招标人征询确定中标人的意向或者接受任何单位或者个人明示或者暗示提出的倾向或者排斥特定投标人的要求；

（六）对依法应当否决的投标不提出否决意见；

（七）暗示或者诱导投标人作出澄清、说明或者接受投标人主动提出的澄清、说明；

（八）其他不客观、不公正履行职务的行为。”

某公司劳务分包项目采购分成 13 个标段，共有 150 多家施工单位报名参加投标。在评标期间，7 位评委需在有限的时间内完成近 400 份投标文件的评审，包括商务文件和技术文件中大量数据的收集提取，如合同累计金额、施工人员信息、企业资质等内容，工作量巨大，极易发生错评和漏评现象。招标代理机构组织了 12 人的稽核团队，在评委评标期间，同步开展稽核工作，及时核对相关数据，发现以下主要问题：

① 评委对投标单位 A 和单位 B 的合同累计金额的统计有误，影响了两家单位的评分；

② 评委对投标单位 C 的施工人员数量认定不准确，未严格按照招标文件的标准评审和统计；

③部分评委主观打分随意性较大，有的评委主观打分呈现一定规律；几个评委对同一家投标单位的主观打分数值偏差较大等不正常现象。

稽核团队将问题整理后提交评标委员会讨论，提醒评委规避相关问题。本项目设置稽核环节，协助评委核对相关数据，减少了评标过程中的失误，对评委是一种保护，有利于采购工作的顺利实施。

### 2.2 投标人弄虚作假，缺乏诚信意识

《中华人民共和国招标投标法》第五十四条规定：投标人以他人名义投标或者以其他方式弄虚作假，骗取中标的，中标无效，给招标人造成损失的，依法承担赔偿责任；构成犯罪的，依法追究刑事责任。

《中华人民共和国招标投标法实施条例》第四十二条规定：投标人有下列情形之一的，属于招标投标法第三十三条规定的以其他方式弄虚作假的行为：

（一）使用伪造、变造的许可证件；

（二）提供虚假的财务状况或者业绩；

（三）提供虚假的项目负责人或者主要技术人员简历、劳动关系证明；

（四）提供虚假的信用状况；

（五）其他弄虚作假的行为。

由于国家在招投标领域的诚信体系还在完善，对投标人弄虚作假的处罚力度相对较轻，部分投标人有恃无恐，造假情况严重，扰乱了正常的招投标工作秩序。评标委员会很难在评标现场及时发现造假的内容，公示期内中标候选人被质疑造假的情况屡有发生。如合同业绩造假，评标委员会在评标现场查询真伪是比较困难的，

且费时费力。

事中稽核可以有效发现投标人的弄虚作假行为，及时提交评标委员会予以处理，规避相关风险。作假情节严重时，投标委员会可以在评标报告中描述并上报相关行政管理部门，对作假企业做出相应的处罚。

某省运营商某地市小土建施工集中招标项目，分 4 个标段，共有 25 家单位参加投标。招标代理在稽核过程中，发现如下问题。

① 投标单位 A 建筑业企业资质证书中“建筑机电安装工程专业承包二级”与“全国建筑市场监管公共服务平台”中查询的“建筑机电安装工程专业承包三级”不相符，企业资质证书涉嫌弄虚作假。

② 投标单位 B 投标文件中的电工人员“李某某”非投标单位 B 的员工，人员信息涉嫌造假。

③ 投标单位 C 投标文件的社保证明中部分人员信息与实际不符，社保证明涉嫌造假。

评标过程中的稽核可以发现弄虚作假的情况，保持招投标工作的公正性，也维护了招标人的利益。

## 3 事中稽核的过程和主要内容

### 3.1 事中稽核的过程

事中稽核是随着评标过程的展开而同步进行的，稽核人员独立于评委，对稽核结果承担责任，稽核过程与评标过程类似，流程如图 1 所示。

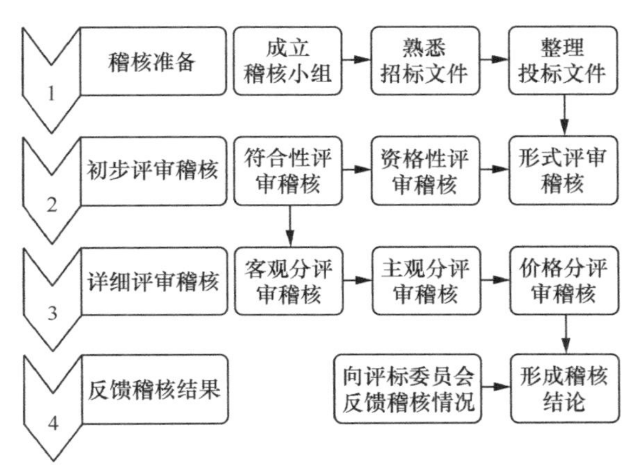


**图 1　稽核过程流程**

### 3.2 事中稽核的主要内容

评标过程事中稽核主要是查询核对初步评审的准确性、客观评分的准确性，主观评分只核对评分数值是否属于规定的范围。事中稽核要点如图 2 所示。

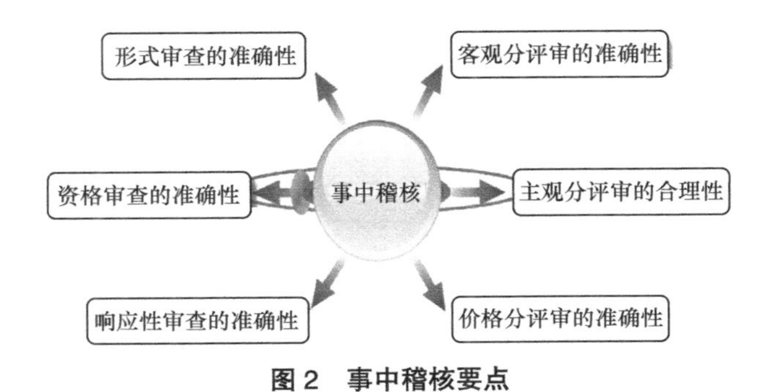


**图 2　事中稽核要点**

### 1. 初步评审内容的稽核

初步评审内容的稽核主要是核对评委在初步评审过程中，投标人被否决投标，提供的否决理由是否充分；是否违背招投标相关的法律法规和招标文件的规定；是否存在该否决投标而未否决的情况，特别是拟推荐的中标候选人，必须对照招标文件的相关内容逐项核对。

（1）初步评审形式审查

此步主要核对投标人名称、投标保证金到账、授权委托书、投标文件的签字和盖章等信息。签字和盖章是纸质版投标文件的审查重点，应逐页核对，特别是投标函、投标一览表、授权委托书、承诺函等文件须满足招标文件的要求。

（2）初步评审资格审查

此步根据招标文件载明的资格项，逐条审核投标单位的资格证明材料；重点核对营业执照、资质证书、人员证书、合同业绩等内容。营业执照、部分资质证书、部分人员证书可以登录政府部门网站查询，应被验证。其他无法进行网上查询的，应尽量让投标人提供原件，以备后续查。

（3）初步评审响应性审查

此步重点核对合同条款和技术条款的偏离等信息。实质性条款不允许有负偏离，需明确实质性条款的内容，并进行核对。有些条款虽然投标人应答满足，但评委评审时认为实质上不满足的，应按照负偏离处理，这些相对异常的方面是必须稽核的内容。

### 2. 详细评审内容的稽核

详细评审评分须严格按照评分标准进行，客观评分所有评委分值一致，主观评分应有离散度，每项分值不应超出评分范围，汇总数值不应出现算术错误。

（1）客观评分核对

此步重点核对客观评分每一项的数值是否合理，不应有错评和漏评的现象，尽量网上验证和核查原件，然后再核对每一位评委对客观评分同一项的打分是否均一致。合同业绩和人员证书作假的可能性较高，评委应特别关注。

（2）主观评分核对

每个评委应独立完成主观评分，不应该出现打分一致的现象，重点核对主观评分是否有离散度和每一项是否超出打分范围。当同一投标文件中同一主观项评分出现部分评委打分偏离较大，明显属于异常的情况，稽核人员应及时提醒评委注意。

（3）价格评分核对

此步重点核对计算公式是否与招标文件一致，计算结果是否准确无误。

## 4 事中稽核的注意事项

① 评标过程的事中稽核是由招标人或招标人委托的第三方机构负责实施的，与评标委员会依法进行的评标工作相互独立，互不干扰。事中稽核不能代替评标委员会的工作，只是核对评标工作，一旦发现评标过程中的问题，必须提交给评标委员会，由评标委员会确认后作出相应的处理。

② 投标文件中未提供证明材料或提供的材料不符合要求，稽核人员提醒评标

委员会不得接受投标人主动提出的澄清。

③ 人员证书的真伪核实：评委除了让投标人在现场提供人员资质证书原件，还可以在相关政府部门的网站上查询核实，如各部门颁发的证书可以在相关部门的官方网站进行真伪查询。

④ 合同业绩的真伪核实：评委除了让投标人现场提供合同原件，还可以让投标人提供项目中标的公示信息、合同对方的联系人、合同对应的发票等证明合同真实性的材料。投标人若无法按照评标委员会的要求提供相关证明材料，评标委员会可以做出不利于该投标人的评审结果。

⑤ 重大偏差和细微偏差的认定是评标过程中的一个难题，评标委员会应按照相关法规和招标文件的要求做出判断，在《评标委员会和评标方法暂行规定》的第二十五条和第二十六条中有详细的内容。

## 5 结束语

评标过程的事中稽核在当前的招投标过程中的作用越来越明显，为招标人规避了相当多的风险，对评标委员会也是一种保护。评标委员会由随机抽取产生，由于自身的能力、相关法规的熟悉程度、评标责任心各不相同，难免会有疏漏。稽核人员一般经验丰富，可以从另一方面来验证评标委员会的评审结果，减少评标过程中的错误，为投标人提供一个更公平、更公正的竞争环境。

# 5G 智慧灯杆为运营商实现降本增效

丁　远　龚戈勇

**摘　要：**智慧灯杆是合理使用市政道路公共资源，避免资源重复浪费的新模式，为市政照明、移动通信、治安监控、气象监测、市政监管、交通管理等需求提供了一站式应用。本文介绍了智慧灯杆的应用，重点讲解了运营商将其应用在 5G 的降本增效的有利措施，用地市正在开展的工程案例论证了智慧灯杆在降本增效中的效果，为智慧灯杆的应用和发展提供了指导建议。

**关键词：**5G 智慧灯杆；降本增效；成本

## 1　概述

2019 年，三大运营商携号转网政策的实施使得通信市场的竞争更加激烈，虽然响应国家通信资费下降的号召，但是高昂的通信投资，导致运营商的通信营业收入和利润增长越来越困难。2019 年，运营商开始在全国布局 5G 网络，这项将持续几年的高投资使运营商以流量摆脱“管道化”的趋势并未有明显改观，营业收入仍较为单一。

由于 5G 频率高，需要建设更多的基站以满足网络需求，同时 5G 目标是万物互联，改变生活方式，这也要求布局更多的基站来收集信息，因此，5G 通信基础建设规模将空前巨大。如果仍采用原有的建设模式，即“宏站为主，微站补充”的全面铺开的方式，5G 建设成本将远超 4G，且后期运维的租金、电费、维护、管理的成本亦会成倍增加。严峻的现实摆在眼前，运营商目前只是在几个大城市开展 5G 试验网，还未在全国所有城市全面建设。

“降本增效”被运营商看作是一条有效的经营途径。经后台全面分析，我们发现网络建设与运营的全生命周期中，电费和租金是占比最大的，据某一线地市移动部门测算，其电费达 7 万元 /（年・站），平均 1.3 元 / 度，租金达 4 万元 /（年・站），如果部署 5G，其电费和租金至少还要增加 30%。同时，5G 工程建设需要对原有基站开展电源、天馈、外电、传输的改造工程，费用投资巨大，如果仍沿用传统的建站和运营模式，巨额的成本负担将压垮运营商。

## 2 智慧灯杆

智慧灯杆被当作是运营商 5G 工程建设的新模式，也是“降本增效”最有利的途径。道路是城市的经脉，而路灯杆是部署 5G 和物联网的最佳载体，智慧灯杆将成为智慧城市的最佳入口。智慧灯杆项目依托市政设施中数量最多、覆盖最广的路灯灯杆，为智慧城市建设提供必备的供电资源、发达的通信网络与无处不在的无线网络，也为智慧照明、绿色减排、新能源汽车与手机充电、无线城市、公共安全等诸多领域提供新型设施和便利条件。

灯杆基站会是 5G 的主要部署形态之一。5G 网络将按波次部署，第一波次仍以宏站为主，5G 杆基站的部署出现在第二波次，预计 2020 年以后初步形成规模。智慧顶杆单元设计不仅需要考虑如何放置 5G 基站，还需要综合考虑设备的散热、防水、抗信号衰减等因素。同时，5G 相关的应用，如智慧医院、智慧社区、车联网将会跟智慧灯杆建立密切的联系，因此，5G 建设和新型智慧城市建设的到来，对于智慧灯杆产业的发展将是一个非常好的契机，尤其对于无人驾驶产业，其 5G 和物联网模块将为无人驾驶车辆提供可靠低延时保障。

智慧灯杆不再是一根简单的灯杆，“一根杆上挂多个设备”仅是简单的物理叠加，不应该被称为“智慧”，它所承载的业务相当复杂，既要具备通信功能，还要具备环境监测、公安监控等功能。如图 1 所示为华为智慧灯杆产品，包括 NB-IoT 灯控模块、5G 微波模块、4G/5G AAU 模块、气象、视频监控、LTE 广告屏、电源充电等模块。智慧灯杆绝不仅仅等同于通信杆，通信杆只是智慧灯杆很重要的一部分。智慧灯杆的基本要素为“灯”“杆”“基站”，接下来我们就可以依次按需搭载环境监测、公安监控等其他业务模块。

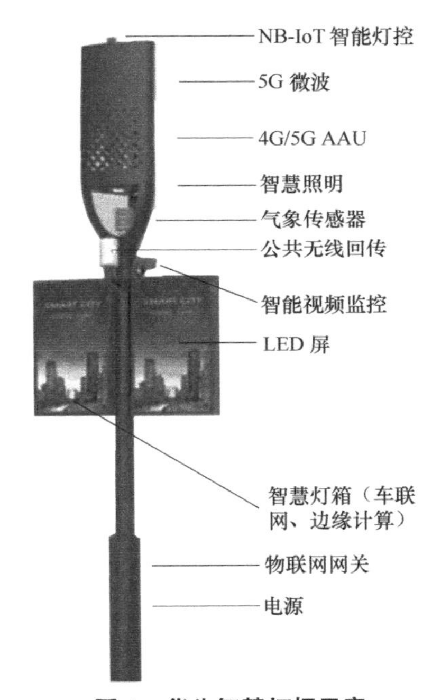


**图 1 华为智慧灯杆示意**

全球行业伙伴和政府组织要一同致力智慧灯杆标准完善和商业模式探索，加快建立智慧灯杆统一标准规范，建设具有一定规模的智慧灯杆样板示范城市，通过市场检验商业模式，跨部门、跨行业助力智慧灯杆产业的发展。目前进入智慧灯杆领域的厂商很多，但是大家对智慧灯杆的理解各不相同，标准的确立是智慧灯杆领域的一大难点与挑战，进而出现三大难题：各业务组件互联互通困难、数据共享困难，以及功能演进存在约束。

## 3 降本增效

因为各大城市将 5G 建设纳入了市政基础建设之一，所以大力支持 5G 的建设及相关产业的发展，故而政策和资金都有力支撑了运营商开展智慧灯杆的建设和运营，其降本增效方面的成效可表现在以下几方面。

① 在政策上，大力支持运营商开展智慧灯杆的建设，如免租金、电费减半，甚至政府可以出资建设智慧杆体，相关单位只需安装设备即可，大大减少了运营商的各项成本。

② 智慧灯杆的实施可以减少本地网的接入层，因为接入层深入小区和大楼，不仅费用高昂，且开挖管道易引起居民的阻挠，所以智慧灯杆只需在杆体底部预留传输接口即可，不需深入小区和大楼里，这大大减少了接入层的成本。

③ 智慧灯杆可以方便通信检修和设备的安装，工程实施周期短，建设难度低，检修方便快速，其进度不再受制于铁塔部门的选址及配套建设，往往可以按区域进行安装与维护。同时 BBU 集中在 CRAN 机房，可大大节约租金和电费。

④ 智慧灯杆能帮助运营商完成原有站址的替换，原有高租金、高电费的站点被搬迁至智慧灯杆上，实现“双免”，即免租免电，虽然前期需要一笔搬迁费用，但投资回报期短。

## 4 双免站点工程案例

佛山市南海区千灯湖片区面积包括从西面南海大道、东面锦园路、北面海八路、南面海三路共 3.74 平方千米。千灯湖片区属于南海区桂城的高端金融、住宅、休闲等综合区域，人口密集，毗邻南海大道、海八路等城市主干道，群众对信号覆盖需求和信号传输要求都很高。各交通路口视野开阔，政府出资建设智慧路灯杆难度较小，容易实现 5G 连片覆盖，覆盖效果较好。现网共有物理站点 23 个，我们拟在该区域交通路口共享市政的 35 米智慧路灯杆，共计 23 个站点，天线挂高 33 米，部分智慧灯杆无法覆盖的区域，可适当选择一些高层楼宇完善覆盖。

鉴于佛山市南海区千灯湖片区 5G 网络覆盖的建设需求，我们建立起结构上能应对多种通信技术，能覆盖和满足不同业务需求的通信网络，在满足未来无线网络需求的基础上，构造一个“安全可靠、调度灵活、接入迅速、容量合理”的网络平台。

（1）租金电费分析

本区域现网 23 个站点，LTE-D 频逻辑站共 21 个，LTE-F 频逻辑站共 19 个，2G 逻辑站（900MHz 和 1800MHz）共 36 个，经合计计算，单站点平均电费 5830 元/月，单系统平均电费 2160 元/月；单站点平均租金 2230 元/月。若站点被搬迁至智慧灯杆后，实现“双免”，则可节省租金和电费 222.5 万元/年，预计搬迁站点费用为 8050 元/逻辑站，搬迁费用预计合计 612 万元，3 年即可回收成本。

（2）信号质量分析

根据现有路网路口，政府拟建智慧灯杆做网络对比分析，本次仿真采用 LTE-D 频段作单频段的 SS-RSRP 预测，如图 2 所示。

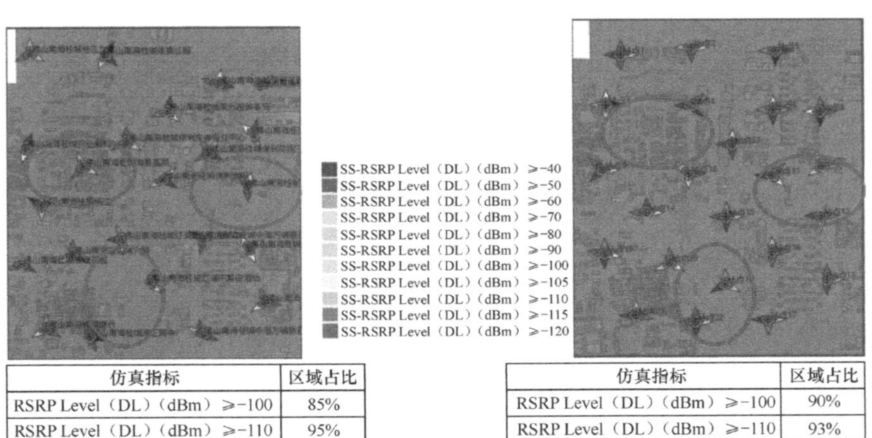


| 仿真指标 | 区域占比 |
|---|---|
| RSRP Level（DL）（dBm）≥-100 | 85% |
| RSRP Level（DL）（dBm）≥-110 | 95% |

| 仿真指标 | 区域占比 |
|---|---|
| RSRP Level（DL）（dBm）≥-100 | 90% |
| RSRP Level（DL）（dBm）≥-110 | 93% |

**图 2　网络信号质量 RSRP 前后对比**

现网站点结构改造后，RSRP>-100dBm 区域增加了 5%，道路覆盖质量有所提升。例如：锦园路站点结构调整后，避开了原有高层建筑物阻挡，从而大大改善了主干道路的信号覆盖率。在深度覆盖方面，南海，桂城海景高层小区区域覆盖质量下降，由于该区域楼宇的密集阻挡，导致道路旁的智慧灯杆无法对该区域进行覆盖，后续可以考虑补充 5G 微小基站对该区域进行补充覆盖。

综上所述，智慧灯杆在大大降低成本的同时，也提升了信号的质量，除部分区域深度覆盖不足外，其他空阔区域信号已得到了明显的提升。

## 5　结束语

智慧灯杆能帮助运营商完成 5G 的站址储备、规划、现网搬迁，为运营商节省了大量的投资成本和运维成本，同时缩短了 5G 站址的建设周期，是未来 5G 网络部署和网络应用的主要方式之一。但同时由于一杆多用，涉及的利益部门较多，平衡各方利益及与政府相关部门沟通的流程繁杂成为制约其快速部署的关键因素。希望随着政府部门职能的开放和创新，将助力智慧灯杆项目的顺利实施。

## 参考文献

[1] 王爱群，项曼青 . 智慧城市发展及智慧灯杆应用探讨 [J]. 灯与照明，2019（1）：33-37.

[2] 杜琳 . 智慧交通中智慧照明技术探析 [J]. 中国交通信息化，2018（11）：139-140+143.

[3] 四川移动 . 四川移动 3 款 5G 智慧灯杆成都“上岗”[J]. 通信与信息技术，2018（5）：16.

[4] 张惠乐 . 浅谈以“5G+ 智慧灯杆”推进智慧城市建设 [J]. 计算机产品与流通，2018（5）：65.

[5] 崔林 . 智慧灯杆在智慧城市中的应用 [J]. 智能城市，2018（9）：29-30.

[6] 武杰 . 多频段基站 BBU 整合方案探讨，全方位落实降本增效 [J]. 计算机产品与流通，2019（6）：144-145.

# 人脸识别的技术分析及项目实践

李　昀　陈　建　唐怀坤

**摘　要：** 随着芯片计算能力、大数据训练以及软件算法的不断提升，人脸识别的速度、精度越来越高。本文介绍了人脸识别技术的基本概念和发展历程，分析了相关技术原理、重要方法和经典算法，并重点结合项目实践介绍了人脸识别项目的系统设计与核心功能研发，最后构想了该技术的未来应用。

**关键词：** 计算机视觉；脸识别；人脸检测；人脸特征提取；深度学习；卷积神经网络

## 1　导言

目前，“人脸识别”已成为人工智能技术普及应用的先导产业，且应用范围已开始呈行业渗透、扩大化趋势，涉及的行业非常广泛，也带动了传统产业的转型升级，提升了效率。人工智能技术发展分为专用人工智能、通用人工智能、超级人工智能三大阶段。当前，人脸识别的精度已超过人眼，人脸识别技术无疑已经完成了专用人工智能的发展阶段，正在朝着通用人工智能方向发展，未来将与服务机器人、自然语言识别、自然语言理解、人工智能触觉、人工智能医疗影像识别技术一起扩展通用人工智能更广阔的技术与应用空间。

## 2　概述

### 2.1　人脸识别的基本概念

计算机视觉技术是人工智能技术的重要组成部分，学者们一直在探索如何利用视觉传感器和计算机系统模仿人类对真实世界中的图像采集、感知和处理。随着数字图像处理的软硬件技术持续突破和发展，计算机视觉技术也在不断迭代。人脸识别技术既是计算机视觉技术研究中的重要分支领域，同时也在生物特征识别技术研究中占有重要地位。

人脸识别技术是通过人的脸部特征对身份进行识别的一种生物识别技术。人脸识别一般是利用摄像设备来采集包含人脸的图像或视频，并自动检测和跟踪人脸，进而对人脸主体进行验证或识别的一系列技术。

人脸识别技术涉及生物学、心理学和认知学等多个学科领域，同时融合了计算机视觉、模式识别、图像处理等多项技术。人脸识别技术相较于其他生物特征识别方法，具有以下明显的技术优势。

① 非侵扰：识别过程不会侵扰人们的正常行为，甚至可以在无察觉的情况下获取人脸图像。

② 非接触：人脸图像获取不要求人们与采集设备直接接触。

③ 便捷性：采集设备较为简单，采集工作在数秒内即可完成。

④ 可扩展：经过人脸识别后的相关数据可应用于多种场景。

### 2.2 人脸识别的发展历程

人脸识别技术发展的三个阶段如图 1 所示。

第一阶段：人脸识别技术被当作一般性模式识别范畴加以研究。此阶段主要采用的技术方案是基于人脸几何结构特征的方法，该方法简单直观，但是一旦人脸姿态、表情发生变化，精准度会严重下降。

第二阶段：此阶段出现了若干个有代表性的人脸识别算法，为后续技术性的突破奠定了基础。美国组织了著名的 FERET 人脸识别算法测试，Face ID 等商业化运作的系统也相继诞生。

第三阶段：随着算力提升和云计算、大数据等技术的应用，算法在不断优化，速度、精度持续提升。2014 年，香港中文大学的研究团队在 LFW 上首次获得了超过人类水平的识别精度。

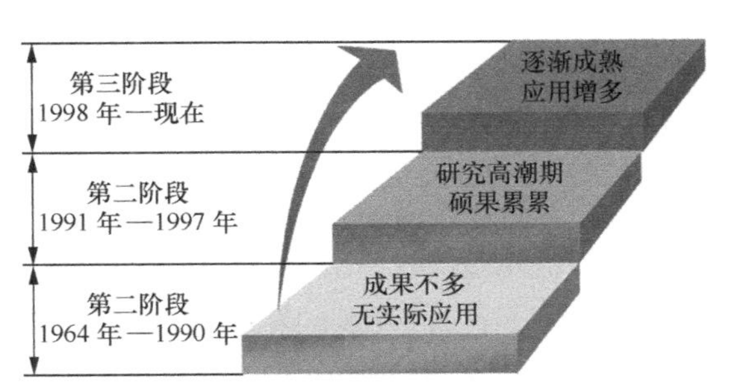


**图 1 人脸识别技术发展的三个阶段**

## 3 技术分析

### 3.1 人脸识别的技术原理

人脸识别技术主要实现三个方面：一是建立人脸图像数据库；二是获得要进行识别的目标人脸图像；三是比对目标人脸图像与系统数据库中的人脸图像并输出相关结论。具体实施流程包含以下 4 个步骤。

#### 3.1.1 人脸图像的采集与预处理

（1）人脸图像的采集

人脸图像采集通常有两种途径：批量导入既有人脸图像或实时采集人脸图像。

（2）人脸图像的预处理

人脸图像的预处理是指对采集的人脸图像通过过滤、降噪、旋转、切割、放大缩小等一系列处理，使人脸图像无论是在光线、角度、距离、大小等方面符合特征提取的标准要求。主要的图像预处理手段包括滤波、调整灰度、归一化尺寸等。

### 3.1.2 人脸检测

人脸检测是指应用一定的策略检索图片或者视频流，先判断其中是否有人脸存在，之后进一步定位人脸的位置、姿态与尺寸。这个过程看似简单，实际对技术提出了很大的挑战。

① 目标内在的变化：不同的外貌、脸部细节、不同表情、不同的发型或饰物等。

② 外在条件的变化：成像角度、光照的影响、设备的焦距、成像距离等。

人脸检测的重点关注指标为检测率、检测速度、漏检率和误检率等。

### 3.1.3 人脸特征提取

人脸特征包括视觉特征、图像像素统计特征。如果提取的特征简单，则相应的算法就简单，适合大规模建库；反之，则适用于小规模建库。

### 3.1.4 人脸识别及活体鉴别

（1）人脸识别

人脸图像与系统数据库中所有人脸图像比对，如果相似度超过了阈值，则逐个输出，再进行精确筛选，筛选可以分为以下两类。

第一类：人脸验证（1：1 比对），判断两张图片是否为同一人，进而确认人物身份。

第二类：人脸识别（1：$N$ 的比对），判断人脸图像为系统数据库众多图像中的哪一个，并根据相似度进行匹配。

（2）活体鉴别

生物特征识别需要鉴别信号是否来自于真正的生物体，同样，人脸识别系统所采集的人脸图像，也需要判断其源于一个实际的生命体还是一张照片。系统可以通过要求人物转头、眨眼或张嘴等动作来做判断。

## 3.2 人脸识别的主要方法

### 3.2.1 基于特征脸的方法

特征脸的方法主要原理是通过 K-L 变换，将图像从高维向量转化为低维向量，消除每个分量存在的关联性，使得数据的处理更容易。

该方法优点是方便实现，并且速度较快；缺点是易受光照、表情、姿态等因素变化的影响，导致识别率降低。

### 3.2.2 基于几何特征的方法

基于几何特征的方法是对人脸主要特征器官（如嘴巴、鼻子、眼睛等）的位置、大小进行检测，利用特征器官的几何分布关系和比例进行匹配和识别。

该方法的优点是速度较快，能够克服光照强度对识别率的干扰；缺点是识别率不够高，鲁棒性不够好，表情和姿态出现少许变化时，识别效果明显降低。

### 3.2.3 基于深度学习的方法

伴随机器学习的不断发展，尤其是深度学习加上大数据训练，人脸识别的性能取得了突破性进展。深度学习方法在人脸识别上的具体应用包括：基于卷积神经网络（Convolu-tional Neural Networks，CNN）的人脸识别方法；深度非线性人脸形状提取方法；基于深度学习的人脸姿态鲁棒性建模；约束环境中的全自动人脸识别；基于深度学习的视频监控下的人脸识别。

其中，CNN 的权值共享结构网络类与生物神经网络相似，该方法通过对人脸图像的局部感知、共享权重以及在空间和时间上的降采样，挖掘局部数据包含的特征，优化模型结构，是第一个成功训练多层网络结构的学习算法。

#### 3.2.4 基于支持向量机的方法

支持向量机（SVM）方法源于统计学理论，研究的方向是解决模式的分类问题。支持向量机（SVM）方法将图像变换空间在其他空间做分类，目前已在人脸识别领域取得了广泛的应用。

该方法优点是结构相对简单，可以达到全局最优；缺点是与神经网络方法类似，对计算能力和存储空间要求较高，且训练耗时较长。

### 3.3 人脸识别的经典算法

#### 3.3.1 特征脸（Eigenface）

把一批人脸图像转换成一个特征向量集，将其作为最初训练图像集的基本组件被称为特征脸。识别时把一副新的图像投影到 Eigenfaces 子空间，通过投影点在子空间的位置以及投影线长度来进行判定影像。

Eigenfaces 采用主成分分析（PCA）方法进行空间变换，得到人脸分布的主要成分，对训练集中所有图像的协方差矩阵实行本征值分解，得出本征向量，通过每个特征向量来描述人脸之间的一种特性，或者捕捉一种变化。特征向量的线性组合可用来表示不同的人脸。

#### 3.3.2 局部二值模式（Local Binary Patterns，LBP）

计算机视觉领域里用局部二值模式描述图像纹理特征，该方法通过提取局部特征作判据，以中心像素的灰度值为阈值，与其他区域比较得到相应二进制数值，用于表示局部纹理特征。该算法可显著降低图像对光照的敏感度。

#### 3.3.3 Fisherface

基于线性判别分析的 Fisherface 方法在降维的同时考虑类别信息，寻找一种特征组合方式，实现最大的类间离散度和最小的类内离散度。1997 年，Belhumer 利用 Fisher 判别准则成功对人脸进行分类。

## 4 项目实践

### 4.1 业务场景与需求

#### 4.1.1 业务场景

为体现更具科技感的迎宾效果，我们拟研发部署来宾人脸识别及欢迎系统，业务场景及需求如下。

① 涉及区域：欢迎门厅、展区序厅、签名寄语区。

② 系统要求：人脸识别及欢迎页面展示的所有软硬件及系统实施（包括硬件设备、软件开发、界面美化等）。

#### 4.1.2 功能需求

（1）基本功能需求

① 企业贵宾资料后台管理模块；

② 应用触发模块；

③ 人脸识别对比模块；

④ 内容展示自动排版模块（含版面样例设计）。

（2）其他功能需求

① 性能需求；

② 安全性需求；

③ 可用性需求；

④ UI界面。

## 4.2 系统设计

### 4.2.1 系统结构拓扑

系统结构拓扑如图2所示。

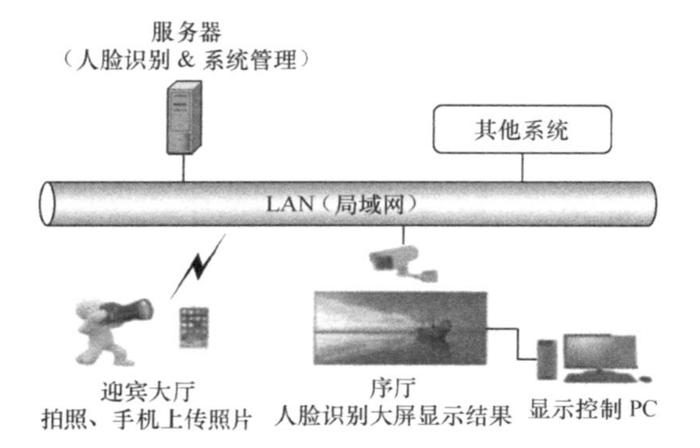


图2 系统结构拓扑

### 4.2.2 硬件部署

（1）迎宾拍照手机

一楼大厅工作人员拍摄参观照片并发送至系统待用。

（2）人脸识别监控摄像机

监控序厅进行人脸识别时的前端视频。

（3）人脸识别分析服务器

分析处理从前端视频监控摄像机获取视频流，并进行人脸识别。

（4）显示控制PC

管理控制人脸识别显示大屏的展示内容。

（5）人脸识别显示大屏

展示序厅人脸识别的结果。

### 4.2.3 软件系统

（1）动态识别分析引擎

① 视频流获取：获取监控摄像机的视频流。

② 人脸识别分析：从视频流中获取视频帧进行人脸识别分析，并保存分析结果。

（2）大屏展示客户端系统

① 欢迎界面：根据预定的模板显示欢迎内容，包含欢迎词和一楼大厅拍摄照片。

② 动态过程：用动态视频的方式展现人脸捕捉、识别过程，展示人脸识别过程中产生的参数与识别结果，显性展示数据处理过程。

③ 照片墙：系统识别来访人员时，从数据库中检索来宾的历史照片，按照固定模板、以时间轴形式展示（展示内容需经审核确认）。如无历史照片，则根据事先整理资料，进行数据展示。

（3）后台迎宾管理系统

该系统用于管理人脸识别系统所有的数据信息，是信息采集、传递与展现的枢纽，同时也承担人脸识别系统日常管理维护的职责，主要内容包括以下几点。

① 来宾信息：包括录入来宾信息的基本信息，管理来宾档案。

② 引擎管理：设定人脸设备信息各项基本参数，更新与维护人脸识别引擎。

③ 展示效果：录入及管理大屏展示模板，管理系统登录画面，设定展示效果。

④ 设备管理：管理系统使用的各个设备，例如：服务器信息、手机终端管理，监控摄像机信息等。

⑤ 账户管理：设置系统使用者账号的增删改查等各类权限。

⑥ 常规设置：管理历史记录、管理登录日志、安全设定、告警管理等。

（4）移动设备应用

移动设备应用主要是指安装在手机、PDA 等移动设备商的应用软件，用于采集与录入来宾信息，以及对人脸识别与展示过程的管控，主要内容包括：来宾来访时照片拍摄及系统录入；基本展示效果与内容的设定；展示照片及结果的审批确认。

## 4.3 核心功能研发

### 4.3.1 主要功能模块

主要功能模块及描述见表 1。

**表 1 主要功能模块及描述**

| 模块 | 描述 |
| --- | --- |
| 系统信息模块 | 主要展示系统级基本信息：如时间、天气情况和数据库人数以及今日访客人数等 |
| 在线视频模块 | 在线视频模块包括摄像机位展示部分和实时采集人脸列表。其中，摄像机位向用户展示了视频机器状态，实时采集和表现人脸采集的反馈结果 |
| 输出模块 | 摄像机采集的信息经过后台处理，反馈主宾、陪同人员的基本信息以及展示以主宾为主体的实时新闻 |
| 前端模块 | 前后端分离开发模式的前端主要运用 react.js 编码，保证了代码的可维护性和复用性。通信协议运用 http 以及 WebSocket 长连接，具备实时动态刷新功能，在保证性能的同时优化了代码工程结构 |

### 4.3.2 系统组件及逻辑架构

系统分成以下 6 大组件。

① 人脸采集组件：从摄像机中实时采集人脸图片，采集到的图片分成两路：一路将图片以 Base64 编码的数据通过消息队列传送到后端服务以供前端服务实时展现；另一路保存在内存中以供人脸识别组件做比对。

② 人脸识别组件：从人脸采集组件采集的人脸图片中提取特征向量，遍历缓存中已保存的特征向量，并做比对计算，将比对结果通过消息队列通知后端服务。

③ 照片建模组件：管理人员通过后端服务上传人员信息时附带的人员照片（最好多张不同角度），从这些照片中提取特征向量建模组件，并以键值对的形式将其保存在缓存中。

④ 后端服务组件：维护后端的基础

数据，如人员信息、公告等，以及为前端服务提供识别结果的接口。

⑤ 前端服务组件：获取天气等信息、从后端获取识别结果、展现公告等信息、展现摄像机的实时视频。

⑥ 深度学习组件：通过识别到的人员照片去修正或补充人脸特征向量库，以提升人脸识别率。

来宾人脸识别及欢迎系统逻辑架构如图 3 所示。

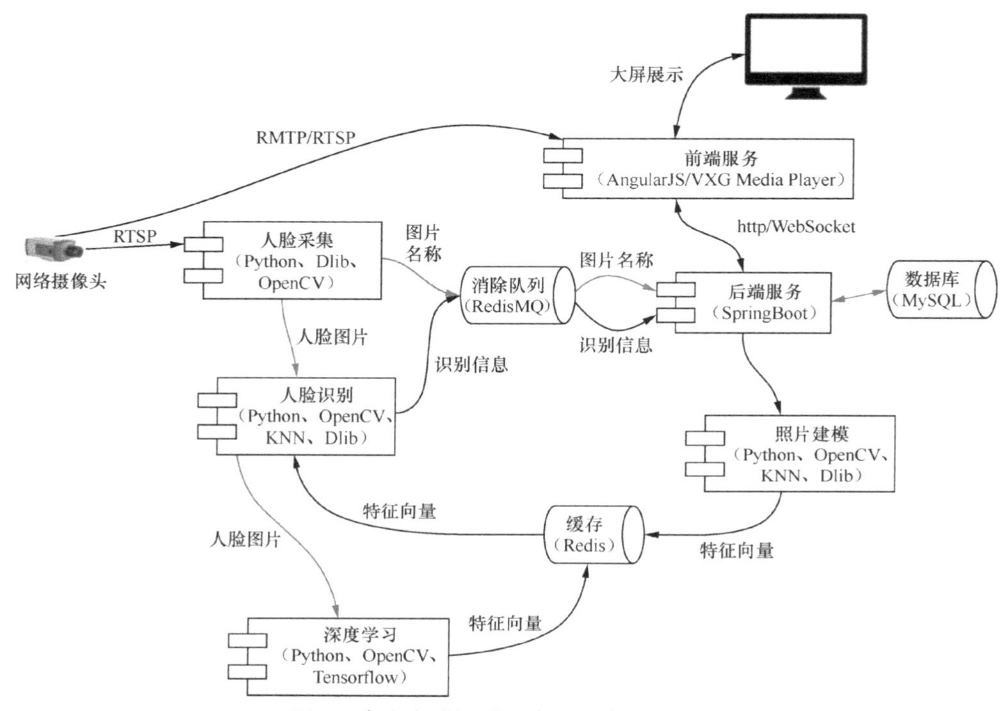


**图 3　来宾人脸识别及欢迎系统逻辑架构**

### 4.3.3　关键技术与算法

（1）OpenCV

OpenCV 是实现图像处理和计算机视觉的通用算法，在信息采集端，高质量的图像经过 OpenCV 技术处理之后被传入识别系统。

OpenCV 由 C 函数和少量 C++ 函数构成，是基于 BSD 许可的跨平台计算机视觉库，可以运行在 Linux、Windows、Android 和 Mac OS 操作系统上，提供 Python、Ruby、MATLAB 等语言接口。

（2）Dlib

Dlib 是包含机器学习算法的 C++ 开源工具包，目前被广泛运用于机器人、嵌入式设备、移动电话和大型高性能计算环境中。

（3）人脸模型训练

为了实现人脸识别功能，系统采用了经典的 Face_recognition 框架进行开发，该框架内置了训练成熟的人脸模型。

（4）WebSocket

WebSocket 协议允许服务器主动发送

信息到客户端，实现浏览器与服务器全双工（full-duplex）通信。

（5）卷积神经网络

卷积神经网络是一类包含卷积或相关计算且具有深度结构的前馈神经网络。卷积神经网络仿造生物的视知觉机制构建，是深度学习的代表算法之一，可以进行监督学习和非监督学习。随着计算设备的改进，卷积神经网络得到快速发展，被大量应用于计算机视觉、自然语言处理等领域。

### 4.4 项目成果

第一阶段：人脸识别整体系统已完成建设，实现正面慢速移动场景下，人脸检测与人脸识别。

在人脸距离相机中心左右偏离 ±30°，上下偏离 ±30°，平面偏离 ±15° 以内、人脸光照亮度为 250 ~ 800Lux，人脸的抓拍率可达 95% 以上。比对性能根据场景及注册图像质量有所不同，我们可通过设置不同的人脸相似度阈值来调节识别率。

项目第一阶段应用中，注册数量为 3000 人次以内，同一监控摄像机下，同时识别 5 人的速度在 3 秒左右，将相似度阈值设为 85% 时，识别成功率达 98.5% 以上。

第二阶段：拟开展实现人脸识别系统的产品化，提升识别效率，扩展应用场景。

## 5 应用场景构想

### 5.1 智慧型城市构建

人脸识别技术在各交通要口，对人群、车辆等进行监控和分析，智能化管控交通及公共区域内的人员流动，能提前预警，在发生突发事件时，工作人员可以及时做到应急处理。

### 5.2 公共安全云平台构建

在公共场所、重要场所，人脸识别技术可以实时比对公安机关的犯案嫌疑人，及时确认并智能化跟踪人员轨迹，协助案件的侦破。

### 5.3 金融认证云平台构建

支付领域构建一套基于人脸认证的平台，确认人员真实身份，完成金融消费。

### 5.4 私有应用云平台构建

行业或企业针对自身特点，量身定制专有的云应用。

## 6 结束语

人脸识别技术经过迭代演进正在日趋成熟，但在某些复杂环境下自动识别技术还存在瓶颈，仍需要人工经验的判断。

人脸识别技术作为生物识别技术的一项技术变革趋势，特别是在海量人脸数据比对应用场景下，识别速度和精度都超过了人类。随着应用场景日益丰富，人脸识别技术将在更加广泛的领域发挥作用，为人类社会带来安全和便捷。

## 参考文献

[1] 2018 人脸识别研究报告 [M]. AMiner 研究报告第十三期 . 清华大学计算机系——中国工程科技知识中心 知识智能联合研究中心（K&I），2018.

[2] 蓝振潘 . 基于深度学习的人脸识别技术及其在智能小区中应用 [D]. 华南理工大学，2017.

[3] 何瑶，陈湘萍 . 基于 OpenCV 的人脸检测系统设计 [J]. 新型工业化，2018，8（6）：83-89.

# 基于大数据分析的城市交通应用研究

原紫薇

**摘　要：**随着科技发展与技术的不断成熟，延伸出来许多如大数据、云计算等探寻事物内在规律的技术，大数据分析将机器语言、高级算法与人的思维紧密结合，为各行各业的发展提供有力的支撑。本文基于城市交通大数据，论述大数据分析在车流管控、交通管理方面的应用。

**关键词：**大数据应用；交通管理；城市规划

## 1　引言

我国一直大力发展科技事业，国家实力得到了提升，人们的物质生活越来越丰富，生活方式也在不断地发生变化。日常生活中，汽车成了主流的代步方式，然而随着人口的剧增以及经济的增长，私家车的需求依旧在不断上涨，这无形中对交通造成巨大的压力。因此，本着可持续化发展的理念，城市规划对公共交通的建设提出了更高的要求。交通拥堵是人们的一大困扰，例如上下班高峰期的道路状况，车流量过大加之部分行人不遵守交通规则，横穿马路影响机动车行驶，车辆行驶非常缓慢，浪费大家的时间。多数拥堵情况出现在路口、岔路位置，为了避免该现象和交通事故的发生，交通信号灯是必不可少的工具，交通信号灯的变化规则可以有效转移交通流，疏导路口的车流量，监督行人、机动车等的行为，提高道路通行能力。交通信号灯管理控制系统根据车流量智能地控制信号灯变化，可以减免人力操作的资源浪费以及分配不均匀等问题。本文利用大数据分析的思想，给交通信号灯制订一个通用的规则，智能管理交通，研究大数据分析对城市交通的应用，并模拟道路十字路口交通信号灯的智能检测与控制，为其在城市交通方面的应用提供一个研究方向。

交通的控制管理始于 1868 年，世界上的第一个燃气指示灯出现在英国。随后美国于 1913 年出现了交通信号控制。1926 年，芝加哥研究出流量指示控制并实行该方案，将流量指示灯装置到各个路口交叉处，这比较适合单一的交通流。自此之后，交通的控制技术慢慢地发展并逐渐成熟，与其技术相关的控制算法也得到了不断地完善，提高了交通控制的安全性和有效性，并且不再使用燃气，这一措施最大限度地减小了对环境的影响。

澳大利亚的 SCATS 交通控制系统是最具标志性的城市交通信号控制系统，并且被很多国家所采用。该系统采用了分层递阶式的控制结构，控制中心拥有一台管理控制机和一个用通信线路连接的计算机，通过串行数据与通信线路相连，获取的各种数据通过地区级的计算机自动传送至管理控制机。监控计算机持续监视所有路口 El 的信号运行和检测器的工作状况。

在我国，交通信号灯是交通最初的管理模式，它以简单的规则独立运行。经过多年的演变，交通信号灯从需要人工手动操作进阶为可以通过感应自动调控，随着科技的进步，出现了点控、线控以及云控的方式。但简单的车辆分流并不能从根源上解决目前道路拥堵的问题。

## 2 交通大数据的应用

以十字路口为例，由于车队较长且车辆行驶缓慢，导致路口通行率不高，高峰期容易造成车辆越来越多的情况。当东西（或南北）走向车辆少或无车时，而另一方向的车辆多时，传统交通灯依旧按正常规则变化，会造成资源的浪费。

### 2.1 应用场景

本文设计思想是将交通信号灯与传感器、摄像头合设，传感器具备计数的功能，当某方向绿灯时，摄像头和传感器发挥作用，后台进行程序设定，根据停车线后的车辆数目来控制交通灯的绿灯时长。按照每辆车 2 秒的路口通行速度，车辆多的道路可适当增加绿灯时长，车辆少的道路可适当减少绿灯时长，以此提高路口通行率。摄像头将拍摄到的车辆视频发送至后台，汇聚与分析车牌信息，可由此筛选出某时段的常有车辆，通过对车主的基本信息、工作、出行时段等的数据进行分析整合，可延伸、发展出许多关联行业。例如，可对车主增设当前路况和可替代通顺道路的短信提醒；根据区域作息习惯设置相应的基础设施，如加班严重地区可专门配备清晰摄像头以保障安全，周边便利店、餐厅、银行等可制订专项服务；城市管理方面可以根据车流量、人流量进行住宅区、商业区、工作园区等的统一规划。

### 2.2 模拟论证

模拟交通灯系统基于 Win10 64-bit 系统平台，采用 Java 语言，利用 Eclipse 4.5.2 作为开发工具。本系统模拟十字路口的交通灯管理系统逻辑，通过用户图形界面模拟路口交通行驶状况。

（1）随机生成不同车道上的车辆

直行车辆：由东向西、由西向东、由南向北、由北向南。

左转车辆：由东向南、由南向西、由西向北、由北向东。

（2）交通信号灯

交通信号灯包括黄灯、红灯和绿灯。黄灯固定 2 秒，变换规则顺序为：绿灯→黄灯→红灯。车辆在黄灯时停止。交通信号灯控制逻辑与现实逻辑相同，即南北方向与东西方向交替放行，且路口等待车辆的放行顺序为直行→左转。

绿灯时长可固定，由后台提前设定并自动控制，也可根据不同车道的各种交通情况改变。对应车道取最大车辆数，理想状态下每辆车通过路口的时间为 2 秒（可通过线程 Sleep 的方式模拟），即绿灯时长等于最大车辆数乘以 2。

备注：为保证正常的行驶秩序，且按照目前城市规划绿灯通行时长现状，车辆过多时，绿灯时长不应超过 60 秒；车辆过少时，绿灯时长不应少于 15 秒。

## 3 模拟系统设计

### 3.1 系统相关说明

模拟系统分为菜单栏和模拟动画区域两个模块。程序中首先定义一个 TrafficLight 类继承 JFrame 作为最底层容器。Menu 为菜单栏。PaintPanel 类绘制主界面，内容包括交通道路路线、交通灯、车辆。Light、Car、CarDirect 类中分别对其进行创建和初始化，并添加相关算法，设计红绿灯变换、黄灯缓冲、车辆通行规则等的逻辑。Set 类用于添加菜单栏中“设置”的操作。Trouble 类描述闯红灯车辆的行驶规则，设置判定条件。Text 类为处理肇事车的文字显示结果。ActionListener 接口用来监听并处理所有菜单项和模拟动画区为事件源的事件。以下为程序的重点部分内容。

#### 3.1.1 设定红绿灯转换规则

南北方向与东西方向交替放行，路口等待车辆的放行顺序为直行→左转。本系统中东西方向的直行车辆先行，绿灯顺时针依次亮起，初始设定时长为 5 秒，且绿灯变红之前增加两秒的黄灯。由声明的 start 为切换开关，当 start=0 时，东西直行方向为绿灯；当 start=1 时，东西左转方向为绿灯；当 start=2 时，南北直行方向为绿灯；当 start=3 时，南北左转方向为绿灯。

声明 Y1，Y2 即对应交通灯第一个黄灯位置和第二个黄灯位置，对遍历进行计数，循环至第几个灯时，该灯的黄灯亮。

部分代码示例如下：

```
for(int i = 0; i < PaintPanel.vtLight.size(); i++){
        light = PaintPanel.vtLight.get(i);
      if(light.direct % 4 == 0){
            light.greenLight = true;
            light.yellowLight =false;
            light.redLight = false;
            // 对遍历进行计数，循环至第几个灯时，该灯的黄灯亮
    if(y==0)
    Y1=i;
    if(y==1)
    Y2=i;
    y++;
    }else{
```

```
            light.greenLight = false;
            light.redLight = true;
                    light.yellowLight
=false;
    }
}this.start = 1;
```

绿灯时长为变量 $t$，通过取对应车道上车辆数的最大值来确定。即：

```
if (CarDirNum[0]>CarDirNum[4]) {
t=CarDirNum[0]*1000;
} else {
t=CarDirNum[4]*1000;

}
```

最后再设置 $t$= 5000，回归初始化信号灯时长

```
try {
Thread.sleep(t);
t = 5000;
light=PaintPanel.vtLight.get(Y1);
    light.yellowLight = true;
    light.greenLight = false;
    light=PaintPanel.vtLight.get(Y2);
    light.yellowLight = true;
    light.greenLight = false;
    Thread.sleep(2000);
    light.yellowLight =false;
} catch (InterruptedException e) {
    e.printStackTrace();
}
```

### 3.1.2 判断车辆数改变灯时长

计算不同方向车道内的车辆数量，声明数组 int CarDirNum[]={0,0,0,0,0,0,0,0} 表示不同车道上的车辆数，通过 Iterator 循环遍历 CarDirect，对每个方向上的车辆数目进行累加，总数再相加。

```
case 0:
    CarDirNum[0]++;
    break;
(case 1—case 6)
case 7:
    CarDirNum[7]++;
    break;
int t=0;
for(int i = 0;i < 8;i++){
t=t+CarDirNum[i];
}
```

## 3.2 数据对比

（1）车流总量等于 20 辆时（车流量较小），5 分钟内十字路口车辆的通行量

1）固定时长。设置固定交通信号灯时长的车辆通行数量如图 1 所示。

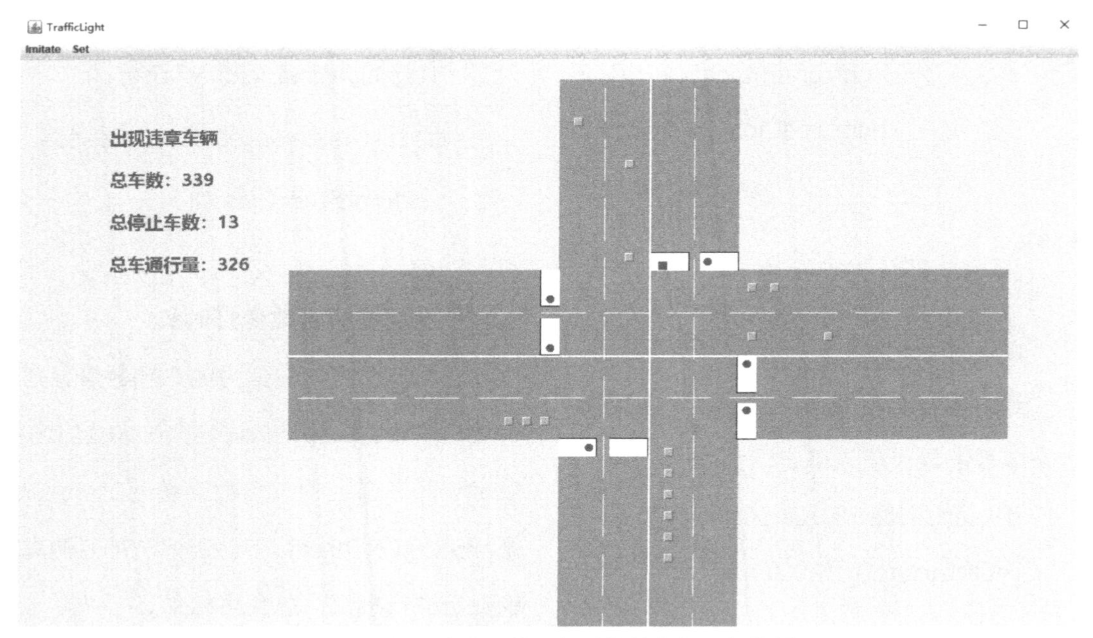


图 1 设置固定交通信号灯时长的车辆通行数量

车辆通过率 =326/339=96.2%。

2）智能变化。根据当前车道等待车辆数决定交通信号灯时长的车辆通行数量如图 2 所示。

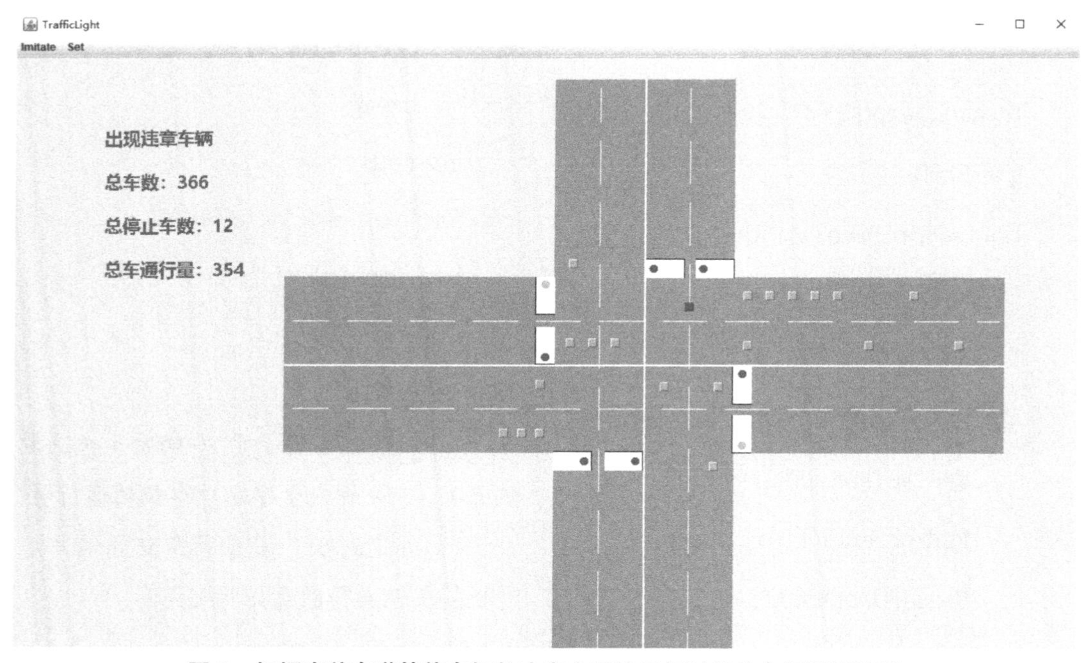


图 2 根据当前车道等待车辆数决定交通信号灯时长的车辆通行数量

车辆通过率 =354/366=96.7%。

智能控制优于固定时长：96.7%-96.2%=0.5%。

（2）车流总量等于 50 辆时（车流量较大），1 分钟内十字路口通行量

1）固定时长。设置固定交通信号灯时长的车辆通行数量如图 3 所示。

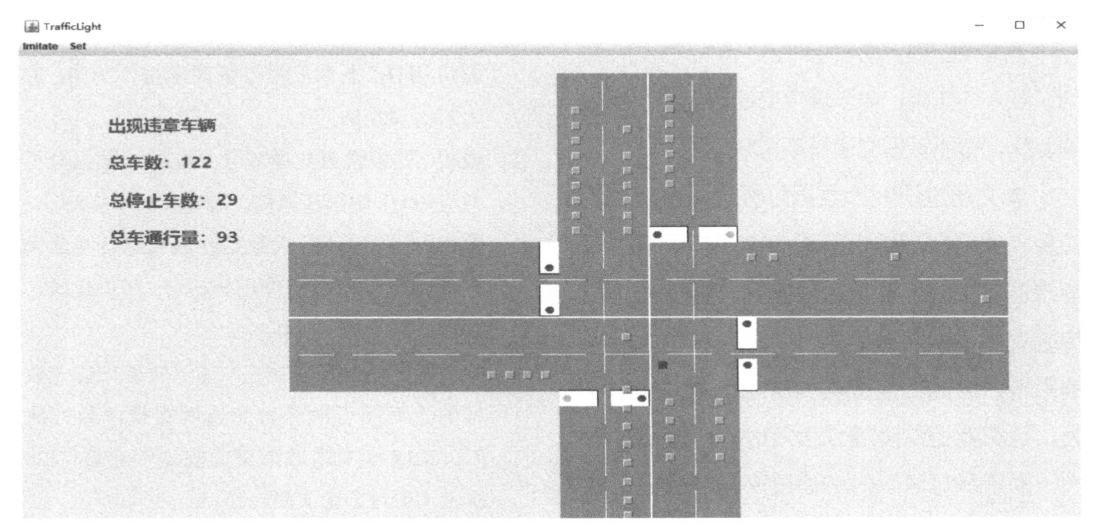


**图 3 设置固定交通信号灯时长的车辆通行数量**

车辆通过率 =93/122=76.2%。

2）智能变化。根据当前车道等待车辆数决定交通信号灯时长的车辆通行数量如图 4 所示。

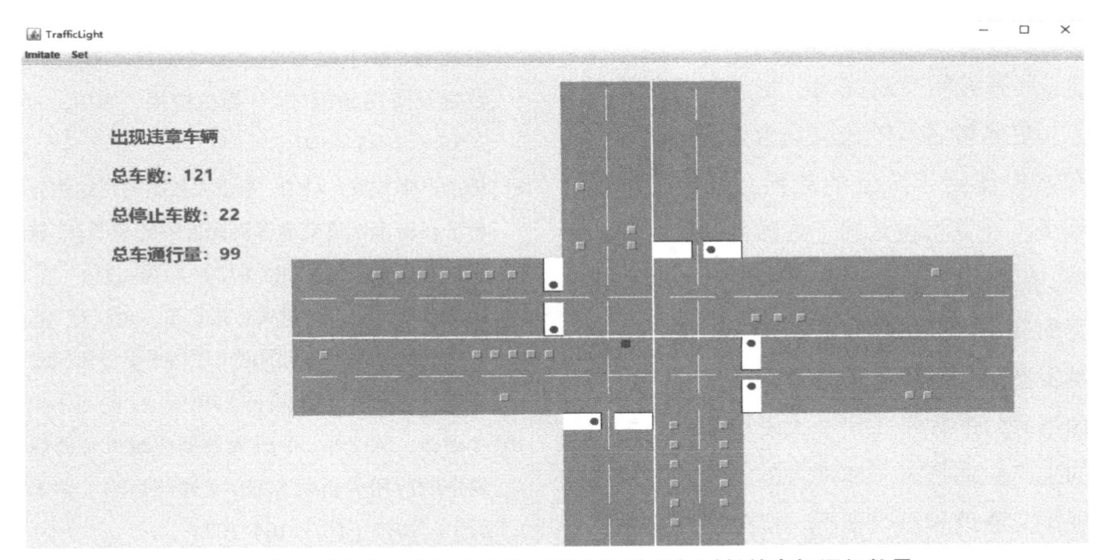


**图 4 根据当前车道等待车辆数决定交通信号灯时长的车辆通行数量**

车辆通过率 =99/121=81.8%。

智能控制优于固定时长：81.8%-76.2%=5.6%。

## 4 结束语

智能化在推动社会各个领域的发展起到了巨大的作用，对于现今交通压力严重增加的现状，智能管理交通是不可缺少的。

本文通过研究大数据分析对城市交通的应用，并模拟道路十字路口交通信号灯的智能检测与控制，测算智能控制交通信号灯与传统规则下的交通信号灯对路口车辆通行率的影响。通过上述数据的对比，本文的结论为，当智能控制交通信号灯时，车辆通过率大于固定绿灯时长时的通过率；当道路上的车辆增加时，车辆越多，表明智能控制交通灯的时长对路口通过率的增加越有效。

本系统的开发意图是使路口交通信号灯更为智能、便捷，实现交通信号灯的智能变化（即时长由车辆数决定），从而提高道路通行率。在车辆不断增加的当今社会，交通信号灯能保证行人过马路时的安全，具有控制交通状况、疏导车流量等优点，在各种各样的公共场合如十字路口、车站等得到了广泛的应用。科技发达的今天，计算机技术趋于成熟并得到广泛应用，用途几乎涉及所有人类生活，计算机专业应用于交通信号灯的管控，使之功能越发多样化。不同于老式交通信号灯，交通信号灯的数字化是一大发展，它为人们的生产生活带来了非常大的便捷，并且实现了交通信号灯很多不一样的功能。所以利用大数据设计一款计算机控制的智能交通管理系统是非常有必要的。

## 参考文献

[1] 吴珺，王春枝 . 城市隧道交通大数据分析及应用 [J]. 土木工程与管理学报，2016，33（2）：62-66.

[2] 段俊 . 城市轨道交通清分系统的大数据分析与应用 [J]. 中国新通信，2018（15）：83.

[3] 管娜娜，宁怡旻 . 大数据在城市综合交通调查与交通模型中的应用分析 [J]. 四川建筑，2016，36（5）：24-27.

[4] 薛美根，陈欢，应俊杰 . 基于城市交通大数据的上海第五次综合交通调查技术与方法 [C]. 2015 年中国城市交通规划年会暨第 28 次学术研讨会论文集，2015.

[5] 邓波，黄同成，刘远军 . 基于 4G 移动网络的大数据与云计算技术应用析及展望——以城市智能交通系统为例 [J]. 信息与电脑，2015，23.

[6] 赵亚军，余静财 . 基于 ArcGIS 的城市交通规划基础数据分析与应用 [J]. 交通与运输（学术版），2017（2）：56-60.

[7] 纪丽娜，陈凯，于彦伟，宋鹏，王淑莹，王成锐 . 基于城市交通大数据的车辆类别挖掘及应用分析 [J]. 计算机应用，2019，39（5）：1343-1350.

[8] 崔扬，李井波，马山 . 基于大数据的雷达图分析法在城市轨道交通客流评价中的应用 [J]. 城市轨道交通研究，2018（12）：166-171.

[9] 徐锋，李之明，何建兵，张景奎，余红玲 . 基于交通一卡通大数据的城市职住平衡分析探索与应用 [J]. 现代信息科技，2019，3（6）：1-4.

[10] 沙建锋，陈光华 . 手机大数据在城市交通规划中的应用分析研究 [J]. 交通与运输（学术版），2017（1）：104-107.

# 智能经济进化理论 Rose 模型生产要素函数验证

唐怀坤　黄文金

**摘　要：**本文运用科学技术哲学分析、创新因素分析和数据统计等方法，从技术经济的角度，提出了智能经济形态演化理论的 6 个阶段，即采集经济、狩猎经济、农业经济、工业经济、数字经济和智能经济，各个技术经济阶段形态之间是互相作用的复杂机理过程。

**关键词：**技术创新；ROSE 模型；数字经济；智能经济

## 1　引言

社会发展阶段是复杂的演进过程，不是一个个的阶段完全线性顺序的演进，而是有一种主流形态和各种形态相互作用的复杂技术经济状态交织在一起，呈现螺旋式上升的发展趋势。社会发展是人类对美好生活的向往、社会科学家对社会发展规律的探索，技术创新者们对技术创新的反向思考，创业家对投资热点的分析，这些都依赖于对社会技术经济发展规律的认知，而本文正是基于此方向的一种量化模型探索。目前，行业内对于社会经济形态的演进多是从生产力与生产关系的角度开展分析的，如金萍提出的“人类社会经济发展形态演进的生态化趋势”，提出知识经济生态化趋势；程言君的“社会经济形态和时代演进轨迹透视”，提出当今社会经济形成了多种经济形态交织、融合发展态势，提出了网状的“社会经济形态变迁升华轨迹图”。

## 2　演进阶段

### 2.1　采集经济、狩猎经济

人类早期是以采集植物为生的，随着人口的增加，植物不能满足人类对食物的需求，人类社会从采集植物进入狩猎社会，诞生了第一个社会经济组织——血缘家族公社，人类在这个过程中掌握了制造和使用石器、火等技术。

### 2.2　农业经济阶段

人类社会依靠大河流域进入农耕文明，农耕文明地带主要集中在北纬 20 度到 40 度，具体以古代巴比伦幼发拉底河和底格里斯河、古代埃及尼罗河、古印度的印度河流域和古中国的黄河流域为代表。人们主要依靠的是农耕器材、水资源、气候资源和太阳能等。在漫长的6000多年的时间里，农耕技术经历了刀耕火种、人力耕作、畜力耕作，解决了人类生存的粮食问题，建设了人类繁衍的基础。当今“一带一路”沿线国家中有40%的国家依然处于以农业种植、畜牧、矿产开采为经济支柱的农业经济时代。美国农业占GDP的比重为1%，而中国农业的占比为6.9%，我国农业连年丰产丰收，但是随着经济的转型升级，农业占GDP的比重在逐年下降。

### 2.3 工业经济

人类进入工业社会以1750年左右英国开始的工业革命为标志，包括蒸汽机时代和电气技术时代两个阶段。蒸汽机首先在交通领域得到应用，科技发展在交通领域体现得更为淋漓尽致。从农耕时代的马车、牛车，到工业时代的蒸汽机车、电气机车、汽车，再到信息化时代的各种交通监控、ETC计费、交通路口自动指挥、网络约车、车联网，继而是人工智能交通时代的无人驾驶汽车、无人驾驶公交车、无人驾驶轨道交通工具等，工业时代创造了城市、重工业体系、轻工业体系、交通路网等。工业革命表现为蒸汽技术革命（第一次工业革命）、电力技术革命（第二次工业革命）、计算机技术革命（第三次工业革命）、第四次工业革命（互联网产业化，工业智能化），目前这种分类还停留在传统工业思想阶段，实际上每个阶段的社会生产力达到一定上限时就会发展到一个新的社会形态，后一种社会形态也会改变前一种社会形态的生产方式，后一种社会形态所带来的社会进步以前一种社会形态社会增加值的形态呈现。工业时代生产的是机械产品，而工业产品网络化已是趋势，制造业产品将被视为电子产品或者网络产品。2020年，汽车的智能化从数码电子、集成电路、网络产品的成本占到整车成本的50%以上。当前“一带一路”沿线国家中有40%的国家有一定的工业基础，其中大部分国家处于工业经济的电气化时代，能够带动国内化工与重工业产能合作、电气装备出口，因此应成为我国对外投资、出口的重点国家。

### 2.4 数字经济

数字经济是将物理世界通过数字编码的形式将其映射到虚拟的网络世界，使人、物、事之间的相互作用打破物理时空限制进行互联，形成数字化科技影响下的经济模式。2017年，全球发达国家（美国、日本、德国、英国）的数字经济占GDP的比重已超过50%，美国数字经济规模排在全球首位，已超10万亿美元，占GDP的比重超60%。融合型数字经济的主体地位进一步巩固，大部分国家的融合型数字经济占比普遍超过70%，少数国家甚至接近90%。根据中国信息通信研究院2018年4月发布的《中国数字经济发展与就业白皮书（2018年）》显示，2017年，我国数字经济对GDP的贡献为55%，总量达到272 000亿元，数字经济已成为近年来带动经济增长的核心动力和继工业经济之后的主要经济形态。当前“一带一路”沿线国家中，中东石油出口国的数字经济需求较为迫切，另外我国工业互联网、工业物联网和智能制造装备也可以出口到上述处于工业进程中的国家。

### 2.5 智能经济

人工智能（Artificial Intelligence，AI）是指利用算法、算力、数据三大基础技术开展机器学习，并通过计算机软件、智能硬件、仿人机器人等展现形式，使机器具备听、说、读、写、触觉、思考、行为等思想与判断、行动能力的一部分或全部能力，能在专用领域或通用领域代替人的体力劳动或脑力劳动的社会生产力演进现象。人工智能技术经济体系明确了发展方向，也就有了技术创新方向。所有产业都向人工智能方向发展，而这个过程是渐进式的，因为每个行业发展不均衡，所以我们应既不排斥也不高估人工智能，应该循序渐进式地发展。数字经济向人工智能的过渡是渐进式的过程，代表硅谷等科技行业发展利益和需求的美国 ITI（信息技术产业理事会）发布首份《人工智能政策原则》，文中提到，预计 2025 年，人工智能技术将为全球提供 71 000 亿美元至 131 700 亿美元的经济增长。围绕这项庞大的产业规模，全球主要国家都把人工智能放在重要前沿发展的位置。

人工智能的基础设施包括 5G 网络、物联网、“互联网 +”、信息系统、大数据等。人工智能的技术进步会反哺、加速工业化进程、信息化进程。人工智能使发展中国家的工业进程由两化融合走向三化融合，即工业数字化、工业互联网、智能制造。

## 3 发展阶段之间的相互作用机理

每个发展阶段都是科技与行业发展互相促进的结果，科技越发达，衍生的行业越多、社会分工越细，人类的物质文明和精神明才得以大量积累，每个阶段的发展为后一个阶段提供发展基础的同时又为之前的行业的存在形式提供了生产力提高的工具，在这种互相促进的过程中，每个阶段的演进相对上一个阶段的演进时长上大大缩短，例如，工业社会为农业社会提供了机械化的工具，实现农业机械化；信息化社会为工业社会提供了数控设备、工业互联网、工业制造信息系统，人工智能为工业提供了智能制造、工业机器人、无人工厂，为信息化提供了智能检索、神经网络工具、软件自动化开发。人工智能将加速到来，人类用了 6000 年完成了农业建设，用了 200 年完成了工业化，然后用了 60 年完成了数字经济的大半进程，当前已进入人工智能经济萌芽期。因此，人工智能经济形态是基于数字经济之后的新经济形态。Rose 技术创新路径模型如图 1 所示。

## 4 生产要素函数的量化关系

每个时代的重大更迭都是因为其中的生产要素发生了剧变，而生产要素的变化都以其中的技术进步为主要引领。从狩猎经济的石器、火等技术，到农业经济的农耕技术，再到工业经济的工业发展技术，

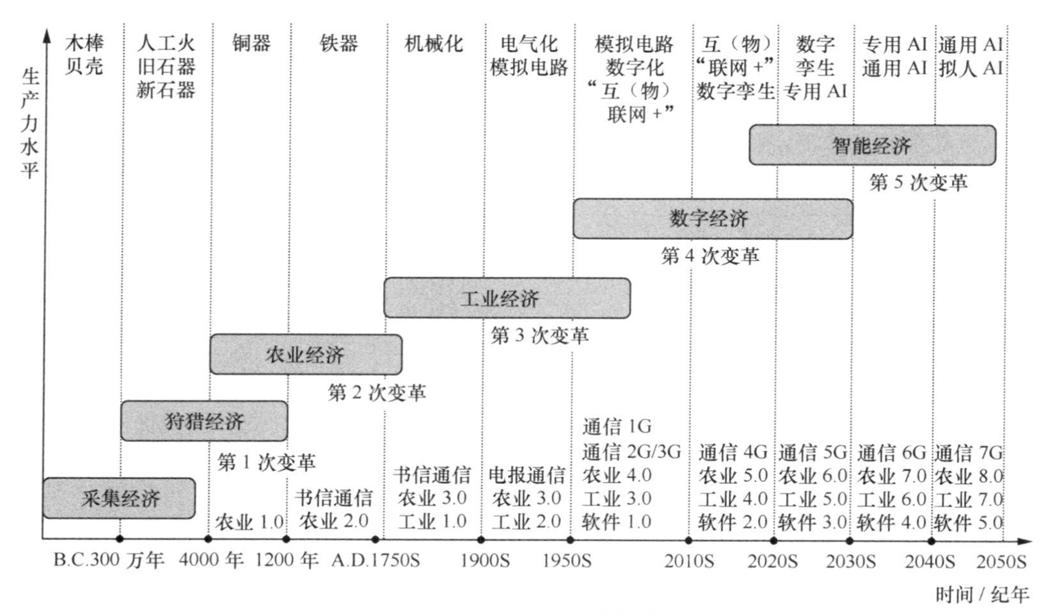


**图 1 Rose 技术创新路径模型**

（ROSE:The Relation of Science and Techonlogy and Economic Evolution）

数字经济的数字技术，到当前人工智能经济的人工智能技术，我们可以看到，正是每个时代的卓越技术进步（H（t）），使得资本（K）和劳动（L）等生产要素的效率获得同步提高，推动了时代的更迭。因此我们简单将每个时代之内的技术进步都定义为希克斯中性。在资本-劳动比（p=K/L）不变的条件下，我们就可以将一个时代经济的一般生产函数公式（1）

$$\mathbf{Y}=(F,\ L,\ t) \qquad (1)$$

定义为公式（2）的形式

$$Y=(H)(t)F(K,\ L) \qquad (2)$$

其中，由于技术进步的作用而产生的函数系数，通过度量可用来测算技术进步对经济增长的影响。

某个时代（T）的生产要素包含劳动力（LAB）、土地（LAN）、资本（CAP）、企业家（ENT）、技术、信息（INF）等，因此某时代（T）的经济形态与其社会科技进步的关系（RSE）可表述某个时代（T）的全生产要素总产出（$RSE_T$）：

$$RSE_T=H(t)_T F(LAB_T,\ LAN_T,\ CAP_T,\ ENT_T,\ INF_T) \qquad (3)$$

此外，经济时代的过渡阶段和新生时代必然会对前一个时代的经济形态产生影响。比如数字经济的到来，必然会影响工业经济的生产方式和生产内容。我们将 T 经济时代对 T-1 经济时代的影响因子定义为 $\delta_T$，如图 2 所示。

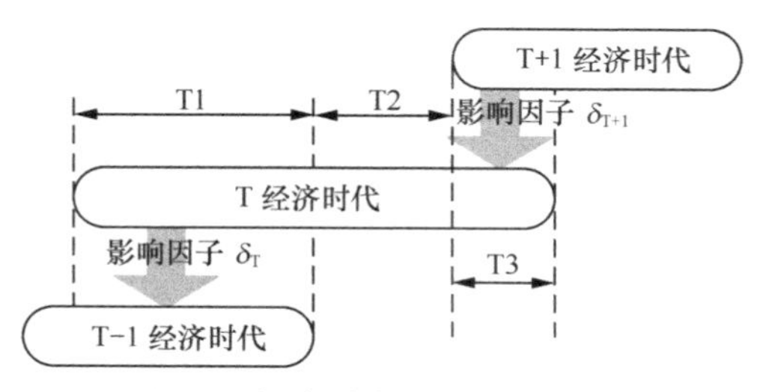


**图 2 经济时代间的影响因子**

即有时代过渡阶段：

$$RSE_{T-1} = \delta_T \cdot RSE_T \quad (4)$$

## 5 证伪

为了消除各时代宏观经济变量之间可能存在的递增型异方差，我们对公式（4）计量经济模型进行对数处理。

$$\begin{aligned} dRSE_{T-1} &= d\delta_T + dRSE_T \\ &= d\delta_T + dH(t)_T + d\beta_{LAB}LAB_T \\ &\quad +d\beta_{LAN}LAN_T + d\beta_{CAP}CAP_T \\ &\quad +d\beta_{ENT}ENT_T + d\beta_{INF}INF_T \end{aligned} \quad (5)$$

其中，$\beta_X$ 是生产要素 X 的产出弹性，表征生产要素 X 在全生产要素总产出中的贡献份额。

又有：

$$dX_T = \ln X_T - \ln X_{T-1} = \ln {X_T}/{X_{T-1}} \quad (6)$$

公式（6）表示的差分在泰勒级数 T-1 期展开时近似为 X 的增长率，此时时代（T）的全生产要素总产出增长率表示为：

$$\begin{aligned} \ln\left({RSE_{T-1}}/{RSE_{T-2}}\right) &= \ln\left({\delta_T}/{\delta_{T-1}}\right) + \ln\left({H(t)_T}/{H(t)_{T-1}}\right) \\ &\quad +\alpha_{LAB}\ln\left({LAB_T}/{LAB_{T-1}}\right) \\ &\quad +\alpha_{LAN}\ln\left({LAN_T}/{LAN_{T-1}}\right) \\ &\quad +\alpha_{LAN}\ln\left({CAP_T}/{CAP_{T-1}}\right) \\ &\quad +\alpha_{ENT}\ln\left({ENT_T}/{ENT_{T-1}}\right) \\ &\quad +\alpha_{INF}\ln\left({INF_T}/{INF_{T-1}}\right) \end{aligned} \quad (7)$$

其中：

$$\alpha_X = {(\beta_X + \beta_{X-1})}/{2} \quad (8)$$

在规模收益不变的情况下，各种生产要素的产出弹性之和为自然数 1，通过证伪思路，我们将下设情况依次举例。

（1）$\sum_{i=t}^{T}\beta_i < 1$

此时表明在现有技术条件下，通过扩大劳动力（LAB）、土地（LAN）、资本（CAP）、企业家（ENT）、技术、信息（INF）等生产要素来增加全生产要素总产出是无益的，必须更新现有的技术水平。此种情况往往发生在前序时代更迭节点 T1，老旧的生产技术成为阻碍各资源流动的桎梏，这也是时代更迭的推动因素。

（2）$\sum_{i=t}^{T}\beta_i = 1$

此时表明在现有技术条件下，并不会通过扩大劳动力（LAB）、土地（LAN）、资本（CAP）、企业家（ENT）、技术、信息（INF）等生产要素来提高全生产要素总产出，只有不断提高现有技术水平，才能提高全要素生产效率。此种情况往往是一个时代的渐进发展过程 T2，也是时代更迭的不竭源泉。

（3）$\sum_{i=t}^{T}\beta_i > 1$

此时表明在现有技术 H（$t$）条件下，通过扩大劳动力（LAB）、土地（LAN）、资本（CAP）、企业家（ENT）、技术、信息（INF）等生产要素来增加全生产要素总产出是有利的。此种情况往往发生在后至时代更迭节点 T3，新生生产技术能有效促进各生产要素流动，这也是时代更迭的根本动力。

经济时代与生产要素产出弹性之和的关系如图 3 所示。

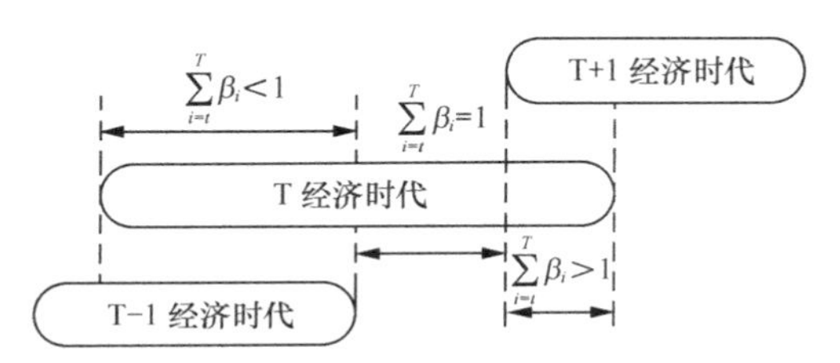


**图 3　经济时代与生产要素产出弹性之和的关系**

我们以柯布和道格拉斯研究的 1899—1922 年美国制造业的生产函数举例论证。

该阶段的柯布—道格拉斯生产函数模型为：

$$Q = H(t)L^{\beta_1}K^{\beta_2} \quad (9)$$

劳动和资本在生产过程的总产出中所占的份额分别表征为 $\beta_1$、$\beta_2$，柯布和道格拉斯根据美国 1899—1922 年有关经济资料的分析和估算，得到 $\beta_1 \approx 0.75$，$\beta_2 \approx 0.25$。由 Rose 技术创新路径模型可知，该阶段处于工业经济发展时期，即处于证伪 T2 阶段。

## 6　证伪分析

综上所述，我们提出的理论模型覆盖整个时代更迭进程，不可证伪。研究社会经济发展背后的规律对于制订经济政策分析有重要参考价值。从采集经济到狩猎经济、农业经济、工业经济、数字经济和智能经济这一整体发展进程是循序渐进的。不同产业、不同行业、行业内不同领域、不同国家、同一国家的不同地区都有类似螺旋发展的规律，而这个过程中每个发展阶段均有不同的发展主流技术，这些技术是推动经济发展的内生动力，能否抓住这些关键技术，综合施政对于一个国家、一个地区、一个城市在提高经济水平、保持可持续发展方面有着重要的意义。

## 7　经济政策建议

采集经济实施五化融合政策：采矿业其实就是原始社会采集经济的延伸，采集经济向狩猎经济、农业经济、工业经济、数字经济和智能经济融合发展，推动旧矿区农田化、生态优化改进，开采矿区采用机械化、矿区 3D 数字孪生、无人机械采矿推动安全生产；针对野生农业经济规模化难题，推动有机农业机械化、数字商务、物联网农业和智能农业融合发展。

农业经济三化融合政策：农业实现机械化、数字化、智能化融合发展，农业是我国实现农村整体奔小康，实现全面脱贫的关键产业，推动农业规模化经营和机械化发展是第一步，中长期是实现数字化和智能农业，当前农业升级转型面临的最大瓶颈就是小规模经营的低效，推动城镇化转型就是围绕农业升级转型中所需要的工业产能、数字商务、数字化设备、智能装备开展农村富余劳动力的人力资源升级。

工业经济三化融合政策：工业经济从两化融合向三化融合发展演进，我国实施两化融合战略已经取得了显著的成绩，工业化属于工业经济范畴，信息化属于数字经济范畴，而面向未来发展，还要着重发展智能经济，在数字经济发展成熟的领域开展智能经济政策引导，推动发达的信息化企业开展人工智能应用，进一步提高劳动生产率、提高制造精密程度和技术水平，促进成本下降和价格竞争力提升，产品附加值的提升。

数字经济向智能经济迈进的路径：当前，全球发达经济整体处于数字化中后期；中国则处于数字经济中期，因此这个阶段应重点关注在信息化发展领先的领域率先实现向人工智能迈进。以无人驾驶为例，"单车智能"是美国无人驾驶的技术路线；而我国实施"智能网联汽车"路线却是遵循了智能经济必须以数字经济作为前提和基础的规律。以此类推，安防、医疗、教育等领域也要遵循数字化到智能化的逐步演进规律，推送产业升级。

## 参考文献


[1] 金萍 . 人类社会经济发展形态演进的生态化趋势 [J]. 商场现代化，2013（3）：154-155.

[2] 程言君 . 社会经济形态和时代演进轨迹透视 [J]. 甘肃社会科学，2005（4）：220-223.

[3] 陈劲，杨文池，于飞 . 数字化转型中的生态协同创新战略——基于华为企业业务集团（EBG）中国区的战略研讨 [J]. 清华管理评论，2019（6）：22-26.

[4] 陈劲 . 重视创新引领的核心技术突破 [J]. 清华管理评论，2019（6）：1.

[5] 陈劲，尹西明 . 中国科技创新与发展 2035 展望 [J]. 科学与管理，2019，39（1）：1-7.

[6] 唐怀坤 . 人工智能助力实体经济的十大方向 [J]. 通信世界，2019（9）：33-36.

[7] 唐怀坤 . 2018 年—2020 年：中国 ICT 领域自主创新活力的迸发期——ICT 行业变革发展十大趋势 [J]. 通信世界，2018（4）：45-46.

[8] Holekamp Kay E, Sawdy Maggie A. The evolution of matrilineal social systems in fissiped carnivores. [J]. Philosophical transactions of the Royal Society of London. Series B, Biological sciences, 2019, 374(1780).

[9] Yang Wang, Huiting Li, Jian Zuo, Zhen Wang. Evolution of online public opinions on social impact induced by NIMBY facility[J]. Environmental Impact Assessment Review, 2019, 78.

[10] Timothy A Linksvayer, Brian R Johnson. Re-thinking the social ladder Approach for elucidating the evolution and molecular basis of insect societies[J]. Current Opinion in Insect Science, 2019.

[11] University of Cambridge; Gorillas found to live in "complex" societies, suggesting deep roots of human social evolution[J]. NewsRx Health & Science, 2019.

[12] Science; Reports from International Institute for Applied Systems Analysis Add New Data to Findings in Science (Social Evolution Leads To Persistent Corruption)[J]. Science Letter, 2019.

# 2019 年度公司主要的获奖项目

| 序号 | 项目名称 | 奖项 |
| --- | --- | --- |
| 1 | 中国电信 2013 年 ChinaNet 网络扩容工程 | 2019 年工程建设项目绿色建造设计水平评价一等奖 |
| 2 | 中国铁塔海南省分公司 2015 年西环高铁公众通信网络覆盖基础设施工程 | 2019 年工程建设项目绿色建造设计水平评价一等奖 |
| 3 | 中国电信江苏公司 2015 年度 TD-LTE（混合组网）无线网工程 | 2019 年工程建设项目绿色建造设计水平评价二等奖 |
| 4 | 中国移动江苏公司 2015 年 4G 无线网工程（第一标段） | 2019 年工程建设项目绿色建造设计水平评价二等奖 |
| 5 | 江苏电信 2015 年城域网优化扩容工程 | 2019 年工程建设项目绿色建造设计水平评价二等奖 |
| 6 | 中国电信 2012 年呼和浩特兰州干线光缆线路工程 | 2019 年工程建设项目绿色建造设计水平评价三等奖 |
| 7 | 中国移动云南公司玉溪分公司 2015 年城域传送网工程 | 2019 年工程建设项目绿色建造设计水平评价三等奖 |
| 8 | 四川移动 2014 年川东五地市城域 OTN 延伸系统扩容工程 | 2019 年工程建设项目绿色建造设计水平评价三等奖 |
| 9 | 大容量弹性光网络多层规划与协同控制方法 | 中国发明协会发明创业成果奖一等奖 |
| 10 | 中国移动江苏公司 4G 网络二期工程融合核心网建设项目 | 部级优秀通信工程设计一等奖 |
| 11 | 中国铁塔海南省分公司 2015 年西环高铁公众通信网络覆盖基础设施工程 | 部级优秀通信工程设计一等奖 |
| 12 | 中国电信 2013 年 ChinaNet 网络扩容工程 | 部级优秀通信工程设计一等奖 |
| 13 | 中国电信江苏公司 2015 年度 TD-LTE（混合组网）无线网工程 | 部级优秀通信工程设计二等奖 |
| 14 | 中国电信 2013 年 100Gbit/sDWDM 传输网络建设工程 | 部级优秀通信工程设计二等奖 |
| 15 | 中国电信 2012 年呼和浩特兰州干线光缆线路工程 | 部级优秀通信工程设计二等奖 |
| 16 | 中国移动云南公司玉溪分公司 2015 年城域传送网工程 | 部级优秀通信工程设计二等奖 |

（续表）

| 序号 | 项目名称 | 奖项 |
| --- | --- | --- |
| 17 | 中国移动江苏公司 2015 年 4G 无线网工程（第一标段） | 部级优秀通信工程设计二等奖 |
| 18 | 江苏电信 2015 年城域网优化扩容工程 | 部级优秀通信工程设计二等奖 |
| 19 | 四川移动 2014 年川东五地市城域 OTN 延伸系统扩容工程 | 部级优秀通信工程设计三等奖 |
| 20 | 中国铁塔江西分公司南昌市 2016 年南昌地铁二号线一期民用通信工程新建室分项目 | 部级优秀通信工程设计三等奖 |
| 21 | 2016 年无锡移动数据中心机房配套建设工程 | 部级优秀通信工程设计三等奖 |
| 22 | 中国铁塔海南省分公司 2015 年西环高铁公众通信网络覆盖基础设施工 | 部级优质工程奖一等奖 |
| 23 | 中国电信西宁—格尔木—吐鲁番干线光缆线路工程 | 部级优质工程奖一等奖 |
| 24 | 中国移动江苏公司 4G 三期二阶段宏站主设备扩容工程徐州业务区设备安装工程 | 部级优质工程奖二等奖 |
| 25 | 中国移动江苏公司 4G 三期宏站主设备盐城业务区主设备安装工程 | 部级优质工程奖二等奖 |
| 26 | 中国铁塔江西分公司南昌市 2016 年南昌地铁二号线一期民用通信工程新建室分项目 | 部级优质工程奖二等奖 |
| 27 | 中国铁塔江苏分公司南京市 2016 年南京地铁四号线新建室分项目 | 部级优质工程奖二等奖 |
| 28 | 梅州分公司 2014 年无线配套扩容工程 | 部级优质工程奖二等奖 |
| 29 | 中国移动江苏公司 4G 三期一阶段宏站主设备扩容工程徐州业务区设备安装工程 | 部级优质工程奖二等奖 |
| 30 | 亦庄云计算中心项目 | 省级优秀工程设计奖三等奖 |
| 31 | 中国电信江苏公司 2016 年度 LTE800M 重耕工程 | 省级优秀工程设计奖一等奖 |
| 32 | 中国移动江苏公司 2015 年 4G 无线网工程（第一标段） | 省级优秀工程设计奖二等奖 |
| 33 | 中国移动（江苏无锡）数据中心二期工程 | 省级优秀工程设计奖二等奖 |
| 34 | 江苏电信 2016 年城域网扩容优化工程 | 省级优秀工程设计奖三等奖 |
| 35 | 溧阳云数据中心 | 省级优秀工程设计奖三等奖 |

# 2015—2019 年度公司主要技术专著

| 序号 | 图书名称 | 出版机构 |
|---|---|---|
| 1 | 云计算在电信运营商中的应用 | 人民邮电出版社 |
| 2 | 现代通信局房工艺要求及立体化设计 | 人民邮电出版社 |
| 3 | 光网络评估及案例分析 | 人民邮电出版社 |
| 4 | 小基站（SmallCell）无线网络规划与设计 | 人民邮电出版社 |
| 5 | 光传送网（OTN）技术设备及工程应用 | 人民邮电出版社 |
| 6 | 5G：2020 后的移动通信 | 人民邮电出版社 |
| 7 | 洞悉“互联网 +”：风已至，势必行 | 人民邮电出版社 |
| 8 | LTE/CDMA/WLAN 无线网络室内覆盖工程规划与设计 | 人民邮电出版社 |
| 9 | IMS 技术行业专网应用 | 人民邮电出版社 |
| 10 | 移动通信室内覆盖工程建设管理手册 | 人民邮电出版社 |
| 11 | 智慧城市——顶层设计与实践 | 人民邮电出版社 |
| 12 | VoLTE 原理及网络规划 | 人民邮电出版社 |
| 13 | SDN/NFV：重构网络架构　建设未来网络 | 人民邮电出版社 |
| 14 | 4G 无线网规划建设及优化 | 人民邮电出版社 |
| 15 | TD-LTE 无线网络规划与优化实务 | 人民邮电出版社 |
| 16 | 5G 关键技术与工程建设 | 人民邮电出版社 |
| 17 | IT 生涯 25 年 | 凤凰文艺出版社 |

# 2019 年度公司主编或参编获得颁布标准

| 序号 | 标准编号 | 标准名称 | 类型 | 备注 |
|---|---|---|---|---|
| 1 | GB/T 51380-2019 | 宽带光纤接入工程技术标准 | 国标 | 参编 |
| 2 | GB 51378-2019 | 通信高压直流电源系统工程验收标准 | 国标 | 参编 |
| 3 | YD/T 5239-2018 | 模块化组合式机房设计规范 | 行标 | 主编 |
| 4 | YD/T 5242-2018 | 通信用光电混合缆工程技术规范 | 行标 | 主编 |
| 5 | YD/T 3350.1-2018 | 通信用全干式室外光缆　第 1 部分：层绞式 | 行标 | 主编 |
| 6 | YD/T 3320.2-2018 | 通信高热密度机房用温控设备　第 2 部分：背板式温控设备 | 行标 | 主编 |
| 7 | YD/T 3349.1-2018 | 接入网用轻型光缆　第 1 部分：中心管式 | 行标 | 参编 |
| 8 | YD/T 3349.2-2018 | 接入网用轻型光缆　第 2 部分：束状式 | 行标 | 参编 |
| 9 | YD/T 3349.3-2018 | 接入网用轻型光缆　第 3 部分：层绞式 | 行标 | 参编 |
| 10 | YD/T 769-2018 | 通信用中心管填充式室外光缆 | 行标 | 参编 |
| 11 | YD/T 3348-2018 | 截止波长位移单模光纤特性 | 行标 | 参编 |
| 12 | YD/T 3436.1-2018 | 架空通信线路配件　第 1 部分：通用技术条件 | 行标 | 参编 |
| 13 | YD/T 3436.2-2018 | 架空通信线路配件　第 2 部分：带槽夹板类 | 行标 | 参编 |
| 14 | YD/T 3436.3-2018 | 架空通信线路配件　第 3 部分：挂钩类 | 行标 | 参编 |
| 15 | YD/T 3132.2-2018 | 光纤入户放装器材　第 2 部分：管材及管材 | 行标 | 参编 |
| 16 | YD/T 3408-2018 | 通信用 48V 磷酸铁锂电池管理系统技术要求和试验方法 | 行标 | 参编 |
| 17 | YD/T 1051-2018 | 通信局（站）电源系统总体技术要求 | 行标 | 参编 |
| 18 | YD/T 3423-2018 | 通信用 240V/336V 直流配电单元 | 行标 | 参编 |
| 19 | YD/T 3424-2018 | 通信用 240V 直流供电系统使用技术要求 | 行标 | 参编 |
| 20 | YD/T 5028-2018 | 国内卫星通信小型地球站（VSAT）通信系统工程设计规范 | 行标 | 参编 |
| 21 | YD/T 5113-2018 | 波分复用（WDM）光纤传输系统工程网管系统设计规范 | 行标 | 参编 |
| 22 | YD/T 5236-2018 | 云计算资源池系统设备安装工程验收规范 | 行标 | 参编 |
| 23 | YD/T 5184-2018 | 通信局（站）节能设计规范 | 行标 | 参编 |

# 2019 年度主要的专利申请

| 序号 | 项目名称 | 申报类型 |
|---|---|---|
| 1 | 一种基于终端移动速度的 LTE 网络动态频率复用方案 | 发明专利 |
| 2 | 一种基于 SDN 的 IP 网络与光网络协同业务开通策略与系统 | 发明专利 |
| 3 | 一种基于子母型远端射频单元解决室内深度覆盖的方法 | 发明专利 |
| 4 | 一种基于网络干扰水平的 5G 网络负荷均衡方案 | 发明专利 |
| 5 | 基于多源数据与滑动窗口组合的高速公路流量预测方法 | 发明专利 |
| 6 | 一种面向大规模密集无线网络的分层式负载均衡方法 | 发明专利 |
| 7 | 一种基于自省技术的虚拟机安全检测技术 | 发明专利 |
| 8 | 一种 L 波段双频大功率整流电路 | 发明专利 |
| 9 | 一种 5G 网络流速分配系统 | 发明专利 |
| 10 | 一种利用 5G 网络远程监控装置及其使用方法 | 发明专利 |
| 11 | 一种基于容器技术提升 Iaas 云平台服务能力及测试装置的方法 | 发明专利 |
| 12 | 一种基于 GNG 方式的弱覆盖区域锁定和观测机制 | 发明专利 |
| 13 | 一种光路备份装置及方法 | 发明专利 |
| 14 | 一种通信工程管理招标装置及其使用方法 | 发明专利 |
| 15 | 一种 5G 基于干扰的宏微基站协同频率复用方案 | 发明专利 |
| 16 | 多运营商无线供能物联网资源虚拟化映射方法 | 发明专利 |
| 17 | 一种基于小波变换的多功能图像处理技术 | 发明专利 |
| 18 | 一种基于 NOMA 的 5G 移动通信资源分配新方法 | 发明专利 |
| 19 | 一种基于脉动热管与相变材料耦合的新型机柜 | 发明专利 |
| 20 | 一种实现 5G 物联网网络路由路径短且负载均衡的多跳路由算法 | 发明专利 |
| 21 | 一种高斯消元算法下 LT 码码字性能分析方法 | 发明专利 |
| 22 | 一种基于时间特征的分组域网络容量预测方法及系统 | 发明专利 |
| 23 | 一种基于 5G 的大数据物联网系统 | 发明专利 |
| 24 | 一种基于深度学习的机柜设备检测方法 | 发明专利 |
| 25 | 一种射频连接器 | 发明专利 |
| 26 | 一种基于多目标库图像识别的视频共享方法 | 发明专利 |
| 27 | 一种多并发多通道环境下的数据实时查询系统和方法 | 发明专利 |
| 28 | 一种基于面部多源动态特征轻量级的疲劳驾驶检测系统 | 发明专利 |
| 29 | 一种基于区块链的网络安全漏洞收集处理系统 | 发明专利 |
| 30 | 一种适用于 5G 场景下 D2D 上行链路通信的 NOMA 功率分配新方法 | 发明专利 |
| 31 | 一种新型铁塔角钢构件防屈曲加固装置 | 实用新型 |
| 32 | 一种基于空气蒸发制冷技术的多工况节能运行冷水系统及切换方法 | 实用新型 |
| 33 | 一种可调节天线俯仰角的天线支架 | 实用新型 |
| 34 | 一种新型电缆走线架 | 实用新型 |

（续表）

| 序号 | 项目名称 | 申报类型 |
| --- | --- | --- |
| 35 | 一种低造价空心预制基础形式 | 实用新型 |
| 36 | 一种便携的通信工程安装用调试装置 | 实用新型 |
| 37 | 一种通讯塔用底座固定装置 | 实用新型 |
| 38 | 一种通信工程用电缆收卷装置 | 实用新型 |
| 39 | 一种复合蒸发制冷和机械制冷的冷水机组一体机 | 实用新型 |
| 40 | 一种通信定向天线方向角偏转报警装置 | 实用新型 |
| 41 | 一种适用于 S 频段 PIFA 小型宽带微带天线 | 实用新型 |
| 42 | 一种适用于 Wi-Fi 和 WiMAX 的小型微带天线 | 实用新型 |
| 43 | 一种射灯美化天线抱杆 | 实用新型 |
| 44 | 一种通信设备的显示结构 | 实用新型 |
| 45 | 基于楼面塔桅的钢—混组合一体化基础 | 实用新型 |
| 46 | 一种多功能通信塔 | 实用新型 |
| 47 | 一种 5G 基站智能电源装置 | 实用新型 |
| 48 | 供楼顶通信基站使用的伸缩抱杆 | 实用新型 |
| 49 | 一种新型定向 5G 天线的通信杆 | 实用新型 |
| 50 | 一种预制基础插接型快装单管塔 | 实用新型 |
| 51 | 一种高速隧道信号覆盖装置 | 实用新型 |
| 52 | 一种女儿墙内嵌式通信天线支架 | 实用新型 |
| 53 | 一种可功能扩展的智慧杆 | 实用新型 |
| 54 | 一种基于标准化模块单元的无人机智慧物流箱 | 实用新型 |
| 55 | 一种通信天线 | 实用新型 |
| 56 | 文创 1 号——中通服设计院建筑精品系列明信片 | 外观专利 |